高等职业教育通识类课程新形态教材

信息技术

微课版

王　云　徐江鸿　李清霞　罗学锋◆编著

中国水利水电出版社
www.waterpub.com.cn
·北京·

内 容 提 要

本书是高等职业教育通识类课程新形态教材，以“价值塑造、知识传授、能力培养”为目标，在案例和知识技能讲解中自然融入思政元素，让读者在学习的同时，温润心灵，启迪思维。

本书采用任务驱动情境式案例教学，构建了8个模块教学内容，包括计算机应用前导、Word文档制作、Excel表格处理、PowerPoint演示文稿制作、Photoshop图像处理、信息检索、新媒体资源、新一代信息技术。本书以初学者角度设置了5个学习环节，包括在线学习、知识链接、拓展训练、综合实践和在线测试，旨在帮助读者高效掌握信息技术实用技能。

本书可作为高等院校或职业院校各专业信息技术、计算机应用基础等课程的教材，也可作为成人教育、各类培训学校的教学用书，还可供社会人员自学参考。

本书提供扩展阅读内容（扫描书中二维码获取），总字数为345千字。

本书配有电子课件、案例素材等，读者可以从中国水利水电出版社网站（www.waterpub.com.cn）或万水书苑网站（www.wsbookshow.com）免费下载。

图书在版编目（CIP）数据

信息技术 : 微课版 / 王云等编著. -- 北京 : 中国水利水电出版社, 2022.7
高等职业教育通识类课程新形态教材
ISBN 978-7-5226-0688-0

Ⅰ. ①信… Ⅱ. ①王… Ⅲ. ①电子计算机－高等职业教育－教材 Ⅳ. ①TP3

中国版本图书馆CIP数据核字(2022)第080078号

策划编辑：周益丹　责任编辑：张玉玲　加工编辑：黄卓群　封面设计：梁　燕

书　名	高等职业教育通识类课程新形态教材 信息技术（微课版） XINXI JISHU（WEIKE BAN）
作　者	王　云　徐江鸿　李清霞　罗学锋　编著
出版发行	中国水利水电出版社 （北京市海淀区玉渊潭南路1号D座　100038） 网址：www.waterpub.com.cn E-mail：mchannel@263.net（万水） sales@mwr.gov.cn 电话：（010）68545888（营销中心）、82562819（万水）
经　售	北京科水图书销售有限公司 电话：（010）68545874、63202643 全国各地新华书店和相关出版物销售网点
排　版	北京万水电子信息有限公司
印　刷	三河市德贤弘印务有限公司
规　格	184mm×260mm　16开本　18.25印张　411千字
版　次	2022年7月第1版　2022年7月第1次印刷
印　数	0001—5000册
定　价	59.00元

序

教育是国之大计，党之大计。职业教育作为一种教育类型，与普通教育具有同等重要地位。在以国内大循环为主体、国内国际双循环相互促进的新发展格局下的实体经济高质量发展，以及共同富裕背景下的“人人出彩”，职业教育正在发挥越来越重要的作用。

不管是哪一种教育类型，素质教育永远是重中之重。作为一名教育工作者，我始终认为，对于个人的成长来说，首先，基础十分重要。基础，包括通识基础、专业基础、技术技能基础等，这些都是发展的基础，没有基础，一切都是空中楼阁，“基础不牢，地动山摇”。然后，能力更加重要。在知识更新迅猛、技术日新月异的当今，大学生学习能力的培养远比知识技能教育更为重要。但最终，人的素质最为重要。素质，小则关乎个人的成长成才、成仁成功，大则关乎祖国的希望和民族的未来。

湖南铁道职业技术学院一直高度重视学生的素质教育，建校 70 周年来，为国家铁路事业和地方经济社会建设培养了一大批高素质技术技能人才，据不完全统计，毕业生成长为“高铁工匠”“铁路工匠”，获“火车头奖章”及全国、全路技术能手称号者 125 人。2019 年我院立项为“中国特色高水平高职学校建设单位”以来，学校把学生的素质教育放在更加突出的位置。我们着力构建“厚基础、重复合、强素养”的育人体系，重新修订专业人才培养方案，开展“主修专业 + 辅修专业”培养试点，组织实施《学生素质教育创新发展行动方案》。我们重构了公共基础课程体系，加强了模块化课程改革，增设了“铁道概论”“人工智能”“幸福人生”“跨文化交互”等特色素质教育课程，实施“湖南铁道大体美劳工程”，培养具有“家国情怀、宽广视野、阳光心态、火车头精神”的湖南铁道特质学生，致力为轨道交通行业和地方培养基础扎实、德技并修的发展型、复合型、创新型、国际化高素质技术技能人才。

教材是课程教学的重要支撑，是实施教学改革的重要载体。国家的新要求、产业的变革及教育教学的改革引领教材的创新。这些年，学校组织公共课教师、专业教师和企业兼职教师将时代主题融入教材，结合近年来公共课程改革与实践，借鉴和汲取职业教育新理念与学科领域最新研究成果，编写了《大学语文》《应用数学》《信息技术》《大学生入学教育》《新时代大学生劳动教育》《大学体育与健康教程》《大学生心理健康教程》《大学美育》《大学生安全教育》等模块化公共课程系列教材，以期进一步推动课程革新，推进课堂革命，提升学生素养。

谨以此序，拉开湖南铁道公共课程改革的序幕，让更多的精品课程和教材精彩呈现，让广大学子从中获益，成为国家和社会需要的、行业和企业欢迎的职场精英和人生赢家！

2022 年 2 月

方小斌，工学博士，研究员，湖南铁道职业技术学院党委副书记、校长。中国职业技术教育学会高职分会副会长，湖南省人民政府教育督导委员会第八届省督学。2011 年 9 月入选湖南省“新世纪 121 人才工程”，2021 年 9 月荣获湖南省第六届黄炎培职业教育奖杰出校长奖。

前　言

信息化时代下，熟练使用信息技术已成为人们数字化生活、学习和工作中必备的基本技能。本书以教育部《高等职业教育专科信息技术课程标准（2021 年版）》为依据，参考教育部全国计算机等级考试一、二级 MS Office 考试大纲要求，对接湖南铁道职业技术学院“学生素质教育创新发展行动方案”和“双一流背景下通用素质类课程建设体系建设标准”，由课程团队根据多年积累的教学改革成果编写而成，是湖南省精品在线开放课程“信息技术基础”的配套教材，是创新教学方法、改革教学模式、强化操作技能的新形态教材。

本书从初学者的角度组织内容、设计任务、开发案例，将信息技术理论知识、操作方法、实用技巧和思政元素融入到任务案例中，为重点基础模块配有案例、素材、教学视频等丰富的数字化资源。

本书以 Windows 10+Office 2016+Photoshop CC 2020 为平台，注重基础性和实用性，紧跟新一代信息技术，通过在线学习、知识链接、拓展训练、综合实践和在线测试 5 个学习环节，帮助读者高效掌握信息技术实用技能，提高工作效率，培养信息素养，为其职业生涯发展和终身学习奠定基础。

本书特色和创新：

（1）遵循学生的认知规律，以“学生为中心”“能力为本位”的教学理念，构建模块化内容结构。

本书根据大中专院校学生对信息技术应用的知识、能力和素质的需求编写，突出实用性，构建模块化内容结构，包括 8 个模块、20 个教学任务，13 个微课。8 个模块包括计算机应用前导、Word 文档制作、Excel 表格处理、PowerPoint 演示文稿制作、Photoshop 图像处理、信息检索、新媒体资源、新一代信息技术等。模块化的内容结构可供读者根据不同的学习需求、办公软件应用技能考试需求以及兴趣爱好自主选择，满足读者多元化的学习需求。

（2）采用任务驱动情境式案例教学，理实一体，满足“应用型人才”培养的教学宗旨。

本书采用“工作情境 + 任务 + 案例”的教学设计，教学案例承载了办公事务管理工作岗位的必备技能，富有职业性和代表性，能使读者切实感受到现实工作的实际需要，从而激发其学习动力。本书以案例为载体组织教学内容，目标明确、实用性强，理实一体，着力培养应用型人才。

（3）案例具有典型性，注重四个维度相结合，开发了思政育人案例库。

本书案例具有典型性，在承载知识技能的同时，注重思政价值的导向性、文档排版的规范性和文档界面的美观性。案例学习贯穿始终，有机融合技能素养双元培养，在潜移默化中引导读者健康成长。

（4）采用线上和线下相结合的混合式教学模式，实现“翻转课堂”教学，培养学生自主、开放的学习能力，有效提高课堂教学质量。

本书还通过中国大学MOOC平台，为读者提供教学视频、教学课件、技巧学习微课、操作讲解文档、教学案例素材等，采用线上和线下相结合的混合式教学模式，实现“翻转课堂”教学，促进师生之间、学生之间的资源共享、互动交流和自主式与协作式学习，有效提高课堂教学质量，使在线课程成为学生、教师互建互享、教学相长的学习交流平台。

（5）纸质教材与数字化资源有机结合，拓展学习内容，提升学习效率和学习效果。

本书是湖南省精品在线开放课程“信息技术基础”的配套教材。信息技术内容涉及面较广，重点基础模块配有案例、素材、教学视频等丰富的数字化资源，拓展模块提供电子活页文档。读者可扫描书中二维码在线观看教学视频、拓展模块电子文档，也可登录中国大学MOOC（www.icourse163.org）搜索课程“信息技术基础”在线学习。在线课程设置有课堂讨论、课堂实践、课堂测验、单元实践、单元测验、期中/期末考试等，并提供案例素材下载，全面保障课程学习效果。

（6）梳理软件操作方法和技巧，能够“举一反三”，学以致用，不受软件版本的限制。

信息技术应用操作方法较多，软件升级、知识更新较快，本书的方法指导及案例制作过程能让读者学习最快捷、最常用的操作方法，对初学者易犯的错误给出注意提示和技巧提示，帮助读者梳理掌握科学的操作方法，让读者学以致用。

本书由王云、徐江鸿、李清霞、罗学锋编著，参加编写工作的还有罗钧毓、黄嘉、张珏、张婧、刘博菱、林保康。湖南铁道职业技术学院方小斌校长、陈斌蓉院长对本书的编写工作给予了热情的支持和指导，在此表示诚挚的感谢。

由于作者水平有限，本书难免存在疏漏之处，诚盼专家和广大读者不吝指正。

作者

2022年3月

目　录

模块一

计算机应用前导

随着现代信息技术的飞速发展，计算机获得了广泛而普及的应用。从办公自动化到数据库管理，从科学计算到多媒体应用，从局域网到远程通信，计算机的应用已经无处不在。

要学习和应用好信息技术，首先需要掌握一些必要的计算机前导知识和技能。

任务清单

序号	学习任务
1	任务 1　微机系统的组成与选购
2	任务 2　操作系统的基础应用
3	任务 3　中英文录入

任务 1　微机系统的组成与选购

任务情境

小明今年考上了大学，现在第一个学期已经开学了。小明对学习有比较高的要求，希望配备计算机以辅助和促进学习。因此，进入大学的一项优先任务，就是尽快选购一台合适的计算机用于课程的学习。

微机系统的组成与选购

任务目标

通过在线学习了解计算机的组成与软硬件特性，掌握计算机选购的要点，熟悉计算机的配置方法。

扫描二维码，观看“微机系统的组成与选购”教学视频，学习相关知识与技能。

任务实施

第一步，了解计算机硬件的组成。

第二步，按照购买计算机的目的，明确计算机是基本配置、高级配置还是豪华配置。

第三步，确定购买计算机的预算。

第四步，根据已有的条件，决定是购买组装机还是品牌机。

第五步，进行计算机的配置和购买。

知识链接

1.1　计算机的产生和发展

计算机是 20 世纪最伟大的发明之一，它的快速发展使人类迅速进入了信息社会。如今计算机已广泛应用于全社会各行各业的各个领域，彻底改变了人们的工作和生活方式。计算机技术的高速发展极大地推动了经济增长和整个社会的进步。

计算机的发展经历了机械式计算机阶段和现代电子计算机阶段。

1.1.1　机械式计算机阶段

法国物理学家帕斯卡于 1642 年发明了机械式加减法器，为手摇驱动的齿轮进位式计算器，可完成六位数字的加减法。

德国数学家莱布尼兹于 1673 年发明了机械式乘除法器。

英国数学家巴贝奇于 1822 年发明了差分机。

1.1.2　现代电子计算机阶段

现代电子计算机最重要的代表人物是理论计算机的奠基人英国科学家艾伦·图灵和美籍匈牙利科学家冯·诺依曼。艾伦·图灵建立了图灵机的理论模型，隐含了现代计算机中“存储程序”的基本思想；冯·诺依曼确定了现代计算机的基本结构，即冯·诺依曼结构，其特点是：

- 计算机由运算器、控制器、存储器、输入设备和输出设备五大部件组成。
- 采用二进制代码表示数据和指令信息。
- 使用存储程序、自动控制的工作方式。

根据构成计算机的主要元器件，现代电子计算机通常划分为以下四代：

（1）第一代（1946—1958 年）。第一代计算机以电子管为主要元件。世界上第一台现代计算机是电子数字积分计算机（ENIAC，Electronic Numerical Integrator and Computer），于 1946 年 2 月 14 日在美国宾夕法尼亚大学诞生，长 30.48 米，宽 6 米，高 2.4 米，占地面积约 170 平方米，有 30 个操作台，重约 30 吨，耗电量为 150 千瓦每小时。其主要元器件为电子管和继电器，计算速度是每秒 5000 次加法或 400 次乘法，可保存 80 个字节。

（2）第二代（1958—1964 年）。第二代计算机以晶体管为主要元件。

（3）第三代（1964—1971 年）。第三代计算机以中小规模集成电路为主要元件。

（4）第四代（1971 年至今）。第四代计算机以大规模和超大规模集成电路为主要元件。

1.1.3　我国计算机的发展

我国对计算机的研究始于 1953 年。

1958 年我国研制出第一台计算机（电子管），即 103 型（DJS-1 型）通用数字电子计算机。

1965 年我国研制出第一台晶体管计算机。

1973 年我国研制出集成电路计算机。

1983 年 11 月，历经 5 年，国防科技大学研制出每秒能进行 1 亿次计算的“银河 I”巨型计算机；1992 年 11 月 19 日，“银河 II”巨型计算机在长沙通过国家鉴定；1997 年 6 月 19 日，“银河 III”巨型计算机在北京通过国家鉴定，每秒能进行 130 亿次计算。

2009 年研制的“天河一号”超级计算机（安装在天津）每秒能进行千万亿次计算。

2012 年成功研制的“天河二号”超级计算机（安装在广州），如图 1-1 所示。“天河二号”每秒能进行 33.86 千万亿次计算，有 32000 颗 Xeon E5 主处理器和 48000 个 Xeon Phi 协处理器，共 312 万个计算核心。“天河二号”由 170 个机柜组成，包括 125 个计算机柜、8 个服务机柜、13 个通信机柜和 24 个存储机柜，占地面积 720 平方米，整机功耗 17808 千瓦。

图 1-1 “天河二号”超级计算机

“神威·太湖之光”超级计算机（安装在无锡）由国家并行计算机工程技术研究中心研制，如图 1-2 所示。它安装了 40960 个中国自主研发的“申威 26010”众核处理器，单个处理器有 260 个核心，由 40 个运算机柜和 8 个网络机柜组成，采用了两侧各 20 个计算机柜和存储机柜、中间单列网络系统机柜的布局，占地面积达 605 平方米。2016 年 6 月 20 日，“神威·太湖之光”位列全球超级计算机 500 强榜首。2017 年 11 月 13 日，全球超级计算机 500 强榜单公布，“神威·太湖之光”以每秒 9.3 亿亿次的浮点运算速度第四次夺冠。

图 1-2 “神威·太湖之光”超级计算机

1.1.4 微型计算机的产生发展

（1）第一阶段（1971—1973 年）。计算机发展的第一阶段以字长是 4 位或 8 位微处理器为代表，典型的是美国 Intel 4004 和 Intel 8008 微处理器，对应的产品是 MCS-4 和 MCS-8。该阶段计算机没有操作系统，只有汇编语言，主要用于工业仪表、过程控制。

（2）第二阶段（1974—1977 年）。计算机发展的第二阶段即 8 位微处理器阶段，典型的微处理器有 Intel 8080/8085、Zilog 公司的 Z80 和 Motorola 公司的 M6800。该阶段计算机采用汇编语言、BASIC、Fortran 编程，使用单用户操作系统。

1974 年，罗伯茨用 8080 微处理器装配了一种专供业余爱好者试验用的计算机，命名为“牛郎星”（Altair），它是微机的开山鼻祖。1975 年 4 月，MITS 公司制造的 Altair 8800 计算机，带有 1KB 存储器，这是世界上第一台微型计算机。

1976 年，Apple I 微型计算机（使用 MOStek 6502 微处理器）问世；1977 年 4 月，Apple II 微型计算机问世，为第一台带有彩色图形的个人计算机。

（3）第三阶段（1978—1984 年）。计算机发展的第三阶段即 16 位微处理器阶段。1978 年，英特尔公司率先推出 16 位微处理器 8086，同时，为了方便原来的 8 位机用户，英特尔公司又提出了一种准 16 位微处理器 8088。在英特尔公司推出 8086、8088 微处理器之后，各公司也相继推出了同类的产品，例如 Zilog 公司 Z8000 和 Motorola 公司的 M68000 等。

1981 年 8 月 12 日，第一台 IBM PC 机问世，其配置为 4.77MHz 的 Intel 8088CPU，内存为 64KB，160KB 软驱，操作系统是 Microsoft 提供的 MS-DOS。

1982 年，英特尔公司在 8086 微处理器的基础上，研制出了 80286 微处理器。

1983 年 1 月 19 日，APPLE LISA 成为第一台使用鼠标、第一台使用图形用户界面的计算机。

1984 年 1 月 24 日，Apple 公司推出 Macintosh 机。

此阶段的主流微机型号为 IBM PC/XT/AT。

（4）第四阶段（1985—1992 年）。计算机发展的第四阶段即 32 位微处理器阶段。1985 年 10 月 17 日，英特尔划时代的产品——80386DX 正式发布。1986 年 9 月，Compaq Desktop PC 采用了 Intel 80386 16MHz CPU，是计算机史上第一台 386 计算机。

1989 年英特尔公司又推出准 32 位微处理器芯片 80386SX。

1989 年，我们耳熟能详的 80486 芯片由英特尔推出。

（5）第五阶段（1993—2005 年）。计算机发展的第五阶段是奔腾（Pentium）系列微处理器时代。典型产品是英特尔公司的奔腾系列芯片及与之兼容的 AMD 的 K6 系列微处理器芯片。

1997 年英特尔公司推出 Pentium II 处理器。

1997 年 AMD K6 上架，这让 AMD 获得了很大的成功。

1999 年英特尔公司推出 Pentium III 处理器。同年，英特尔还发布了 Pentium III Xeon 处理器。

1999 年 AMD K7 上市，名字叫 Athlon，也就是速龙，它代表了 AMD 的黄金岁月。

2000 年英特尔公司推出 Pentium 4。

2001 年 AMD AthlonXP 上市；2003 年 AMD Athlon64 上市；2004 年 AMD Sempron 闪龙系列上市，主打中低端市场；2004 年 AMD Opteron 皓龙系列上市。

2003 年 3 月，Pentium M 上市，它是英特尔公司推出的 x86 架构微处理器，供笔记本电脑使用，亦被作为 Centrino 的一部分。

2005 年英特尔公司推出的双核心处理器有 Pentium D（不支持超线程技术）和 Pentium Extreme Edition。

（6）第六阶段（2005 年至今）。计算机发展的第六阶段是酷睿（core）系列微处理器时代。早期的酷睿是基于笔记本处理器的。酷睿 2 的英文名称为 Core 2 Duo，是英特尔在 2006 年推出的新一代基于 Core 微架构的产品体系统称，于 2006 年 7 月 27 日发布。酷睿 2 是一个跨平台的构架体系，包括服务器版、桌面版、移动版三大领域。

2007 年 AMD AthlonX2 上市，为双核处理器。

2007 年上市的 Intel Core i7 是一款 64 位四核处理器。

2009 年 AMD Phenom 羿龙系列上市，为四核处理器。

2010 年 6 月，英特尔公司再次发布革命性的处理器——第二代 Core i3/i5/i7。

2011 年 AMD Athlon64FX 推土机系列上市；2017 年 AMD Ryzen 锐龙系列上市，为八核处理器。

1.2 计算机的分类及应用

1.2.1 按规模和性能分类

按规模和性能分类，计算机可以分为四类，即巨型计算机、大型计算机、小型计算机和微型计算机。

巨型计算机（简称巨型机）又称超级计算机，是一种超大型电子计算机，主要用来承担重大的科学研究、国防尖端技术和国民经济领域的大型计算课题及数据处理任务。如大范围天气预报，整理卫星照片，原子核物理的探索，研究洲际导弹、宇宙飞船等。

大型计算机（简称大型机）又称大型主机，具有高可靠性、高可用性、高服务性，有较强的稳定性、安全性、非数值计算能力和 I/O 处理能力，主要用于大量数据和关键项目的计算，例如银行金融交易及数据处理、人口普查、企业资源规划等等。

小型计算机（简称小型机）的软件、硬件系统规模相对大型计算机更小，主要用于金融证券、交通、工业自动控制等需要高可靠性的行业应用。

微型计算机（简称微机）也叫个人计算机，俗称电脑，广泛用于大众化信息处理。微机有两种存在形态：台式机和便携机。便携机俗称笔记本电脑。

1.2.2 计算机的应用领域

计算机的应用领域包括科学计算、自动控制、信息处理、辅助系统、人工智能、通信与网络应用和多媒体应用系统等，其中，辅助系统包括计算机辅助设计（CAD）、计算机辅助制造（CAM）、计算机辅助测试（CAT）、计算机辅助教学（CAI）等。

1.3 计算机系统的组成

计算机系统由硬件系统和软件系统两部分组成，具体如图 1-3 所示。

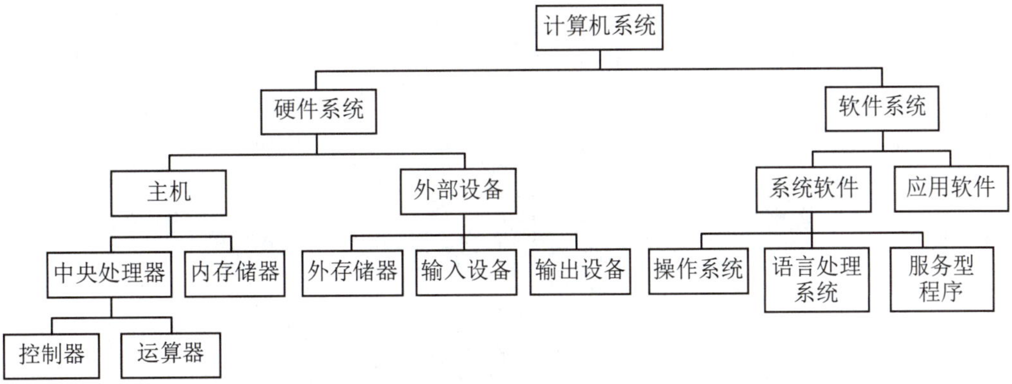

图 1-3　计算机系统的组成

1.4　微机的硬件系统

微机的硬件系统在外观上由主机、显示器、键盘、鼠标和音箱等几个部分构成，如图 1-4 所示，其中，主机部分为微机的核心，它包括了以下部件：主板、CPU、内存、显卡、硬盘、光驱、电源、机箱等。微机硬件部件构成如图 1-5 所示。

说明：本书所述及的微机主要针对的是台式电脑（笔记本电脑可以参考）。

图 1-4　微机系统

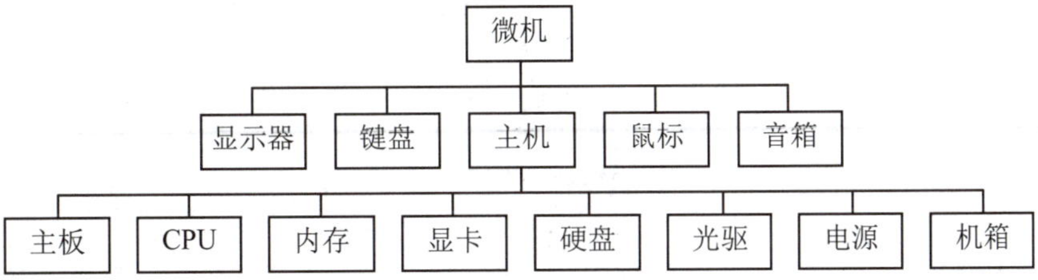

图 1-5　微机硬件部件构成

1.4.1　主板

主板是计算机的主电路板。典型的主板能提供一系列接合点，供 CPU、内存、显卡、硬盘、外设等设备接合。市场上最常见的主板结构是 ATX 结构。Micro ATX 又称 Mini ATX，是 ATX 结构的简化版，就是常说的“小板”。主板的构成如图 1-6 所示。主板上最重要的构成组件是芯片组（Chipset）。芯片组是主板的核心组成部分，几乎决定了主板的功能，进而影响到整个计算机系统性能的发挥。

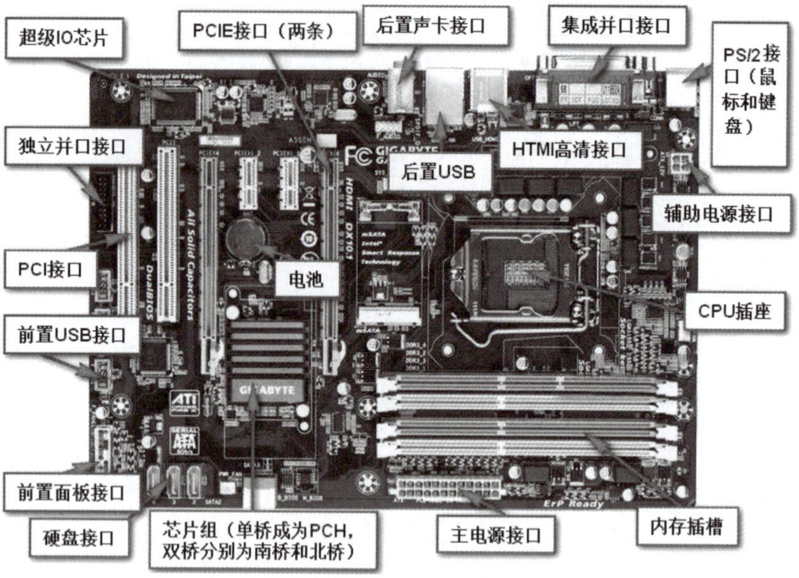

图 1-6　主板

按照芯片在主板上的排列位置的不同，通常分为北桥芯片和南桥芯片。其中北桥芯片起着主导性的作用，也称为主桥（Host Bridge）。主板上提供了连接各种硬件设备和部件的插槽和接口，这些插槽和接口必须与相应的硬件相匹配。主板的主要参数见表 1-1。

表 1-1　主板的主要参数示例

品牌	技嘉（GIGABYTE）	华硕（ASUS）	微星（MSI）
型号	B360M-DS3H	TUF B360M-PLUS GAMING	B450M MORTAR TITANIUM
芯片组或北桥芯片	Intel B360	Intel B360	AMD B450
CPU 插槽	LGA 1151	LGA 1151	AM4
支持 CPU 类型型号	八代酷睿 i7/i5/i3/赛扬 / 奔腾	八代酷睿 i7/i5/i3/ 赛扬 / 奔腾	锐龙 3/5/7
主板架构	MicroATX	MicroATX	ATX
支持内存类型	DDR4	DDR4	DDR4
内存频率	DDR4 2666MHz，2400MHz，2133MHz	DDR4 2666MHz，2400MHz，2133MHz	DDR4 2933MHz，2800MHz，2666MHz，2400MHz，2133MHz
最大支持内存容量	64GB	64GB	64GB
硬盘接口	S-ATA III	S-ATA III	S-ATA III
支持显卡标准	PCI E 3.0，PCI Express 16X	PCI E 3.0	PCI E 3.0

1.4.2　CPU

CPU 是计算机的核心，CPU 的性能决定了主机的整体性能。确定了 CPU 的价格，也就确定了计算机的整体价位区间。CPU 品牌主要有 Intel 和 AMD，如图 1-7 所示。

图 1-7　CPU

Intel CPU 常用型号见表 1-2，AMD CPU 常用型号见表 1-3。

表 1-2　Intel CPU 常用型号

Intel 系列	典型型号
酷睿（Core）i7	i7 8700K i7 8700 i7 7700
酷睿（Core）i5	i5 8500 i5 8400 i5 7500 i5 4590
酷睿（Core）i3	i3 8100 i3 7100 i3 6100

表 1-3　AMD CPU 常用型号

AMD 系列	典型型号
锐龙（Ryzen）7	Ryzen 7 2700X Ryzen 7 1700X Ryzen 7 1700
锐龙（Ryzen）5	Ryzen 5 2600X Ryzen 5 2600 Ryzen 5 2400G Ryzen 5 1600X
锐龙（Ryzen）3	Ryzen 3 2200G Ryzen 3 1300X Ryzen 3 1200

Intel CPU 主要参数见表 1-4，AMD CPU 主要参数见表 1-5。

表 1-4　Intel CPU 主要参数示例

型号名称	制作工艺	CPU 主频	核心数量	线程数量	三级缓存	热设计功耗	接口类型
Intel 酷睿 i7 8700K	14 纳米	3.7GHz	六核心	十二线程	12MB	95W	LGA 1151
Intel 酷睿 i5 8400	14 纳米	2.8GHz	六核心	六线程	9MB	65W	LGA 1151
Intel 酷睿 i3 8100	14 纳米	3.6GHz	四核心	四线程	6MB	65W	LGA 1151

表 1-5　AMD CPU 主要参数示例

型号名称	制作工艺	CPU 主频	核心数量	线程数量	三级缓存	热设计功耗	接口类型
AMD Ryzen7 2700K	12 纳米	3.7GHz	八核心	十六线程	16MB	105W	Socket AM4 (1331)
AMD Ryzen5 2600	12 纳米	3.4GHz	六核心	十二线程	16MB	65W	Socket AM4 (1331)
AMD Ryzen3 2200G	14 纳米	3.5GHz	四核心	四线程	4MB	65W	Socket AM4 (1331)

1.4.3　内存

内存用于暂时存放 CPU 中的运算数据及与硬盘等外部存储器交换的数据。内存条有多种规格，如 DDR3、DDR4 等，DDR3、DDR4 的插口规格不一样，如图 1-8 和图 1-9 所示，目前主流规格是 DDR4。

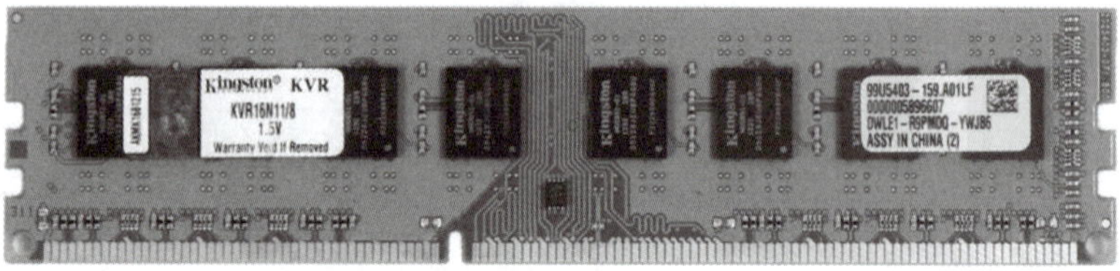

图 1-8　DDR3 内存条

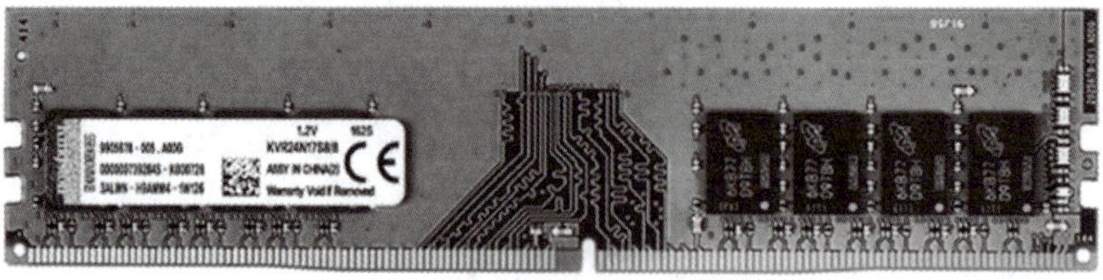

图 1-9　DDR4 内存条

内存的主要参数见表 1-6。

表 1-6　内存的主要参数示例

品牌	典型型号	类型	容量	主频
金士顿	DDR4 2400 8G	DDR4	8GB	2400MHz
威刚	XPG Z1 DDR4 2400	DDR4	8GB	2400MHz
宇瞻	DDR4 2133 8G	DDR4	8GB	2400MHz

1.4.4　显卡

显卡是计算机主机里的一个重要组成部分，如图 1-10 所示，它是计算机进行数模信号转换的设备，承担输出显示图形的任务。显卡有集成显卡和独立显卡，一般来说，独立显卡性能要高一些。

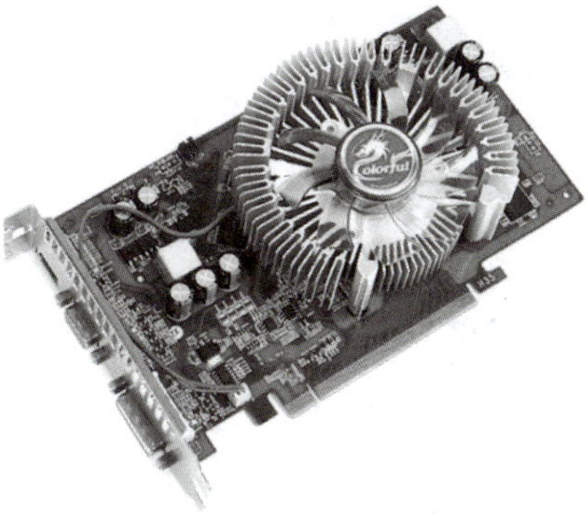

图 1-10　显卡

显卡的重要参数主要是显示芯片和显示内存。显示芯片主要品牌有 ATI 公司的镭龙（Radeon）系列、英伟达（NVIDIA）公司的精视（GeForce）系列等。显卡的主要参数见表 1-7。

表 1-7　显卡的主要参数示例

品牌	型号	芯片型号	制作工艺	显存容量	显存类型	显存位宽	显存频率	显卡接口标准
英伟达	GeForce GTX 1060	NVIDIA GeForce GTX 1060	16 纳米	6144MB	GDDR 5	192bit	8000MHz	支持 PCI Express 3.0
影驰（GALAXY）	GTX 1060 虎将	NVIDIA GeForce GTX 1060	16 纳米	3072MB	GDDR 5	192bit	8000MHz	支持 PCI Express 3.0
七彩虹（Colorful）	iGame 1050Ti 烈焰战神 U-4GD5	NVIDIA GeForce GTX 1050Ti	16 纳米	4096MB	GDDR 5	128bit	7000MHz	支持 PCI Express 3.0

1.4.5　硬盘

硬盘是计算机主要的信息存储媒介。硬盘有两种主要类型，即固态硬盘（SSD，新式硬盘）和机械硬盘（HDD，传统硬盘），如图 1-11、图 1-12 所示。固态硬盘速度很快，但价格很贵；机械硬盘则成本较低，且容量很大，使用时要注意避免外力撞击。

图 1-11　M.2 接口的固态硬盘

图 1-12　机械硬盘

（1）固态硬盘。固态硬盘常见的接口有 SATA、M.2 和 PCI-E 等，它们的速度快慢排序通常是：PCI-E ≥ M.2 ≥ SATA。固态硬盘的品牌有三星、英睿达和普科特等。

（2）机械硬盘。机械硬盘常见的接口有 SATA 和 IDE 两种，IDE 硬盘已逐步淘汰。硬盘转速有 7200rpm、5400rpm 和 4200rpm 等。硬盘尺寸有 3.5 英寸、2.5 英寸和 1.8 英寸等。机械硬盘的主要参数见表 1-8。

表 1-8　机械硬盘的主要参数示例

品牌	型号	容量	转速	缓存	盘体尺寸	接口标准
西部数据	WD10EZEX	1TB	7200rpm	64MB	3.5 英寸	S-ATA III
希捷	酷鱼系列 2TB SATA3 64M (ST2000DM006)	2TB	7200rpm	64MB	3.5 英寸	S-ATA III
东芝	MQ04ABF100	2TB	5400rpm	128MB	2.5 英寸	S-ATA III

1.4.6　其他部件

其他部件包括光驱、电源、机箱、显示器、键盘、鼠标、音箱等，光驱和电源如图 1-13 所示，这些外部设备的性能和特征都比较直观，选择起来相对简单。

图 1-13　光驱和电源

1.5　微机的软件系统

微机的软件系统通常被分为系统软件和应用软件两大类，如图 1-14 所示。系统软件是指担负控制和协调计算机及其外部设备、支持应用软件的开发和运行的一类计算机软件。系统软件一般包括操作系统、语言处理程序、数据库系统和网络管理系统。应用软件是指为特定领域开发并为特定目的服务的一类软件，系统软件以外的软件均可称为应用软件。

计算机需要安装操作系统和一些必要的软件后才能正常使用。

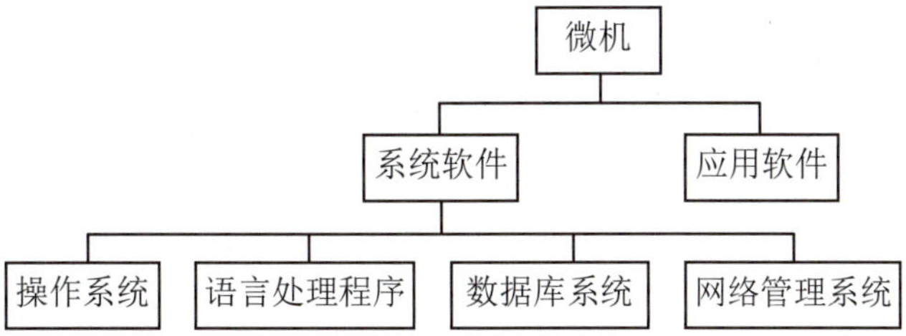

图 1-14　微机软件系统

1.5.1　操作系统

操作系统是计算机最底层、最核心、最重要的软件，也是计算机必须首先安装的软件。个人计算机通常使用的是 Windows 操作系统，现在使用较多的版本有 Windows 7、Windows 8 和 Windows 10。

提示：操作系统的安装通常会涉及一些硬件和配置细节，一般不建议由普通用户自行安装，最好交给专业人员去做。

1.5.2　其他常用软件

使用计算机进行日常办公、学习、娱乐，常常还需要安装一些其他的应用软件。

（1）必用必备软件。必用必备软件包括浏览器软件、压缩解压软件等。例如，QQ 浏览器、360 浏览器、WinRAR 压缩解压软件等。

（2）日常办公软件。常用的日常办公软件有 Microsoft Office、WPS Office 等。

（3）杀毒防毒软件。常用的杀毒防毒软件有 360 杀毒防毒、金山毒霸等。

（4）通信社交软件。常用的通信社交软件有腾讯 QQ 等。

（5）文件下载软件。文件下载软件有迅雷下载、电驴下载等。

（6）影音播放软件。常用的影音播放软件有暴风影音播放器等。

（7）专用软件。专用软件包括多媒体应用、网络系统、数据库系统、程序开发语言以及专用应用软件等。

（8）其他软件。包括各种随时会用到的工具软件等。

1.6 微机系统的配置与选购

了解了微机的系统组成、主要部件的功能及市场品牌，用户就可以根据自身的需求和预算按以下步骤来选购合适的计算机。

1. 明确购买计算机的目的

按照购买计算机的目的确定相应的配置：

- 如果计算机是用于一般家用、学习及办公，可以选择基本配置。
- 如果计算机是用于图形图像处理，建议使用高级配置。
- 如果用户是计算机游戏爱好者或者计算机发烧友，可以选择豪华配置。

2. 确定购买计算机成品的类型

确定购买的计算机成品是组装机还是品牌机，从而采取不同的购买方式。

（1）组装机。组装机是计算机配件销售商根据用户的消费需求，将各种计算机配件组合在一起的计算机。

组装机搭配灵活，性价比高，但保修时间短，部分具有一定专业知识的用户可以考虑购买组装机。

（2）品牌机。品牌机是指由计算机厂商生产、注册商标、有独立品牌的计算机。

品牌机出厂前经过了严格的性能测试，其特点是性能稳定，品质和售后有一定的保证，但价格稍贵，建议一般人员尽量选择购买品牌机。

3. 配置和选购计算机

（1）配置要点。

1）要注意主板的功能以及提供的插槽与接口的规格参数，要能与其对应硬件部件匹配。

2）主板、CPU、内存之间的性能要相互匹配。

3）满足功能要求，按需购买。

（2）配置示例。基本配置示例见表 1-9，高级配置示例见表 1-10。

表 1-9　配置示例一（基本配置）

配件	品牌型号	数量	单价
CPU	Intel 酷睿 i3 8100	1	¥899
主板	昂达 H110C	1	¥299
内存	金士顿 DDR3 1600 4G	1	¥289
机械硬盘	西部数据 WD10EZEX	1	¥280
显卡	七彩虹 GT1030 灵动鲨 2G	1	¥579
机箱	航嘉 BU402	1	¥119
电源	海盗船 VS550	1	¥279

续表

配件	品牌型号	数量	单价
显示器	AOC 24V2H	1	¥899
键鼠套装	罗技 MK120 键鼠套装	1	¥70
散热系统	酷冷至尊 T400i	1	¥99
价格总计			¥3812

表 1-10　配置示例二（高级配置）

配件	品牌型号	数量	单价
CPU	AMD Ryzen 5 2600X	1	¥1599
主板	微星 B350M MORTAR	1	¥579
内存	金士顿 DDR4 2400 8G	1	¥669
机械硬盘	西部数据 1TB SATA3 64M 单碟 / 蓝盘	1	¥319
固态硬盘	三星 960 EVO M.2 NVMe 250G	1	¥589
显卡	七彩虹 iGame1060 烈焰战神 U-3GD5 Top	1	¥1599
机箱	酷冷至尊 MasterBox MB501（旋风）	1	¥279
电源	游戏悍将红警 RPO300 半桥版 300W	1	¥99
显示器	AOC 24V2H	1	¥899
键鼠套装	尊拓霹雳火 ZKM100	1	¥45
散热系统	酷冷至尊 T400i	1	¥99
价格总计			¥6775

（3）购置计算机。根据自己确定的配置进行装机调试，完成组装机的购买，或参照自己配置的主要性能指标选购相应的品牌机。

任务 2　操作系统的基础应用

任务情境

小明将计算机买回来了。由于以前接触少，他对计算机的操作比较陌生，不知道怎样使用，因此，小明当前的首要任务就是熟悉计算机最基本的操作方法。

任务目标

通过在线学习熟悉 Windows 10 的基本操作，掌握操作系统常用的设置方法以及计算机资源管理的操作方法。

操作系统的基础应用

扫描二维码，观看“操作系统的基础应用”教学视频，学习操作系统的基础应用相关知识与技能。

任务实施

1. 开机进入系统

2. 基本操作与设置

设置桌面图标大小；添加系统图标；更改系统图标的样式；显示桌面；设置显示分辨率和文本大小；设置桌面背景；设置锁屏界面；设置屏幕保护程序；设置日期和时间；设置扬声器音量；睡眠、重启与关机。

3. 操作与设置任务栏

把程序固定到任务栏；从任务栏取消固定的程序；切换任务窗口；预览打开的窗口；自动隐藏任务栏。

4. 操作与设置“开始”菜单

认识“开始”菜单；将程序固定到“开始”屏幕；从“开始”屏幕区取消固定的程序；移动磁贴；分组操作。

5. 设置和管理用户账户

添加本地账户；管理用户账户；账户切换和注销。

6. 文件资源管理操作

查看文件和文件夹；建立文件和文件夹；选定文件和文件夹；复制、移动文件和文件夹；撤销文件和文件夹的复制或移动操作；删除、恢复文件和文件夹；查找文件和文件夹。

知识链接

1.7 Windows 10 的常用操作与设置

计算机开机后，系统首先启动操作系统，Windows 10 启动完成后的界面如图 1-15 所示。界面包括了桌面图标、桌面背景和任务栏几个部分。桌面图标分为系统图标和程序图标，系统图标是 Windows 系统自带的图标，包括“回收站”“此电脑”“网络”“控制面板”和“用户的文件”。双击桌面图标可以打开相应的应用程序或功能窗口。为了方便使用，用户通常可将常用的图标添加到桌面上。

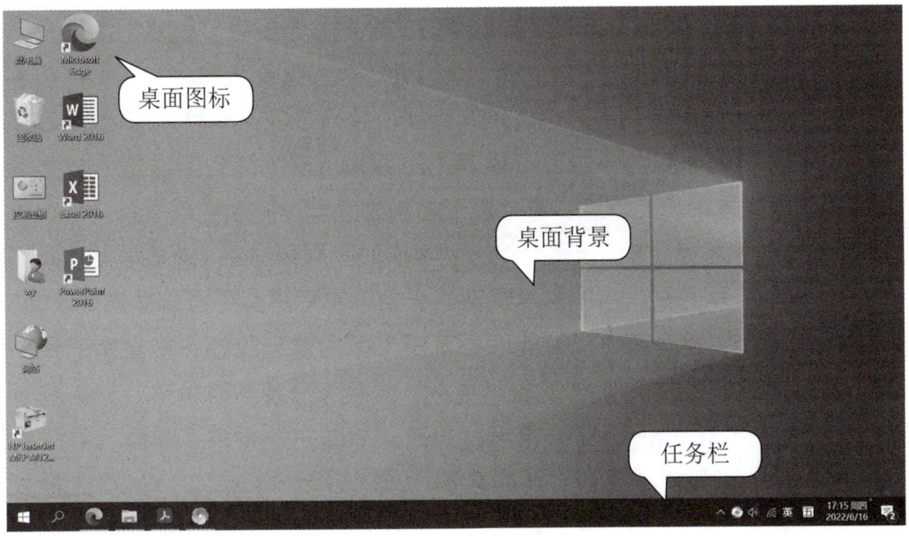

图 1-15　Windows 10 启动后的界面

1.7.1　基本操作与设置

（1）设置桌面图标大小。在桌面空白处右击，在弹出的快捷菜单中选择“查看”命令，在随后弹出的子菜单中选择相应的大小，有大图标、中等图标和小图标 3 种选择，如图 1-16 所示。

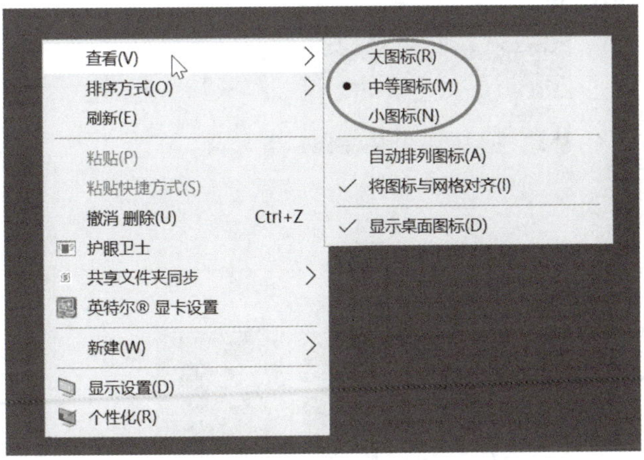

图 1-16　设置桌面图标大小

（2）添加系统图标。默认的情况下，桌面上只有“回收站”一个系统图标，用户可以根据需要添加其他系统图标到桌面上。

操作方法如下：

在桌面空白处右击，在弹出的快捷菜单中选择“个性化”命令，进入“设置 / 个性化”窗口，如图 1-17 所示。

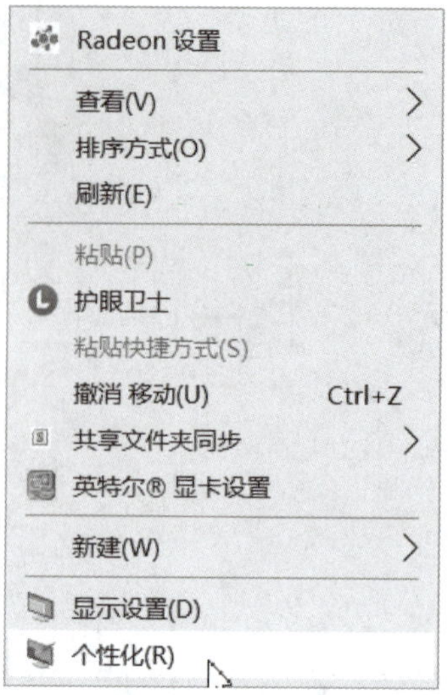

图 1-17　在快捷菜单选择“个性化”命令

在“设置 / 个性化”窗口中单击“主题”，在右侧的“主题”窗口单击“桌面图标设置”，如图 1-18 所示。

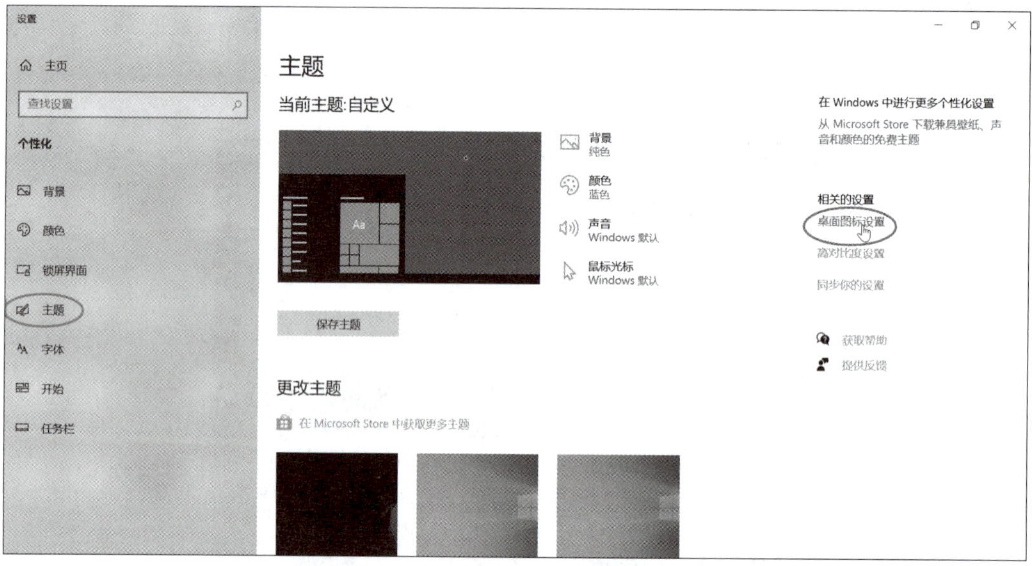

图 1-18　个性化设置的主题窗口

在弹出的“桌面图标设置”对话框中，根据需要选中系统图标的复选框，相应的系统图标就会出现在桌面上，如图 1-19 所示。

（3）更改系统图标的样式。进入“桌面图标设置”对话框（图 1-19），在列表中选中需要更改的系统图标，单击“更改图标”按钮，打开“更改图标”对话框，如图 1-20 所示，在列表框中选择一个新的图标，系统图标就更改成了新的图标样式。

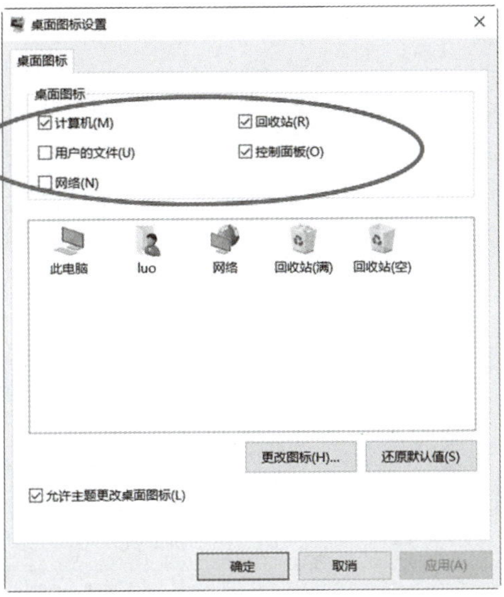

图 1-19　桌面图标设置

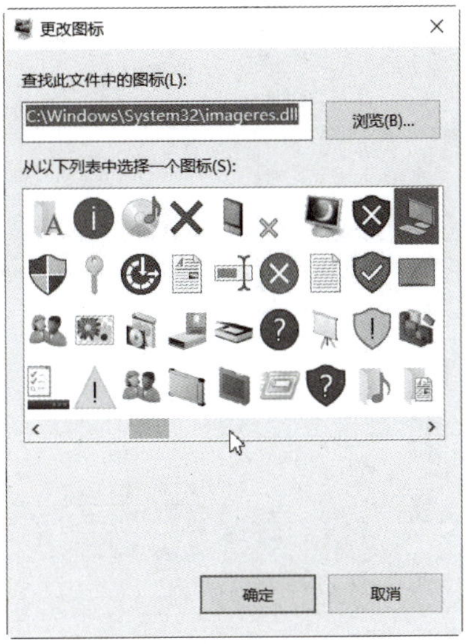

图 1-20　更改图标窗口

（4）显示桌面。在任务栏的最右端是“显示桌面”按钮，单击该按钮将最小化所有显示的窗口，然后显示桌面。“显示桌面”是一个开关按钮，再单击“显示桌面”按钮，则又还原打开的窗口。

（5）显示隐藏的图标。如果打开的应用程序比较多，任务栏上能够显示的图标数量有限，系统会自动隐藏一些图标。单击任务栏上的“显示隐藏的图标”按钮（图 1-21），可以显示隐藏的应用程序图标。

（6）设置显示分辨率和文本大小。显示分辨率越高，意味着显示相同的图形和文字呈现的外观越小，屏幕上能容纳显示的内容也就越多。要设置显示分辨率和文本大小，在桌面空白处右击，在弹出的快捷菜单中选择“显示设置”命令，如图 1-22 所示，进入“设置 / 系统”窗口。在窗口右侧的“显示”窗口，找到“更改文本、应用等项目的大小”选项和“显示分辨率”选项，在其下拉列表中选择相应的值进行设置，如图 1-23 所示。

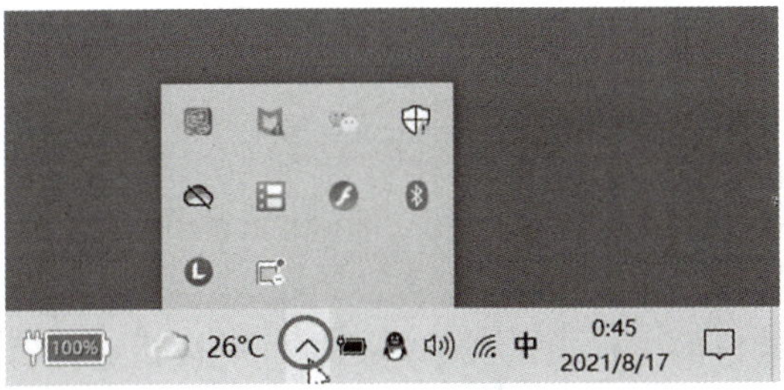

图 1-21　显示隐藏的图标

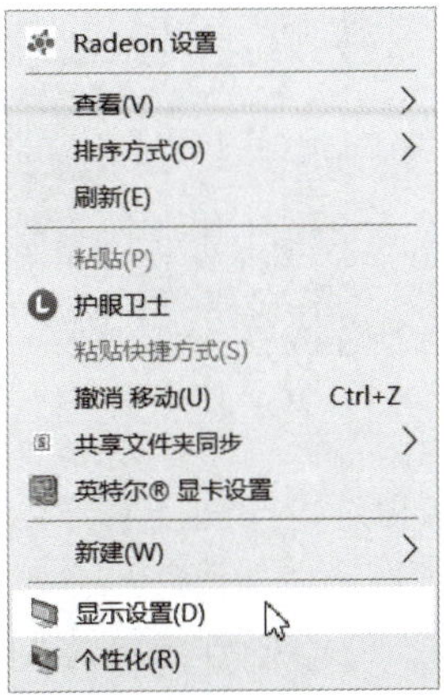

图 1-22　在快捷菜单选择“显示设置”命令

图 1-23　设置显示分辨率和文本大小

（7）设置桌面背景。在桌面空白处右击，在弹出的快捷菜单中选择“个性化”命令，进入“设置 / 个性化”窗口。在窗口右侧的“背景”窗口，找到“背景”选项，可设置三种不同类型的背景。

第一种是“纯色”背景，选择相应的背景色或自定义颜色即可，如图 1-24 所示。

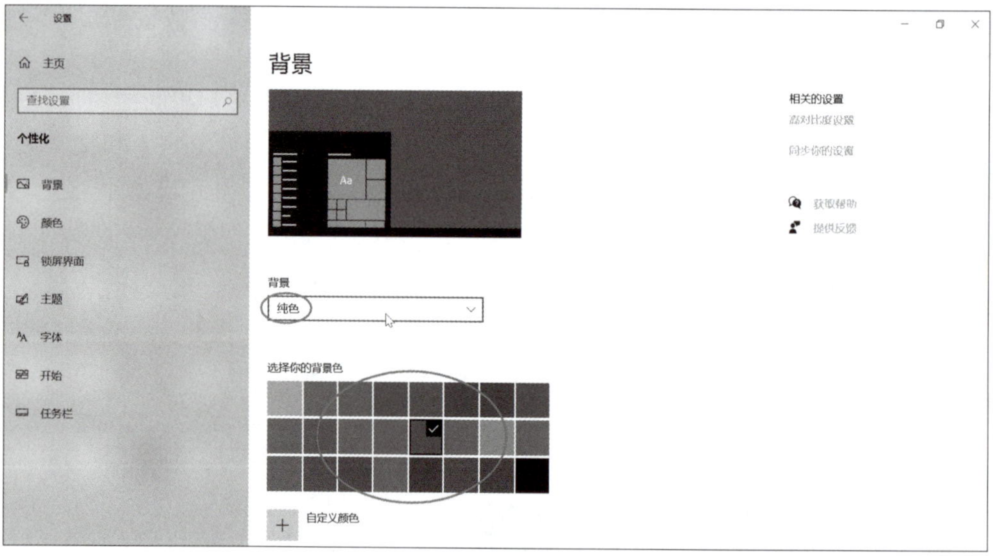

图 1-24　设置纯色背景

第二种是“图片”背景，选择列表中的图片或单击“浏览”按钮选择相应的图片，如图 1-25 所示。

第三种是“幻灯片放映”背景，选择默认的文件夹，或单击“浏览”按钮选择背景图片所在的文件夹，作为幻灯片选择相册，如图 1-26 所示。

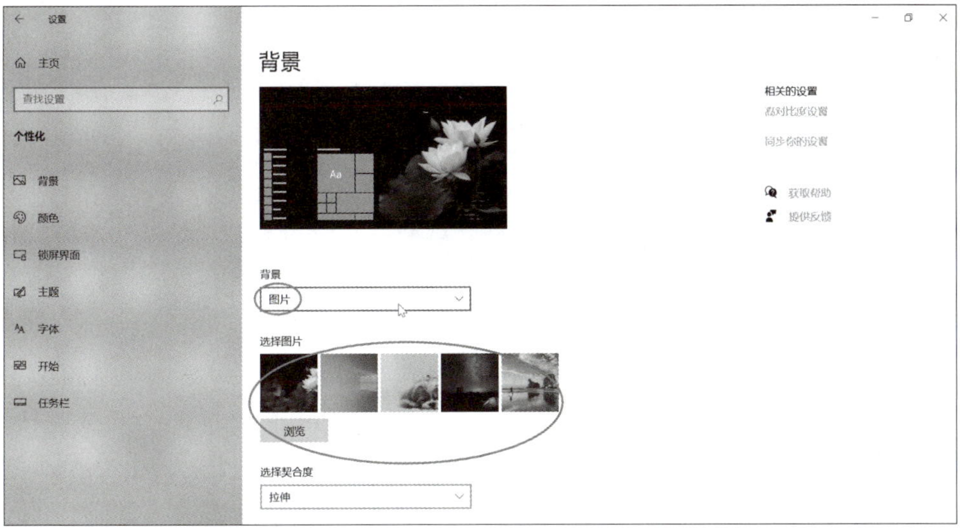

图 1-25　设置图片背景

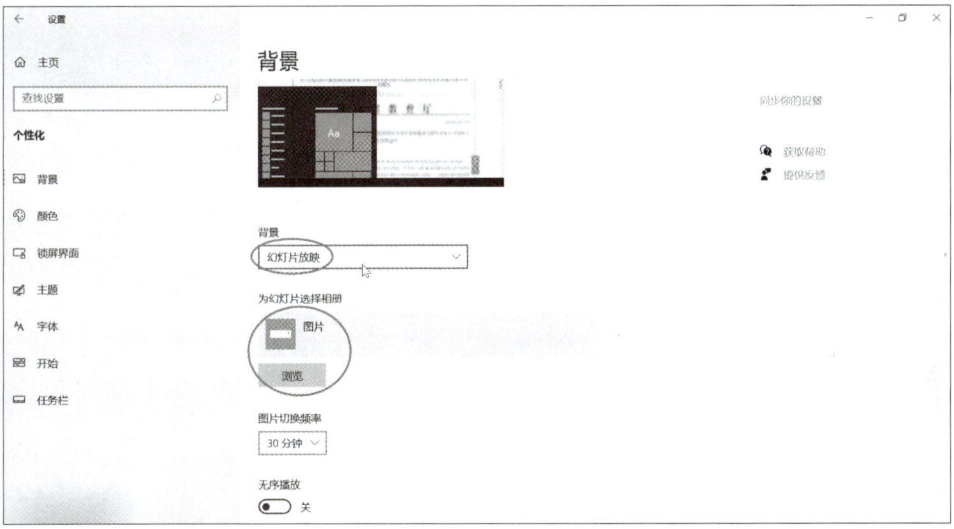

图 1-26　设置幻灯片放映背景

（8）设置锁屏界面。当计算机处于锁定状态时，其显示的屏幕就是锁屏界面。在桌面空白处右击，在弹出的快捷菜单中选择“个性化”命令，进入“设置 / 个性化”窗口。在窗口中单击“锁屏界面”，在右侧窗口中找到“背景”选项，可设置三种不同类型的背景。

第一种是“图片”背景，选择列表中的图片，或单击“浏览”按钮选择相应的图片，如图 1-27 所示。

第二种是“Windows 聚焦”背景，系统向用户随机推送一些绚丽的图片，并询问用户是否喜欢，如图 1-28 所示。

第三种是“幻灯片放映”背景，可以添加背景图片所在的文件夹，作为幻灯片放映选择相册，如图 1-29 所示。

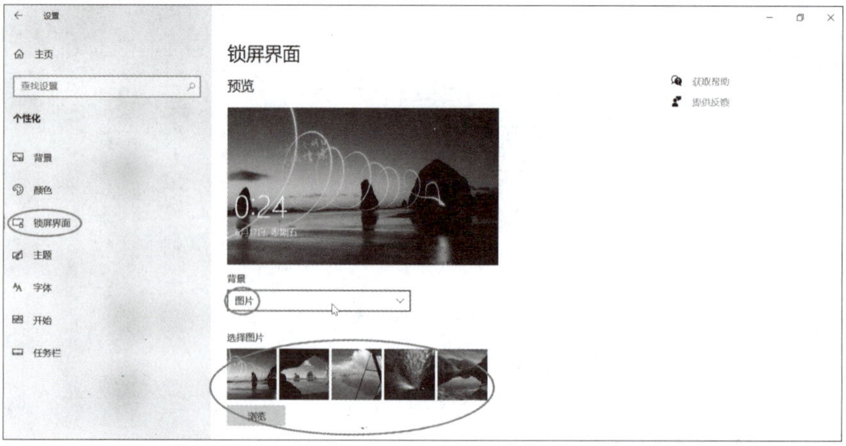

图 1-27　设置图片锁屏界面

图 1-28　设置 Windows 聚焦锁屏界面

图 1-29　设置幻灯片放映锁屏界面

（9）设置屏幕保护程序。在桌面空白处右击，在弹出的快捷菜单中选择“个性化”命令，进入“设置 / 个性化”窗口。在窗口中单击“锁屏界面”，在右侧窗口单击“屏幕保护程序设置”，如图 1-30 所示。

图 1-30　屏幕保护程序设置入口

进入“屏幕保护程序设置”窗口后，可以设置 3D 文字、变幻线、彩带、空白、气泡、照片等不同的屏幕保护程序，如图 1-31 所示。

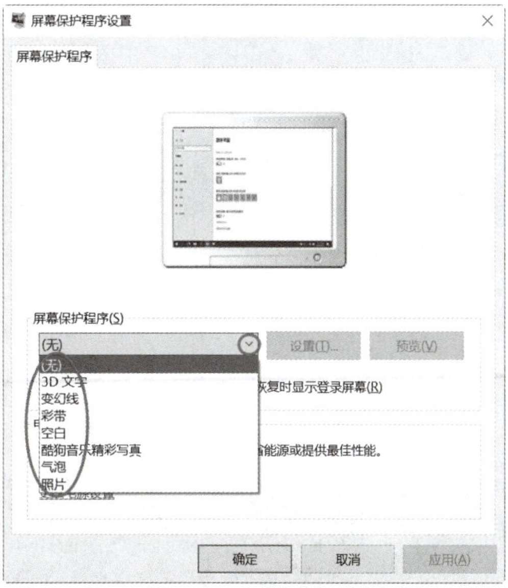

图 1-31　设置屏幕保护程序

（10）设置日期和时间。“日期和时间”图标在任务栏右侧，右击“日期和时间”图标，在弹出的快捷菜单中选择“调整日期 / 时间”命令，如图 1-32 所示，进入“设置 / 时间和语言”窗口。在窗口右侧的“日期和时间”窗口中，单击“手动设置日期和时间”下的“更改”按钮（要确认“自动设置时间”为关闭状态），如图 1-33 所示，进入“更改日期和时间”窗口。

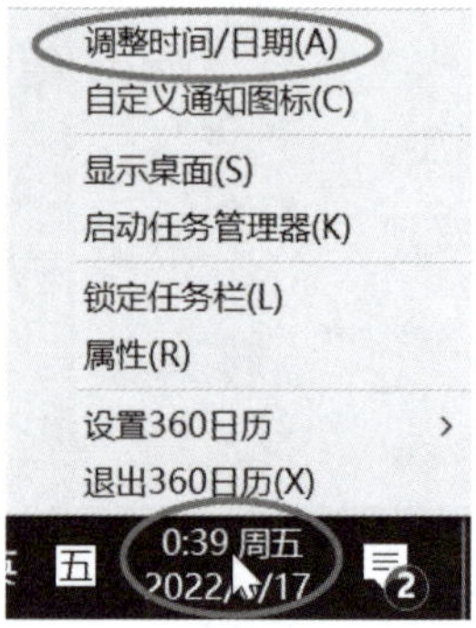

图 1-32　设置日期和时间入口

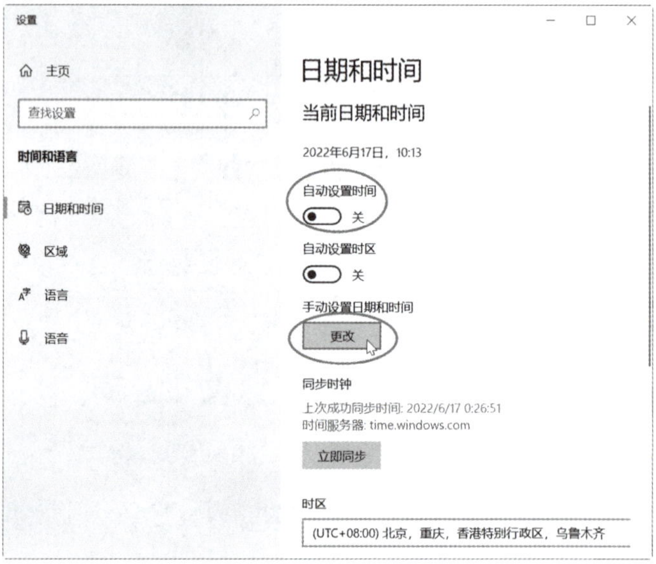

图 1-33　设置日期和时间入口

在“更改日期和时间”窗口中设置正确的日期和时间，如图 1-34 所示。

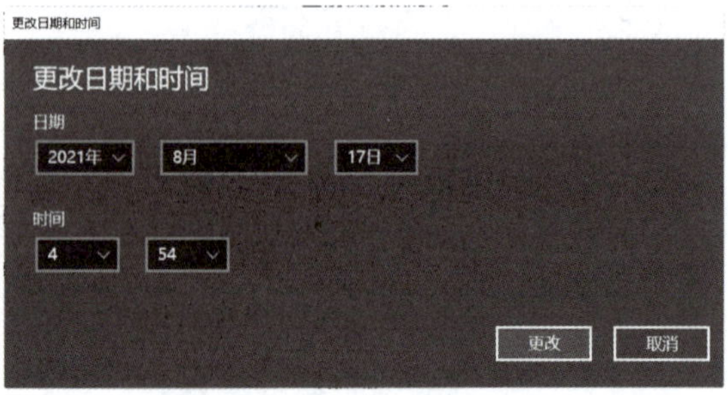

图 1-34　设置日期和时间

（11）设置扬声器音量。扬声器音量图标在任务栏的右侧，单击扬声器音量图标会出现音量调节窗口，拖动滑块即可设置音量的大小，如图 1-35 所示。

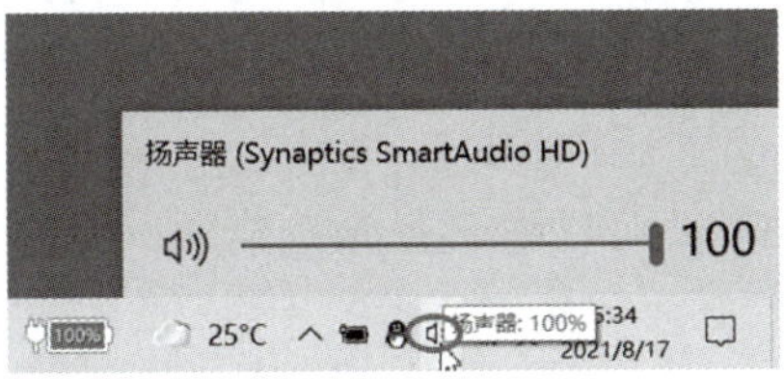

图 1-35　调节音量

（12）睡眠、重启与关机。睡眠是计算机处于待机状态下的一种模式。睡眠状态下的计算机会将数据保存在内存中，并禁止除内存外的其他硬件通电。当需要唤醒时，按一下电源键或晃动鼠标，即可将计算机恢复到睡眠前的工作状态。

要执行睡眠、重启与关机有多种方法，最常见的方法是进入“开始”菜单实现。“开始”菜单按钮位于任务栏最左侧，单击“开始”菜单按钮进入“开始”菜单后，单击“电源”按钮，在弹出的菜单中选择睡眠、重启或关机按钮即可，如图 1-36 所示。

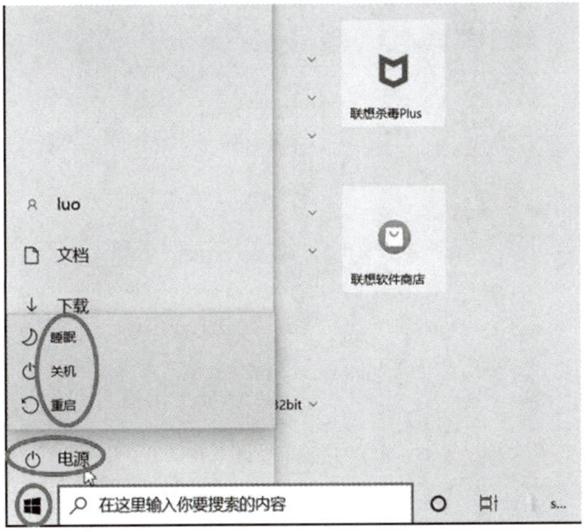

图 1-36　“开始”菜单中的电源选项

1.7.2　任务栏的操作与设置

任务栏是位于屏幕底部的整个水平长条，由“开始”按钮、快速启动区、活动任务区和通知区等部分构成，如图 1-37 所示。

图 1-37　任务栏

快速启动区，是把常用的应用程序或位置窗口的快捷方式固定在任务栏中的区域。快速启动区中的快速启动按钮是启动应用程序最快捷、方便的方法。每当打开或运行一个窗口时，在活动任务区中就会显示一个对应的任务按钮图标。通知区用于显示在后台运行的应用程序或其他通知。固定显示的内容有日期和时间、输入法、新通知、扬声器音量等。

（1）把程序固定到任务栏。可以将“开始”菜单、桌面上或活动任务区中的程序固定到任务栏的快速启动区，只需要用鼠标右击该程序，单击快捷菜单中的“固定到任务栏”命令即可，如图 1-38 所示。

（2）从任务栏取消固定的程序。如果要把固定到任务栏快速启动区的程序从任务栏去除，可以用鼠标右击该图标，单击快捷菜单中的“从任务栏取消固定”命令，如图 1-39 所示。

图 1-38　将桌面程序固定到任务栏

（3）切换任务窗口。如果一个打开的窗口位于多个打开窗口的最前面，可以对其进行操作，则称该窗口为活动窗口。活动窗口的任务按钮会突出显示。若要切换到另一任务窗口，单击活动任务区中相应的任务按钮即可，也可以使用 Alt+Tab 组合键进行任务切换。

（4）预览打开的窗口。把鼠标指针移到任务栏按钮图标上，与该图标关联的所有打开窗口的缩略图预览都将出现在任务栏的上方，如图 1-40 所示。

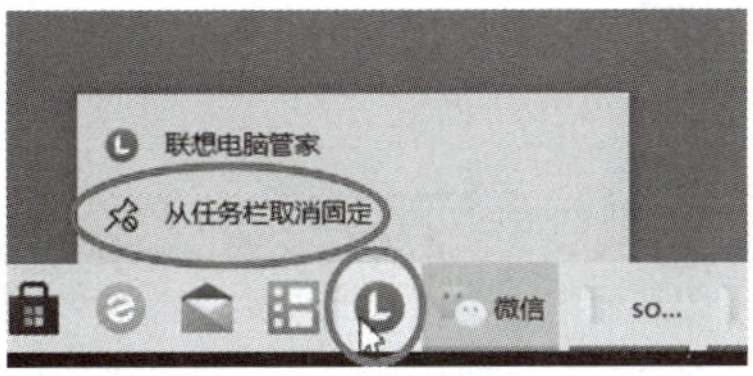

图 1-39　从任务栏取消固定的程序

图 1-40　窗口预览

（5）自动隐藏任务栏。将任务栏设置为自动隐藏后，桌面将不会显示任务栏，只有在鼠标指针移动到任务栏所在位置时才会显示出来。在任务栏的空白处右击，在弹出的快捷菜单中选择“任务栏设置”命令，如图 1-41 所示，进入“设置 / 个性化”窗口。在窗口右侧的“任务栏”窗口中，将“在桌面模式下自动隐藏任务栏”下的开关按钮设置为打开状态，如图 1-42 所示。

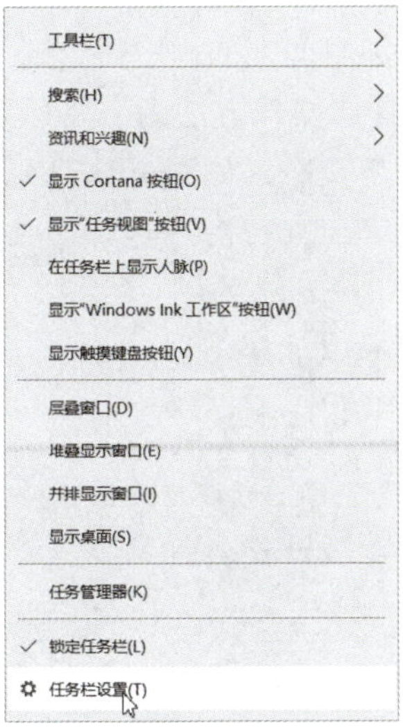

图 1-41　进入任务栏设置

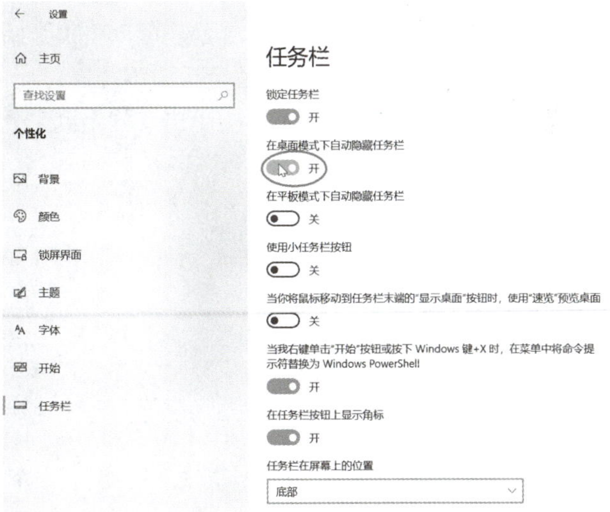

图 1-42　设置自动隐藏任务栏

1.7.3　“开始”菜单的操作与设置

单击任务栏左端的“开始”按钮，就打开了“开始”菜单，如图 1-43 所示。

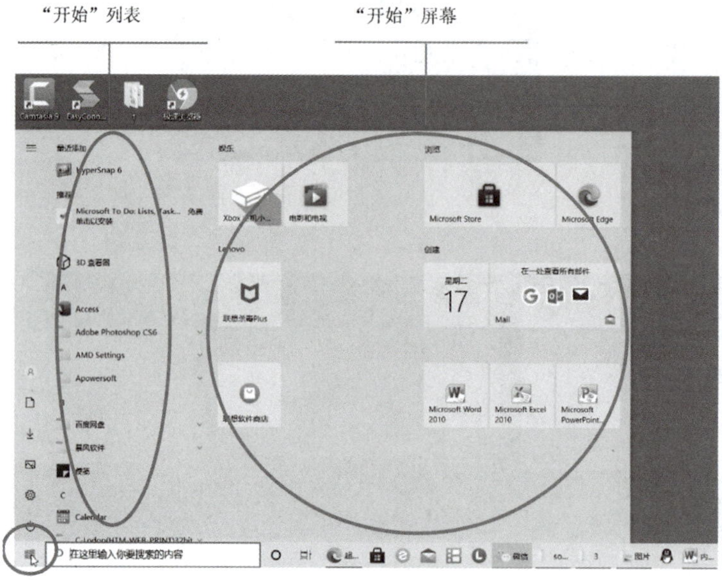

图 1-43 “开始”菜单

（1）认识“开始”菜单。“开始”菜单主要由“开始”列表和“开始”屏幕组成，如图 1-43 所示。“开始”列表中列出了系统的所有应用程序，可以选定列表中的程序项，单击直接启动相应的应用。“开始”屏幕区中的图形方块称为磁贴，其功能类似快捷方式，单击磁贴可以启动相应的应用。磁贴在“开始”屏幕中按分组排列，组与组之间在水平和垂直方向上均呈现为规则的分隔区域。

（2）将程序固定到“开始”屏幕。可以将“开始”列表中和桌面上的程序固定到“开始”屏幕，此时“开始”屏幕区会新增该程序对应的磁贴。具体操作方法为：鼠标右击选定的程序，在弹出的快捷菜单中单击“固定到‘开始’屏幕”命令，如图 1-44 所示。

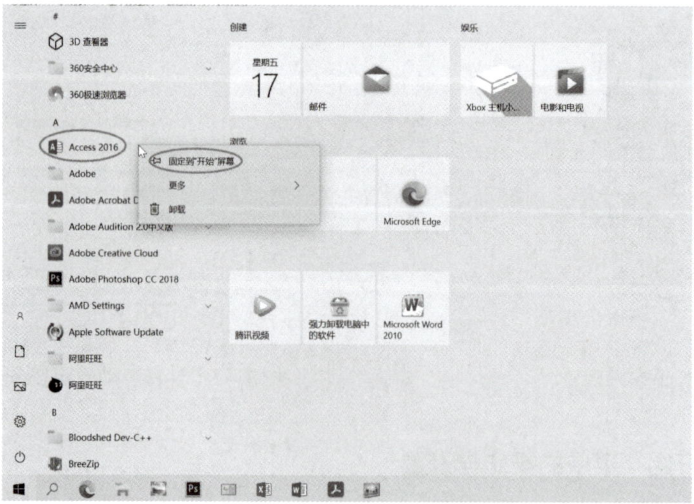

图 1-44 将“开始”列表中的程序固定到“开始”屏幕

（3）从“开始”屏幕区取消固定的程序。从“开始”屏幕区取消固定的程序，即删除该程序对应的磁贴。具体操作方法为：右击相应的磁贴，在弹出的快捷菜单中单击“从‘开始’屏幕取消固定”命令，如图 1-45 所示。

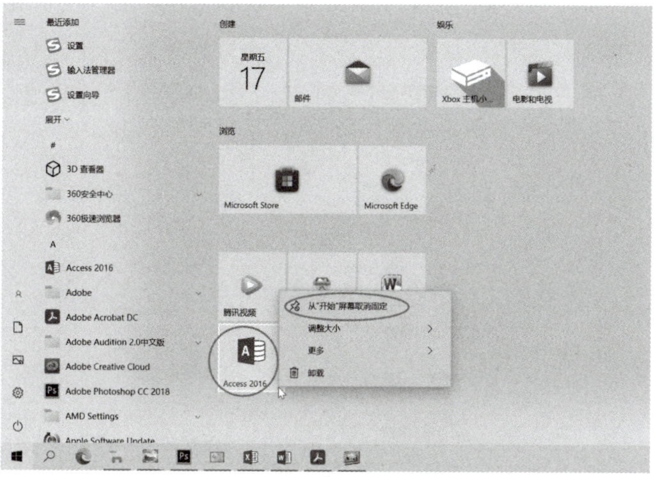

图 1-45　从“开始”屏幕区取消固定的程序

（4）移动磁贴。拖动磁贴，可将其移至“开始”屏幕中的任何位置或分组。

（5）分组操作。将磁贴拖到“开始”屏幕中一个空白新组区域，即建立了一个新的磁贴组。

磁贴组的命名或改名操作：将鼠标指针移到“命名组”栏，单击定位插入点，输入或更改新的名称，如图 1-46 所示。

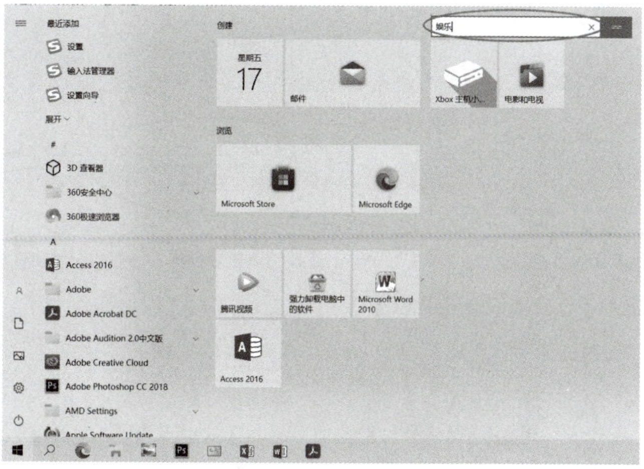

图 1-46　输入或更改磁贴组名

1.7.4　用户账户的设置和管理

Windows 10 的用户账户有两种：本地账户和 Microsoft 账户。一般用户使用本地账户居多。本地账户分为管理员账户和标准账户。管理员账户拥有计算机的完全控制权，可以对计算机作任何更改；标准账户是一种日常使用的基本账户，仅能对当前账户进行一些常规设置（不影响其他账户），无法进行系统性、安全性设置。

（1）添加本地账户。单击“开始”菜单按钮，在弹出的快捷菜单中单击“设置”命令，如图 1-47 所示。

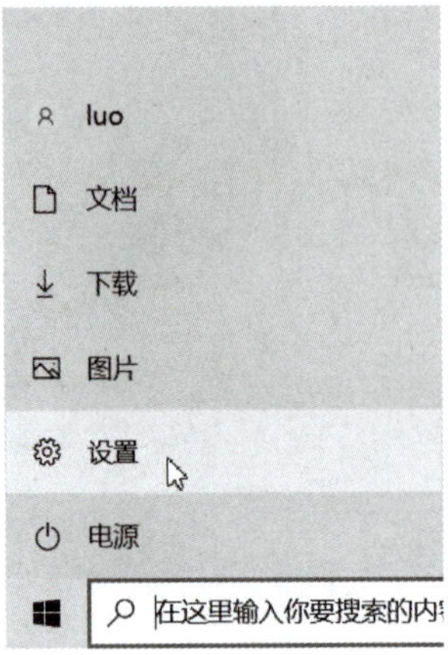

图 1-47　单击“开始”菜单的“设置”命令

在“Windows 设置”窗口单击“账户”项，如图 1-48 所示，进入“设置 / 账户”窗口。

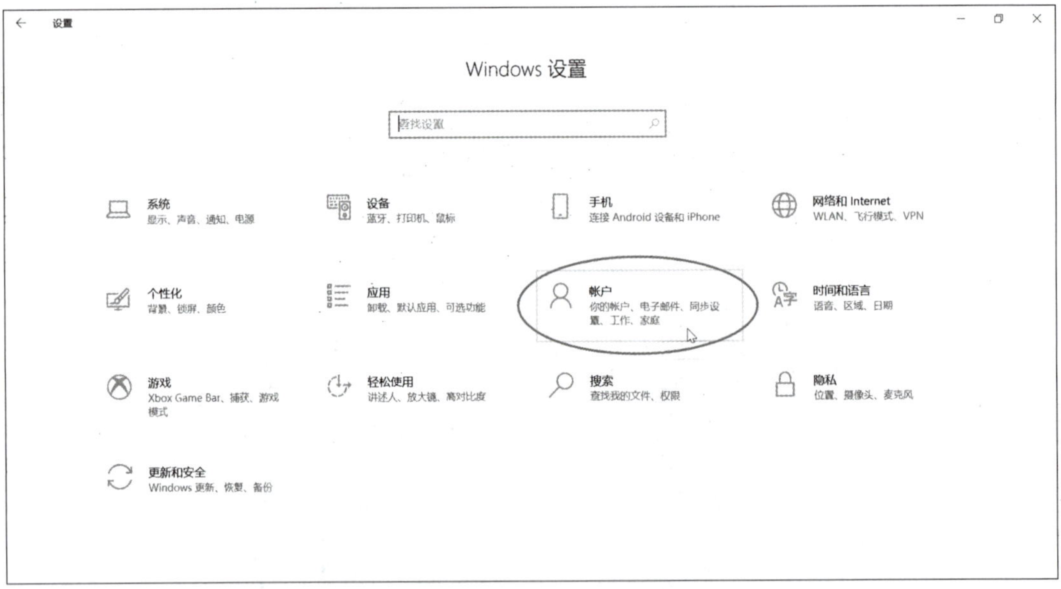

图 1-48　Windows 设置窗口

在“设置 / 账户”窗口中单击“家庭和其他用户”项，进入“家庭和其他用户”窗口，在窗口单击“将其他人添加到这台电脑”项，如图 1-49 所示，进入创建用户窗口。

创建用户的窗口如图 1-50 所示，输入用户名和相应密码，即可创建一个需要的账户。

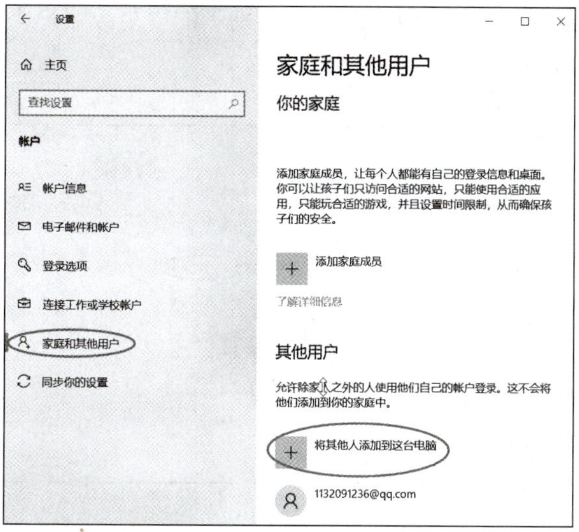

图 1-49　“家庭和其他用户”窗口

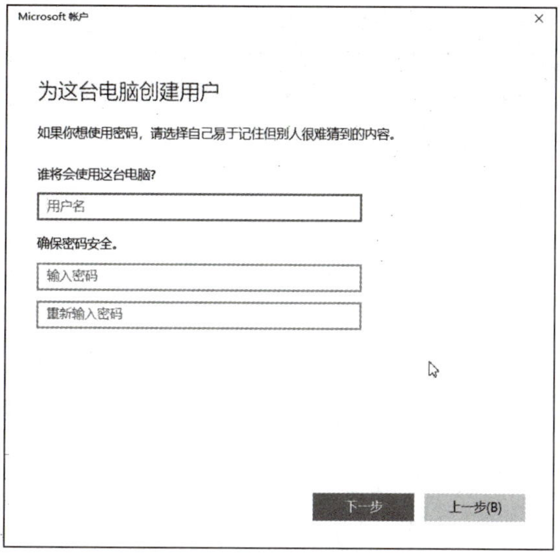

图 1-50　创建用户

（2）管理用户账户。管理用户账户的操作包括更改账户名称、更改账户密码、更改账户类型以及删除账户等。在桌面双击“控制面板”图标，如图 1-51 所示，进入“控制面板”窗口。

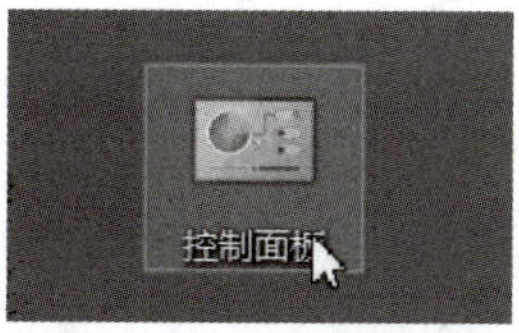

图 1-51　控制面板图标

在“控制面板”窗口，单击“用户账户”类别下的“更改账户类型”，如图 1-52 所示，进入“管理账户”窗口。

图 1-52 “控制面板”窗口

“管理账户”窗口中显示当前的所有账户，如图 1-53 所示，单击需要更改的账户，进入“更改账户”窗口。

图 1-53 “管理账户”窗口

“更改账户”窗口中列出了对账户的所有更改和删除操作选项，如图 1-54 所示，选择相应的选项就可以进行需要的操作。

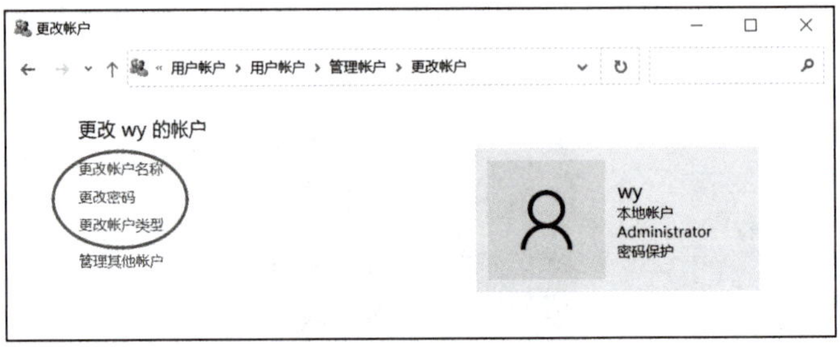

图 1-54 “更改账户”窗口

在图 1-54 的“更改账户”窗口中，单击“更改账户名称”，进入“重命名账户”窗口，如图 1-55 所示，输入新的账户名称，就可以完成更改账户名称的操作。

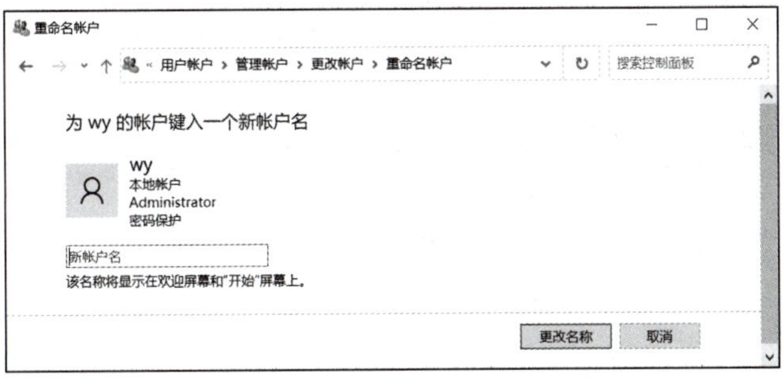

图 1-55　“重命名账户”窗口

在图 1-54 的“更改账户”窗口中，单击“更改密码”，进入“更改密码”窗口，如图 1-56 所示，输入新的账户密码，就可以完成更改账户密码的操作。

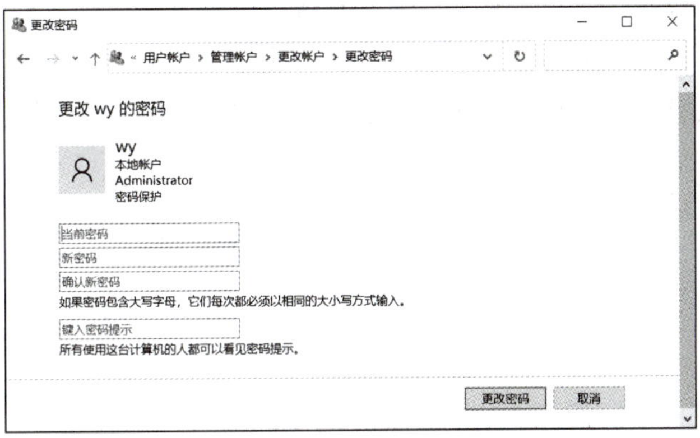

图 1-56　“更改密码”窗口

在图 1-54 的“更改账户”窗口中，单击“更改账户类型”，进入“更改账户类型”窗口，如图 1-57 所示，选择“管理员”类型或“标准”类型，就可以完成更改账户类型的操作。

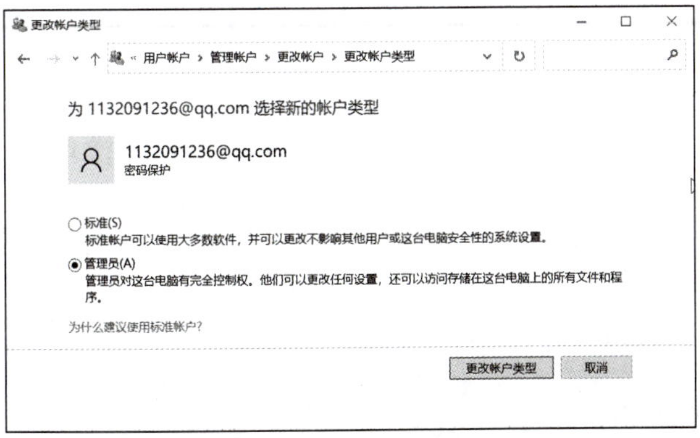

图 1-57　“更改账户类型”窗口

在图 1-54 的“更改账户”窗口中，单击“删除账户”，进入“删除账户”窗口，如图 1-58 所示，根据提示确认是否保存该账户的有关内容，就可以完成删除账户的操作。

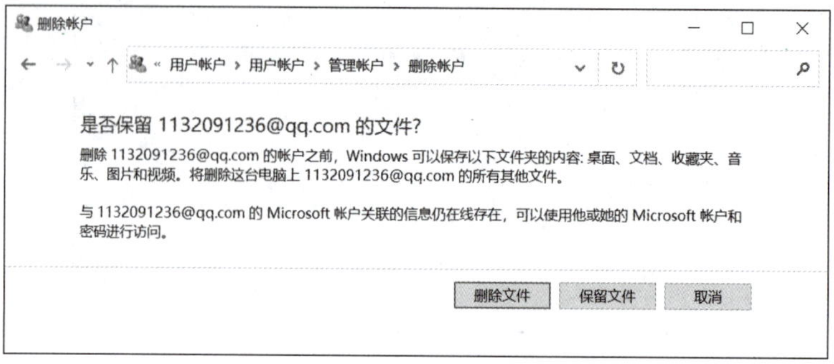

图 1-58 “删除账户”窗口

（3）账户切换和注销。系统中有多个账户时，用户可以通过切换进入另一个账户。用户也可以通过账户注销，释放资源后，再登录该账户或其他账户。

单击“开始”按钮，在“开始”菜单的左侧上方找到当前的账户名称，单击账户名后弹出相关菜单，如图 1-59 所示。弹出菜单的下部是其他账户名称的列表，单击其中的账户名就会切换到该账户的登录界面，输入正确的密码后，就可以切换登录到该账户。需要注销账户时，单击弹出菜单上部的“注销”命令即可。

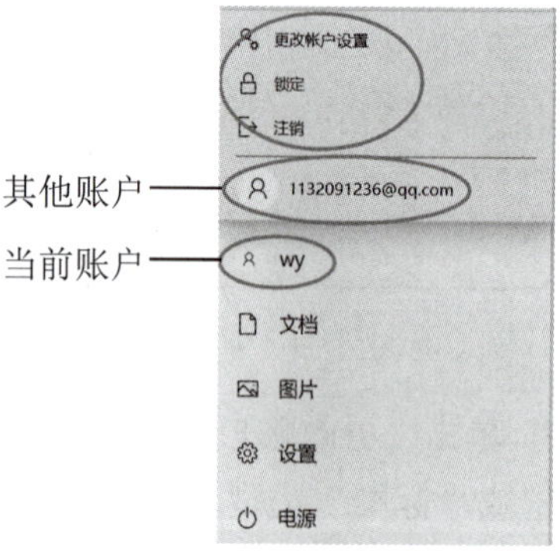

图 1-59 当前账户上的弹出菜单

1.8 Windows 10 的文件资源管理

Windows 系统中把计算机的所有软硬件资源均用文件或文件夹的形式来表示，因此，Windows 的文件资源管理就是对文件和文件夹的管理。用户可以通过“Windows 文件资源管理器”对计算机的资源（文件或文件夹）进行统一的管理和操作。

1.8.1 文件管理基础

（1）文件。文件是 Windows 存取磁盘信息的基本单位，计算机中的数据（例如：文本、图像、音频、视频、应用程序等）都是以文件的形式保存在硬盘、U 盘、光盘等外存中，为了便于管理文件，大部分文件需要放置在不同的文件夹中。

每个文件都有自己唯一的名字，称为文件名。Windows 正是通过文件名来对文件进行管理的，文件名由主文件名和扩展名组成。主文件名用于标识文件，扩展名用于说明文件类型。

文件名的一般形式为“主文件名 . 扩展名”，文件名组成如图 1-60 所示。

图 1-60　文件名示例

（2）文件夹。为了便于管理大量的文件，系统通常把文件分类保存在不同的文件夹中。文件夹是用于存储文件和其他文件夹的容器。文件夹中可以包含文件夹，称为子文件夹。

Windows 采用树形结构文件夹的方法组织文件到外存储器上。所有的文件通过文件夹分类分层组织起来，形成了分支逐层的存储结构，像一棵倒置的树，如图 1-61 所示。

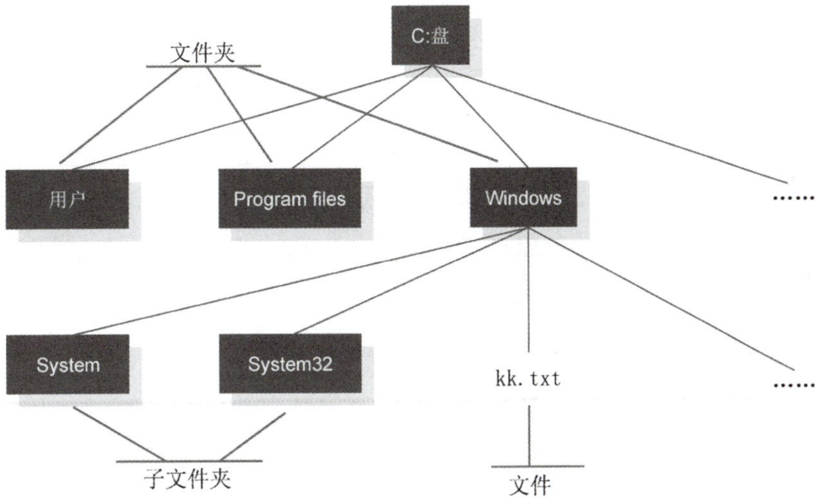

图 1-61　外存的树形存储结构示例

（3）路径。文件在外存上的存放位置用路径来描述，完整的文件位置说明格式为：盘符 \ 路径 \ 文件名。

文件路径示例：C:\ Windows\system32\ convert.exe。

其中，路径为“\ Windows\system32”，表示文件夹 Windows 下的 system32 子文件夹，示例表示的文件位置信息为：C: 盘上“\ Windows\system32”路径下的 convert.exe 文件。

1.8.2 文件资源管理器

计算机对文件和文件夹的操作通常在文件资源管理器中进行，可以使用多种方法打开文件资源管理器，最常见的方法是右击“开始”菜单按钮，在弹出的快捷菜单中单击“文件资源管理器”命令，如图 1-62 所示。

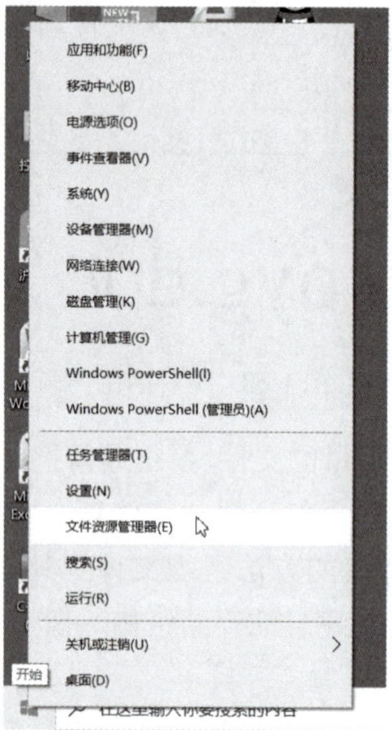

图 1-62 进入“文件资源管理器”命令

文件资源管理器的界面如图 1-63 所示，主体有两大部分：左侧的导航窗格和右侧的内容窗格。打开文件资源管理器时，导航窗格默认显示“快速访问”；内容窗格显示“快速访问”中的“常用文件夹”和“最近使用的文件”。

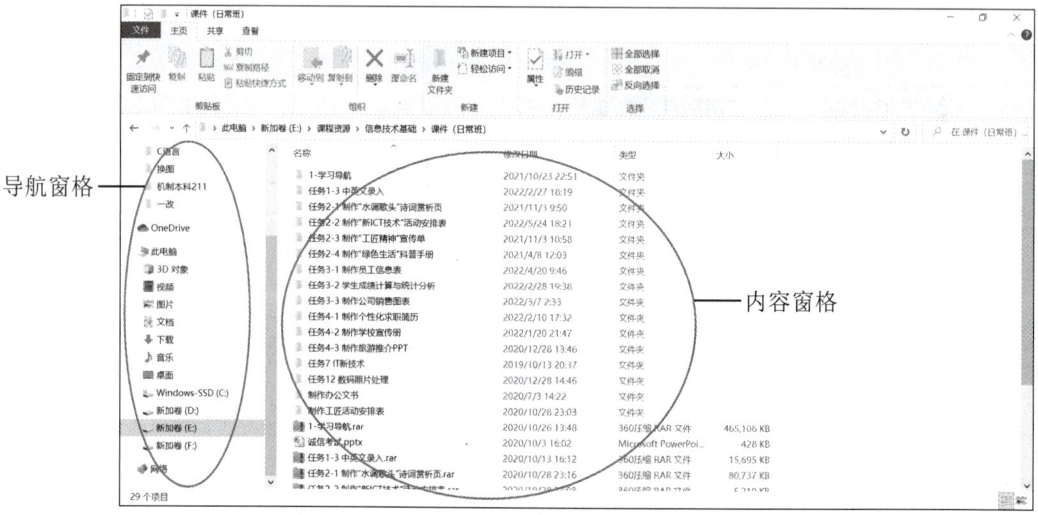

图 1-63 文件资源管理器界面

1.8.3　查看文件和文件夹

使用文件资源管理器查看文件时，用户通常在左边的导航窗格选择盘符和目标路径，则该路径下文件夹内的文件和文件夹会在右边的内容窗格显示出来。在导航窗格中选择路径位置，当某项目的图标前有>时，表示它有下级文件夹，单击>将展开它的下级，同时>变为∨。单击∨时，下级文件夹将折叠，∨又变回>，如图 1-64 所示。如果项目的图标前没有>或∨，则表示它不包含下级文件夹。

所有文件夹的图标特征是相似的，而文件的图标则与文件类型相关，不同的图标表示不同的文件类型。内容窗格可以根据需要从多种方式和形式显示文件和文件夹。

在内容窗格的空白处右击，在弹出的快捷菜单中指向“查看”项，可以在子菜单中选择不同的文件和文件夹的显示形式，设置图标不同大小或列表、详细信息等不同显示形式，如图 1-65 所示。

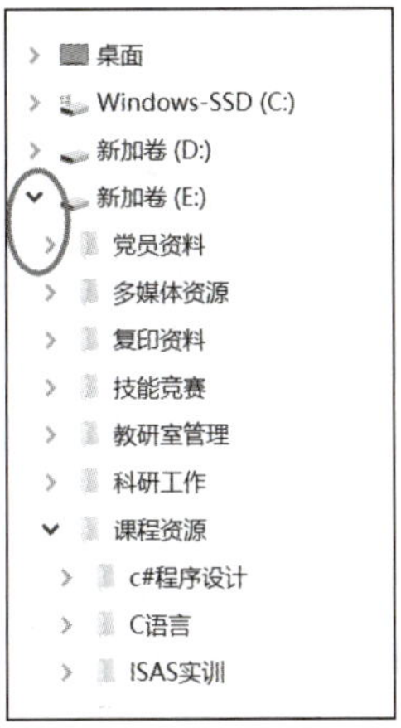

图 1-64　导航窗格中项目的展开与折叠

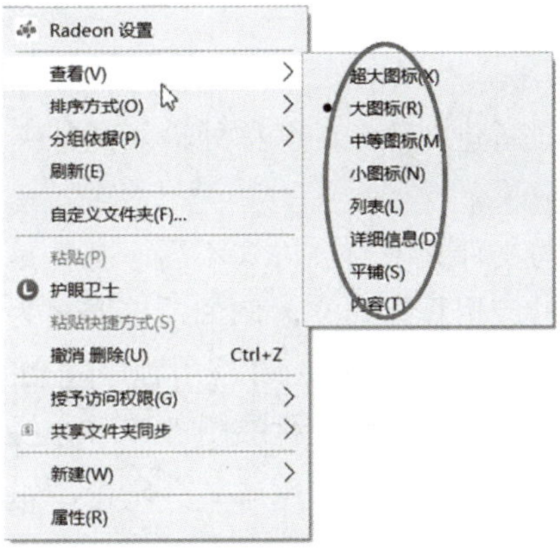

图 1-65　内容窗格的查看形式

在内容窗格的空白处右击，在弹出的快捷菜单中指向“排序方式”项，可以在子菜单中选择不同的排序方式排列文件和文件夹的显示顺序，如图 1-66 所示。

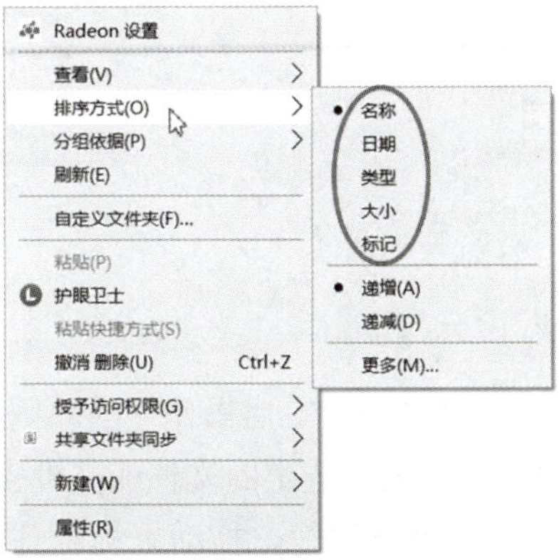

图 1-66　内容窗格的排列方式

1.8.4 新建文件和文件夹

新建文件夹有多种方法，最常见的方法是：在内容窗格的空白处右击，在弹出的快捷菜单中指向“新建”项，在其子菜单中选择“文件夹”，如图 1-67 所示。

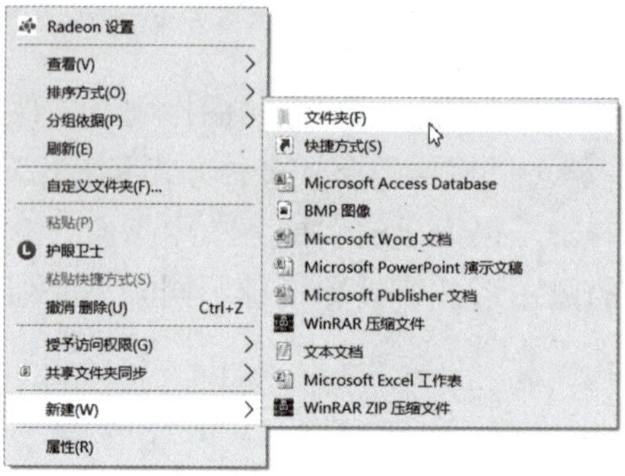

图 1-67 新建文件夹操作

在新建文件夹的名称处输入文件夹的实际名称，如图 1-68 所示，新建文件夹的操作就完成了。

与文件夹的建立方式不同，文件是通过应用程序来建立的。不同类型的文件通常由不同的应用程序建立，例如，扩展名为 docx 的文件是由 Word 应用程序建立的，扩展名为 xlsx 的文件是由 Excel 应用程序建立的。

可以对文件和文件夹更改名称，操作方法为：右击要更名的文件或文件夹，在弹出的快捷菜单中选择“重命名”命令，如图 1-69 所示，随后在出现的名称框内录入正确的名称即可。

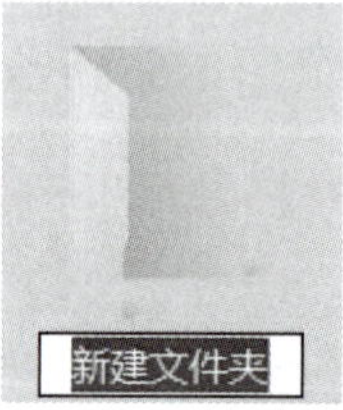

图 1-68 命名文件夹

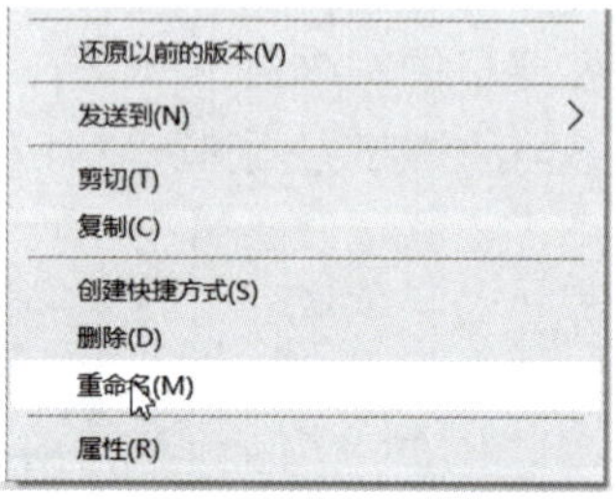

图 1-69 文件和文件夹重命名命令

1.8.5 选定文件和文件夹

对文件和文件夹的操作，遵循“先选定、后操作”的原则，通常有以下几种选定方法。

（1）选定一个文件或文件夹。单击要选定的文件或文件夹即可。

（2）框选文件和文件夹。在内容窗格中，拖动鼠标框住要选定的文件和文件夹，如图 1-70 所示。

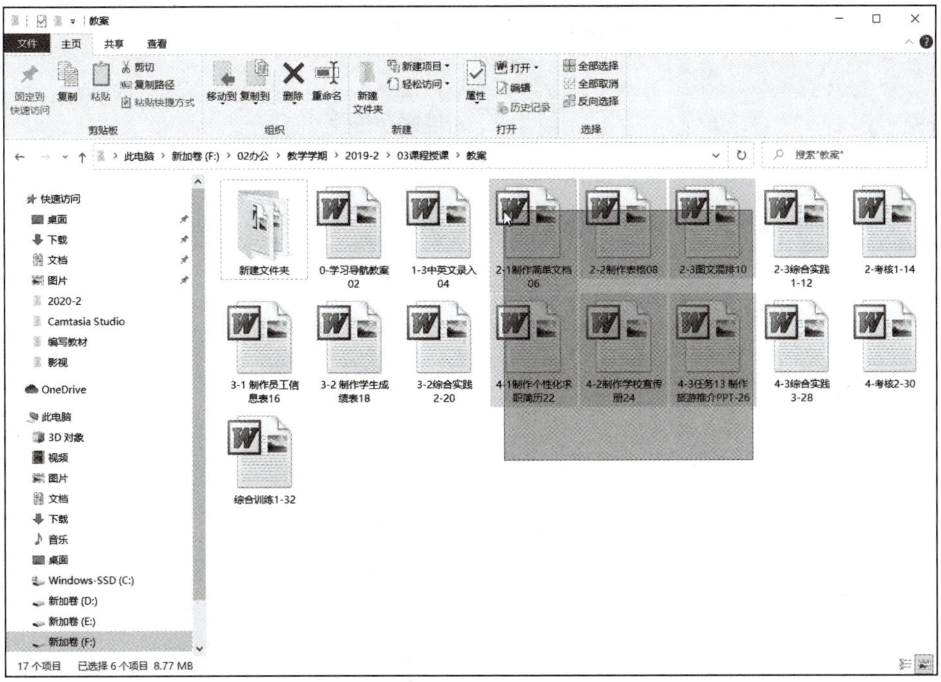

图 1-70　框选文件和文件夹

（3）选定多个连续文件和文件夹。单击选定第一个对象，按住 Shift 键不放，然后单击最后一个要选定的对象。

（4）选定多个不连续文件和文件夹。单击选定第一个对象，按住 Ctrl 键不放，然后分别单击各个要选定的对象。

（5）选定当前文件夹中的所有文件和文件夹。可以按 Ctrl+A 组合键实现，也可以采用框选或选定多个连续对象的方法来实现。

（6）撤销选定。单击窗口的其他区域，则撤销了全部选定。

在选定了对象后，按住 Ctrl 键不放，单击要取消选定的对象，就可以进行相应选定撤销。

1.8.6　复制、移动文件和文件夹

复制或移动文件、文件夹分两步进行：首先选定源文件夹中需要复制或移动的对象，执行“复制”（复制操作时）或“剪切”（移动操作时）命令，然后转换到目标文件夹，执行“粘贴”命令。

执行“复制”“剪切”“粘贴”命令有多种方式。

（1）使用功能区按钮。功能区有“复制”“剪切”“粘贴”等按钮，如图 1-71 所示，单击其中的按钮即执行相应的命令。

（2）使用快捷菜单。在源文件夹选定的对象上右击，在弹出的快捷菜单上选择“复制”或“剪切”命令，如图 1-72 所示。

转换到目标文件夹，在空白处右击，在弹出的快捷菜单上选择“粘贴”命令，如图 1-73 所示。

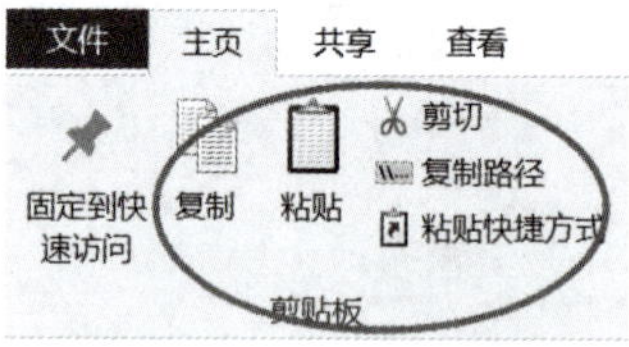

图 1-71　功能区相关按钮

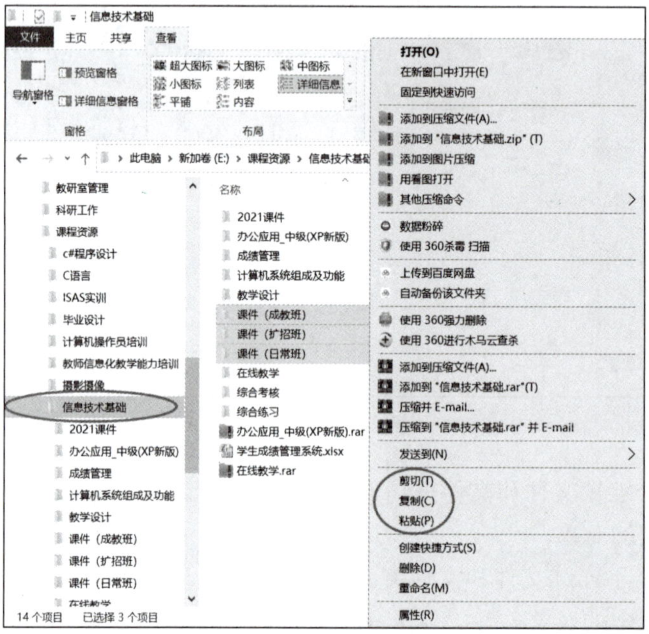

图 1-72　执行“复制”或“剪切”命令

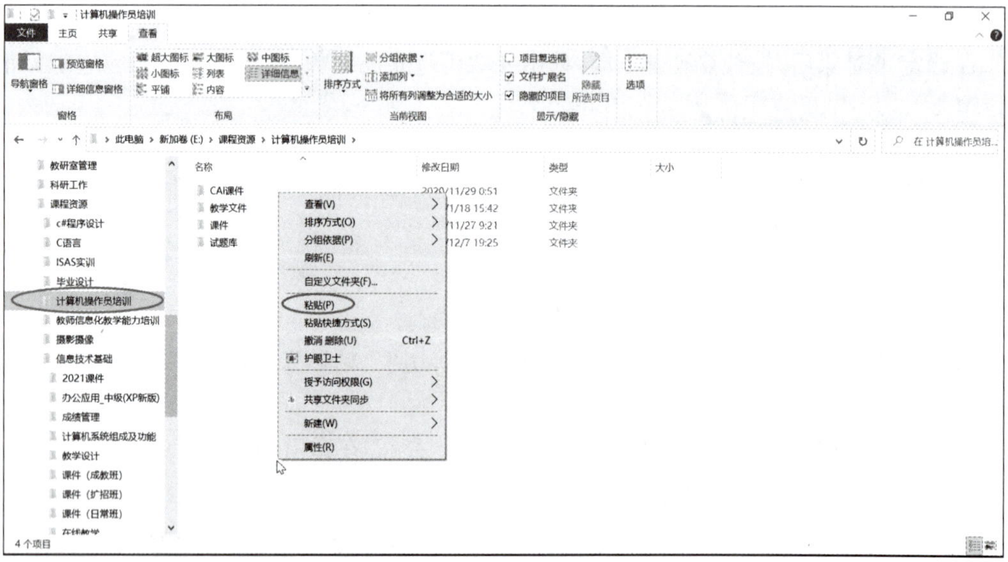

图 1-73　执行“粘贴”命令

（3）使用组合键。可以用 Ctrl+C 组合键执行“复制”命令，用 Ctrl+X 组合键执行“剪切”命令，用 Ctrl+V 组合键执行“粘贴”命令。

1.8.7　撤销文件和文件夹的复制或移动操作

在目标文件夹的空白处右击，在弹出的快捷菜单上单击“撤销 复制”或“撤销 移动”命令，如图 1-74 所示，或使用 Ctrl+Z 组合键，即可撤销刚进行的文件和文件夹的复制或移动操作。

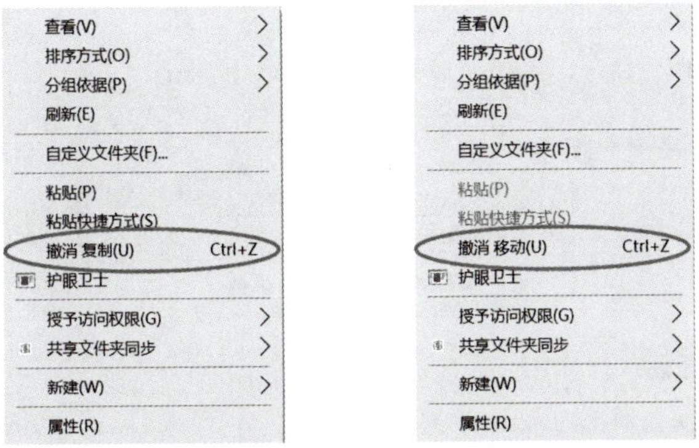

图 1-74　撤销复制或移动操作

1.8.8　删除、恢复文件和文件夹

用户可以将不需要的文件和文件夹删除。选定要删除的文件和文件夹后，可以按 Delete 键，或在右击弹出的快捷菜单中选择“删除”命令进行删除。

从硬盘中删除文件和文件夹时，不会立即将其删除，而是将其存储在回收站中。

如果将文件或文件夹错误删除，可以将其还原恢复，操作方法为：打开桌面的回收站，在回收站窗口中选定被误删的文件或文件夹，单击功能区的“还原选定的项目”按钮，如图 1-75 所示。如果要将文件或文件夹永久删除，那么可以在回收站中，对其再进行删除操作。

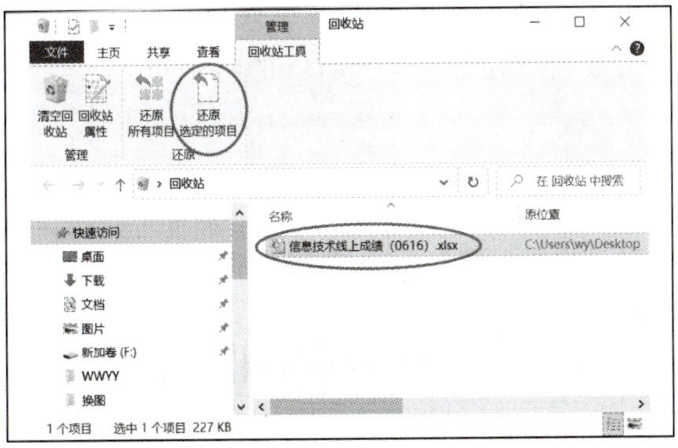

图 1-75　恢复误删的文件和文件夹

1.8.9 查找文件和文件夹

在导航窗格中确定查找的位置，在搜索框中输入要查找的文件或文件夹名称的关键词，查找的结果会显示在内容窗格中，如图 1-76 所示。

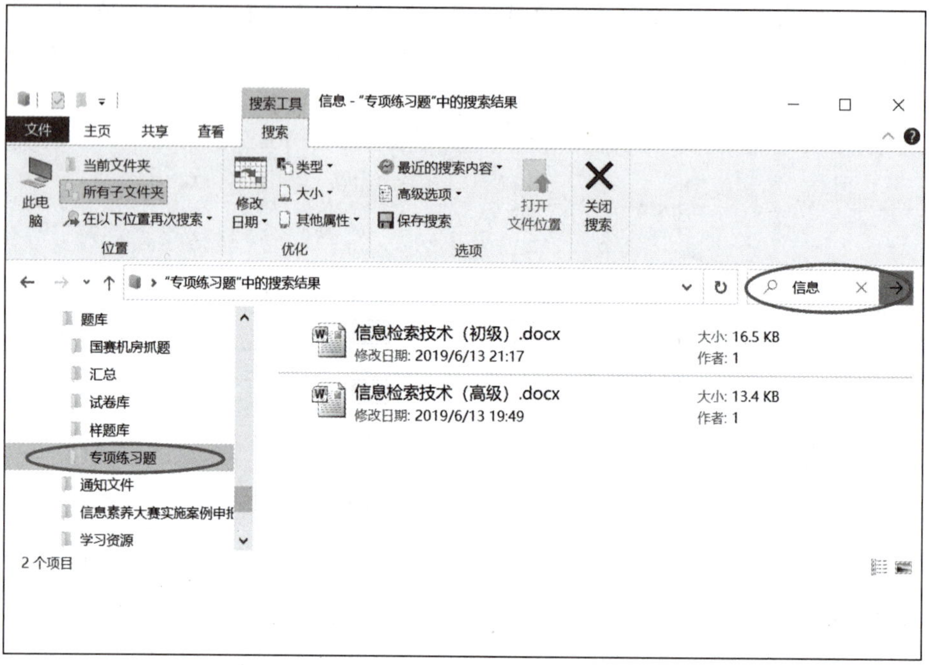

图 1-76 查找文件和文件夹

任务 3 中英文录入

任务情境

掌握计算机的基本操作方法，除了需要熟悉操作系统的基本使用方法外，还需要学会文字和符号的录入方法。遇到如图 1-77 所示的特殊符号，应该怎样将它们录入计算机呢？

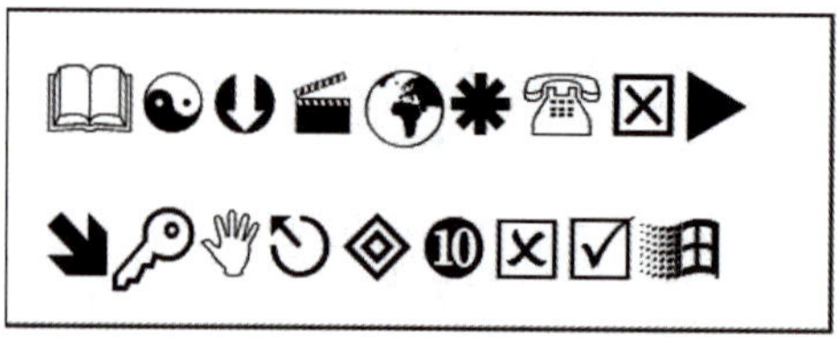

图 1-77 特殊符号

任务目标

通过学习，了解正确的打字姿势，熟悉正确的键盘指法，掌握中英文和各种符号的录入方法。

扫描二维码，观看“中英文录入”教学视频，学习中英文录入相关知识与技能。

中英文录入

任务实施

1. 保持正确的打字姿势

2. 熟悉正确的键盘指法

熟悉键盘的组成；熟悉基准键位；练习指法和手指分工。

3. 录入中英文

在英文输入法状态下，用键盘直接输入英文；进入任何一种的中文输入法状态，按输入法规则输入中文。

4. 录入特殊符号

（1）常用的标点符号和普通符号。键盘上有最常用的标点符号和普通符号，可以用键盘直接录入。

（2）较常用标点符号的特殊符号。录入较常用的标点符号和特殊符号时，可以使用输入法状态条的软键盘功能，选择需要的符号。

（3）其他特殊符号。打开 Word 文字处理软件，选择“插入”菜单，单击“符号”按钮，在弹出窗口中单击“其他符号”，在相应的字体列表中选择需要的特殊符号。

知识链接

1.9　打字姿势与键盘指法

1.9.1　正确的打字姿势

保持正确的打字姿势（图 1-78）有利于提高打字效率，同时可以避免不正确的姿势影响身体健康。打字姿势口诀：身体坐端正，双脚要放平，上臂自然垂，肩膀要放松。手腕要平直，手指弯一弯，眼睛看屏幕，指尖轻击键。

图 1-78　正确的打字姿势

1.9.2　键盘的组成

键盘是计算机上不可缺少的输入设备。键盘通常由主键盘区（或主键区）、功能键区、编辑键区、数字键区等部分布局区域组成，如图 1-79 所示。主键盘区是主体区域，也是最常使用的区域，因此，键盘打字的基本指法主要针对这一区域。

图 1-79　键盘的组成

1.9.3　基准键位

键盘指法最关键的是掌握基准键的操作方法，基准键是确定其他键的位置的标准。键盘上 8 个基准按键分别是：左手四个是 A、S、D、F，右手四个是 J、K、L、“；”，其中 F、J 两个键上都有一个凸起的小棱杠，以便于盲打时手指通过触觉定位。基准键位如图 1-80 所示。基准键位的指法安排：先把两个食指分别放在 F、J 这两个键上，其余手指依次放在两旁的其他键上，再把两个大拇指放在空格键上。

注意：打字时手指要放松，各关节自然弯曲，手掌略微抬起，不能放在键盘上。

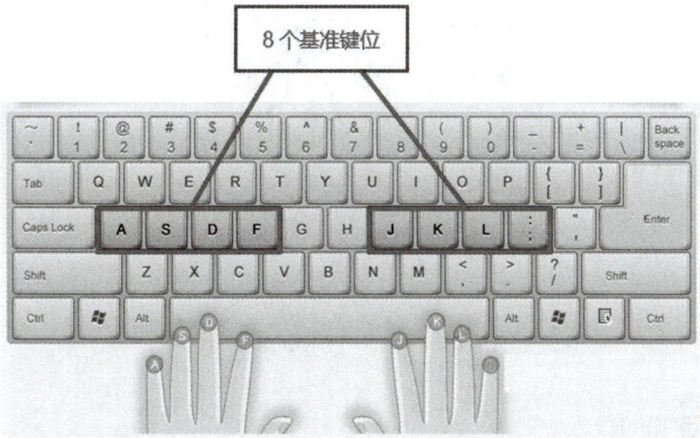

图 1-80　基准键位

1.9.4　指法和手指分工

指法是一种击键、按键的手指动作规范，正确熟练使用键盘必须要遵循指法规则。只有击键的手指才可以伸出去击键，击键后应立即收回到基准键位，不能停留在其他键位。在主键盘区，8 个主要操作手指的击键范围从 8 个基准键位扩展到 8 个区域，各手指分工区域如图 1-81 所示。

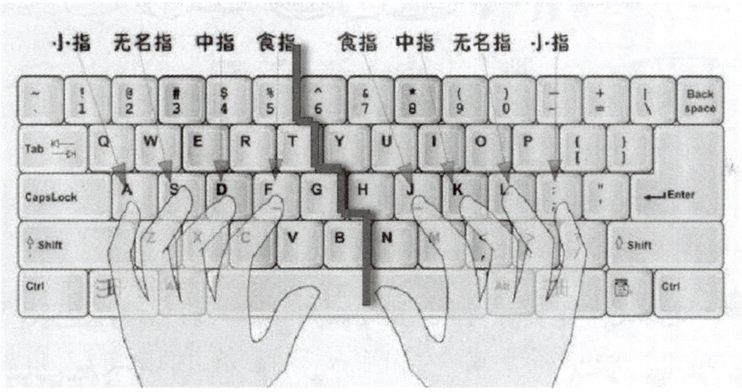

图 1-81　各手指分工区域

1.10　中英文及符号录入

中文版的 Windows 系统提供了中英文输入模式，单击任务栏上通知区的语言图标可以切换中文或英文输入状态。

Windows 10 提供的中文输入法是微软拼音输入法，用户可以安装新的中文输入法。安装新的中文输入法后，任务栏上语音图标的旁边会增加一个输入法图标，单击输入法图标可以选择不同的中文输入法，如图 1-82 所示。

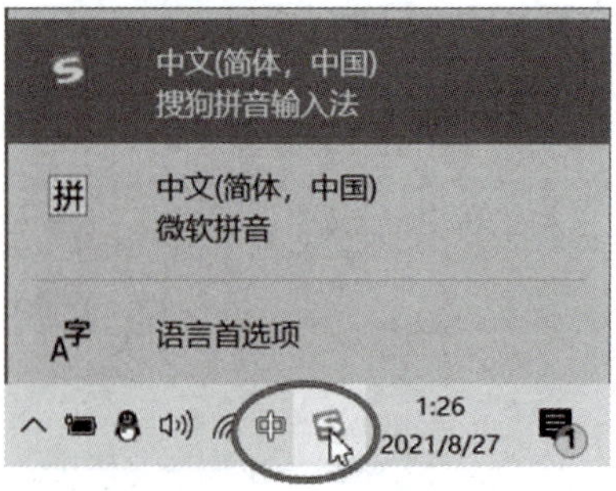

图 1-82　选择输入法

1.10.1　中英文的录入

英文的字符和符号在英文输入模式下录入。

中文的文字和符号需要在中文输入模式下录入。汉字的输入方法有很多种（如五笔输入法、各种拼音输入法等），选择自己熟悉的、输入效率较高的输入法（如果系统中没有，可以加装相应的输入法），进行汉字录入。

如果加装了新的汉字输入法，在切换到汉字输入时，通常会伴随出现一个输入法状态条，以下以搜狗拼音输入法为例，其输入法状态条如图 1-83 所示。

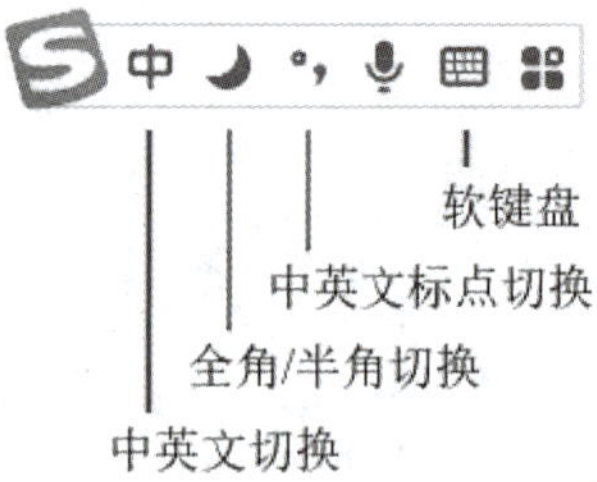

图 1-83　输入法状态条

单击输入法状态条上的中英文切换按钮或按 Shift 键，可以进行中英文输入模式切换。在中文模式下，增加了全角字符形式。单击输入法状态条上的全角 / 半角切换按钮，可以切换输入全角字符模式与输入半角字符模式。

录入汉字的方法：在中文输入模式下，字母处于小写状态时，按照当时选定的输入法的规则，进行汉字录入。

1.10.2　标点符号的录入

中文标点符号与英文标点符号有很大的不同。通常，在中文文本中使用中文标点符号。

单击输入法状态条上的中英文标点切换按钮，可以进行中英文标点符号输入方式之间的切换。

英文标点符号与键盘上的标识是一致的，这些标点符号键在中文标点输入模式下，大部分输出的结果是不同的，部分键位的中英文标点符号对照如图 1-84 所示。

英文标点	,	.	?	;	:	"	"	'	'
中文标点	，	。	？	；	：	“	”	‘	’

图 1-84　相同键位的中英文标点符号对照

1.10.3　符号的录入

1. 常用符号的录入

单击输入法状态条上的“软键盘”按钮，在“输入方式”选择框中单击“软键盘”，如图 1-85 所示，进入“软键盘”窗口。

图 1-85　进入软键盘输入方式

在“软键盘”窗口中进行符号输入。可以通过单击右上角的菜单按钮，切换为标点符号、数字序号、数学 / 单位等多种不同类型的常用符号，如图 1-86 所示。

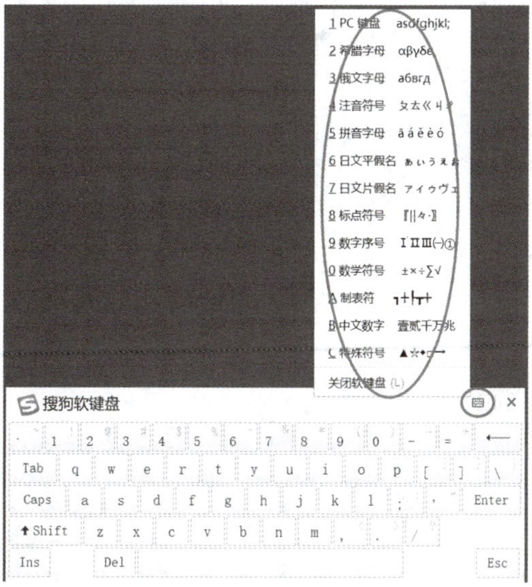

图 1-86　软键盘方式中的各类常用符号

2. 特殊符号的录入

一些不常使用的特殊符号无法用普通的输入方法输入，可以在一些应用软件中输入。在 Word、Excel、PowerPoint 等软件中，特殊符号的输入方法如下：

（1）选择“插入”功能区，单击“符号”按钮。在弹出窗口中单击“其他符号”，如图 1-87 所示，进入“符号”窗口。

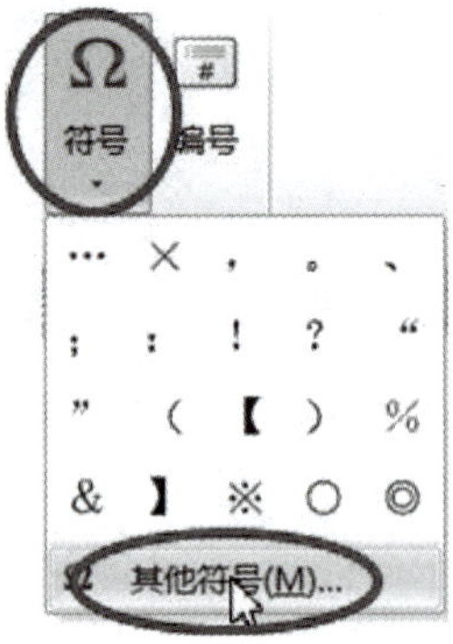

图 1-87 进入特殊符号窗口命令

（2）在“符号”窗口的“字体”下拉列表框中，选择相应的字体，就可以找到需要的特殊符号，如图 1-88 所示，通常选用的字体有 Webdings、Wingdings、Wingdings 2、Wingdings 3 等。

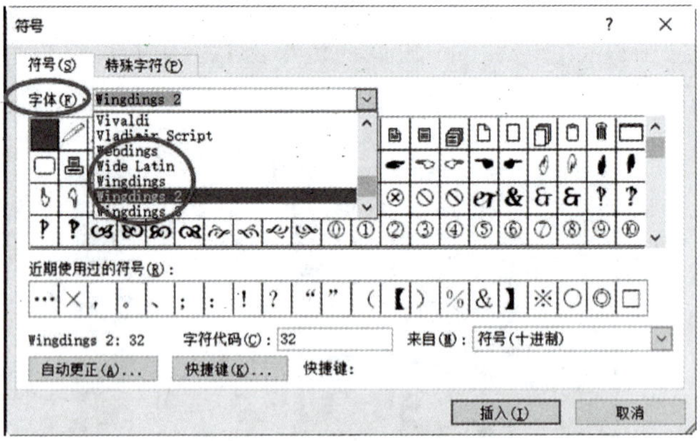

图 1-88 特殊符号窗口

在线测试

扫描二维码，完成本模块的在线测试。

模块 1 计算机应用前导试题及答案

模块二

Word 文档制作

Word 是微软公司 Microsoft Office 办公软件的核心套件，是目前最流行的文字处理软件，它功能强大，操作简便，具有非常出色的文字处理和排版功能，可用于文档编辑、格式设置、图文混排、表格制作、长文档处理、文档打印等，熟练使用 Word 软件是数字化办公必备的操作技能。

任务清单

序号	学习任务
1	任务 1　简单文档制作——制作《水调歌头·明日几时有》诗词赏析页
2	任务 2　表格制作——制作新 ICT 技术活动安排表
3	任务 3　图文混排——制作“大国工匠精神”宣传单
4	任务 4　长文档编辑排版——制作“绿色生活”科普手册

任务 1　简单文档制作——制作《水调歌头·明月几时有》诗词赏析页

任务情境

金秋十月，学校国学经典社团“青衿社”准备举办中秋主题的诗词阅读分享会，需要制作《水调歌头·明月几时有》诗词赏析页。赏析页要求具有中秋意境，诗词文字突出醒目，正文与附加的说明文字在版面上要有区分，效果如图 2-1 所示。

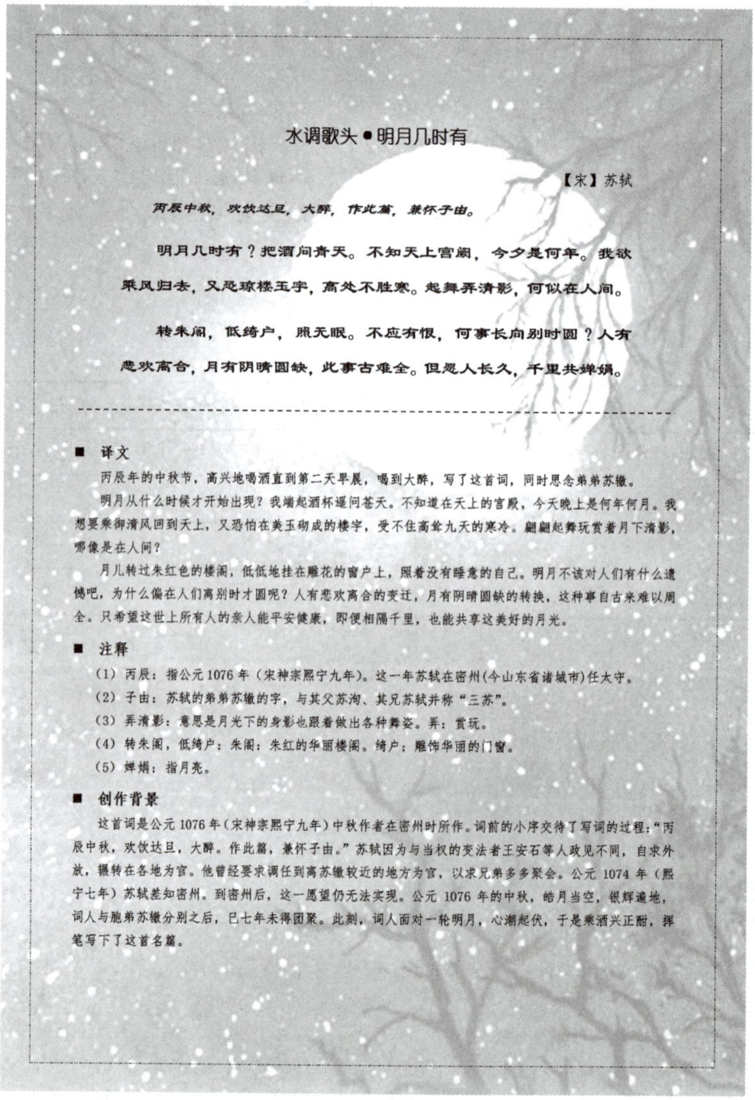

水调歌头•明月几时有

【宋】苏轼

丙辰中秋，欢饮达旦，大醉，作此篇，兼怀子由。

明月几时有？把酒问青天。不知天上宫阙，今夕是何年。我欲乘风归去，又恐琼楼玉宇，高处不胜寒。起舞弄清影，何似在人间。

转朱阁，低绮户，照无眠。不应有恨，何事长向别时圆？人有悲欢离合，月有阴晴圆缺，此事古难全。但愿人长久，千里共婵娟。

■ 译文

丙辰年的中秋节，高兴地喝酒直到第二天早晨，喝到大醉，写了这首词，同时思念弟弟苏辙。

明月从什么时候才开始出现？我端起酒杯遥问苍天。不知道在天上的宫殿，今天晚上是何年何月。我想要乘御清风回到天上，又恐怕在美玉砌成的楼宇，受不住高耸九天的寒冷。翩翩起舞玩赏着月下清影，哪像是在人间？

月儿转过朱红色的楼阁，低低地挂在雕花的窗户上，照着没有睡意的自己。明月不该对人们有什么遗憾吧，为什么偏在人们离别时才圆呢？人有悲欢离合的变迁，月有阴晴圆缺的转换，这种事自古来难以周全。只希望这世上所有人的亲人能平安健康，即便相隔千里，也能共享这美好的月光。

■ 注释

（1）丙辰：指公元 1076 年（宋神宗熙宁九年）。这一年苏轼在密州(今山东省诸城市)任太守。

（2）子由：苏轼的弟弟苏辙的字，与其父苏洵、其兄苏轼并称“三苏”。

（3）弄清影：意思是月光下的身影也跟着做出各种舞姿。弄：赏玩。

（4）转朱阁，低绮户：朱阁：朱红的华丽楼阁。绮户：雕饰华丽的门窗。

（5）婵娟：指月亮。

■ 创作背景

这首词是公元 1076 年（宋神宗熙宁九年）中秋作者在密州时所作。词前的小序交待了写词的过程：“丙辰中秋，欢饮达旦，大醉。作此篇，兼怀子由。”苏轼因为与当权的变法者王安石等人政见不同，自求外放，辗转在各地为官。他曾经要求调任到离苏辙较近的地方为官，以求兄弟多多聚会。公元 1074 年（熙宁七年）苏轼差知密州。到密州后，这一愿望仍无法实现。公元 1076 年的中秋，皓月当空，银辉遍地，词人与胞弟苏辙分别之后，已七年未得团聚。此刻，词人面对一轮明月，心潮起伏，于是乘酒兴正酣，挥笔写下了这首名篇。

图 2-1 《水调歌头·明月几时有》诗词赏析页效果图

任务目标

通过在线学习，理解与熟悉 Word 文字处理软件的相关术语与概念，掌握 Word 文档的基本操作，文档排版常用的编辑方法及格式设置等。

扫描二维码，观看“简单文档制作——制作《水调歌头 • 明月几时有》诗词赏析页”教学视频，学习简单文档制作相关知识与技能。

简单文档制作——制作《水调歌头 • 明月几时有》诗词赏析页

任务实施

1. 启动 Word，新建 Word 文档

（1）在桌面上找到 Word 2016 图标并双击，启动 Word 2016，同时，Word 会自动新建一个主文件名为“文档 1”的 Word 文档。

（2）单击 Word 工作窗口左上角“快速启动工具栏”上的“保存”按钮，显示“另存为”界面，选择“浏览”命令，弹出“另存为”对话框，如图 2-2 所示，选择文件的保存位置“D:\Word 练习”，在“文件名”输入框中输入“水调歌头诗词赏析页”文件名，单击“保存”按钮。

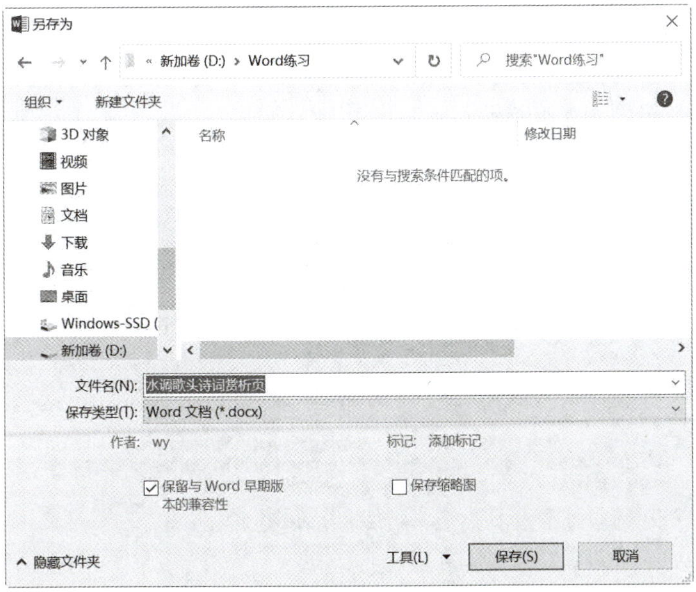

图 2-2　“另存为”对话框

2. 设置文档的页面格式

（1）单击“布局”选项卡，在“页面设置”组中，选择“纸张大小”→“A4”。

（2）单击“页边距”→“自定义边距”，弹出“页面设置”对话框，如图 2-3 所示，设置上、下页边距为 2.7 厘米，左、右页边距为 2 厘米。

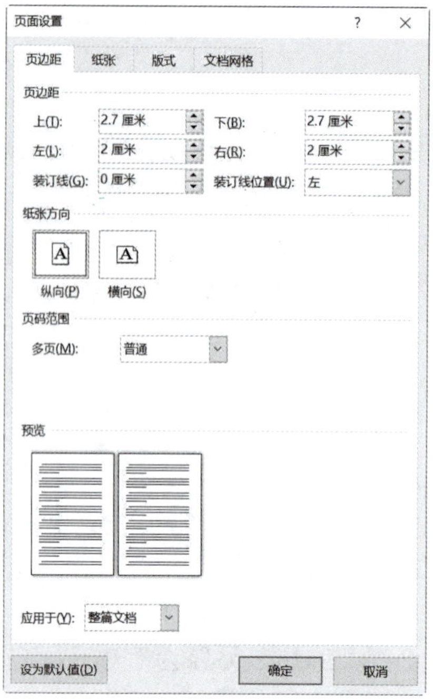

图 2-3 “页面设置”对话框

3. 录入文字和编辑文档

（1）录入文字。在文档窗口中，有一个闪烁的光标插入符，用来提示文字的输入位置。在新文档中录入《水调歌头•明月几时有》诗词及赏析文字，每输完一个段落，按“回车键”换行。文字录入效果如图 2-4 所示。

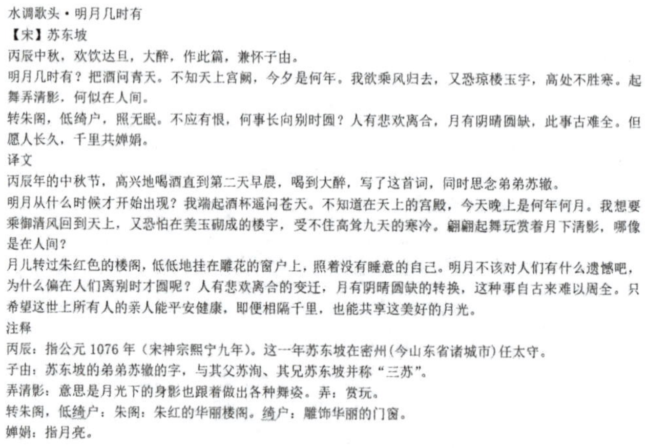

水调歌头・明月几时有

【宋】苏东坡

丙辰中秋，欢饮达旦，大醉，作此篇，兼怀子由。

明月几时有？把酒问青天。不知天上宫阙，今夕是何年。我欲乘风归去，又恐琼楼玉宇，高处不胜寒。起舞弄清影，何似在人间。

转朱阁，低绮户，照无眠。不应有恨，何事长向别时圆？人有悲欢离合，月有阴晴圆缺，此事古难全。但愿人长久，千里共婵娟。

译文

丙辰年的中秋节，高兴地喝酒直到第二天早晨，喝到大醉，写了这首词，同时思念弟弟苏辙。

明月从什么时候才开始出现？我端起酒杯遥问苍天。不知道在天上的宫殿，今天晚上是何年何月。我想要乘御清风回到天上，又恐怕在美玉砌成的楼宇，受不住高耸九天的寒冷。翩翩起舞玩赏着月下清影，哪像是在人间？

月儿转过朱红色的楼阁，低低地挂在雕花的窗户上，照着没有睡意的自己。明月不该对人们有什么遗憾吧，为什么偏在人们离别时才圆呢？人有悲欢离合的变迁，月有阴晴圆缺的转换，这种事自古来难以周全。只希望这世上所有人的亲人能平安健康，即便相隔千里，也能共享这美好的月光。

注释

丙辰：指公元 1076 年（宋神宗熙宁九年）。这一年苏东坡在密州(今山东省诸城市)任太守。

子由：苏东坡的弟弟苏辙的字，与其父苏洵、其兄苏东坡并称“三苏”。

弄清影：意思是月光下的身影也跟着做出各种舞姿。弄：赏玩。

转朱阁，低绮户：朱阁：朱红的华丽楼阁。绮户：雕饰华丽的门窗。

婵娟：指月亮。

图 2-4 《水调歌头 • 明月几时有》诗词赏析页文字录入效果图

（2）查找与替换。单击“开始”选项卡，在“编辑”组中，单击“替换”按钮，弹出“查找和替换”对话框，在“查找内容”输入框中输入“苏东坡”，在“替换为”输入框中输入“苏轼”，单击“全部替换”按钮，如图 2-5 所示。

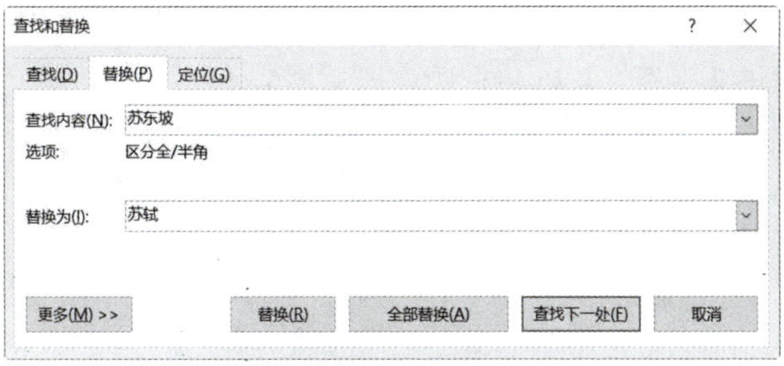

图 2-5 “查找和替换”对话框

4. 设置字体和段落格式

（1）按 Ctrl+A 组合键，选中全文。单击“开始”选项卡，在“字体”组中，设置字体为“仿宋”，设置字号为“五号”，如图 2-6 所示；单击“段落”组右下方的扩展按钮，弹出“段落”对话框，如图 2-7 所示，设置行距为“最小值”“18 磅”。

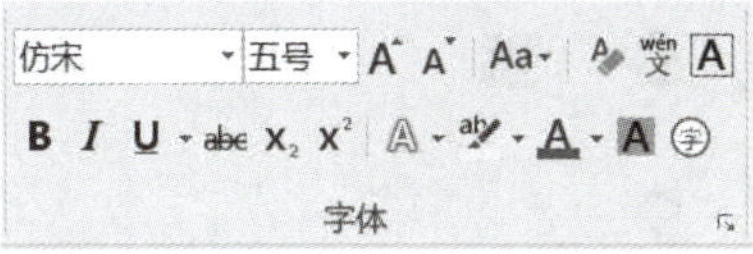

图 2-6 “字体”组

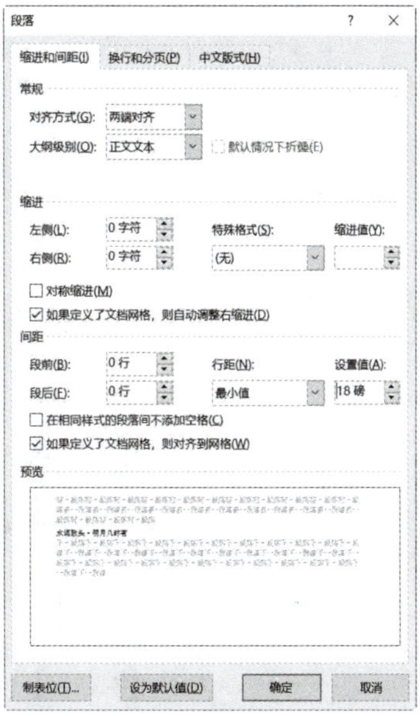

图 2-7 “段落”对话框

（2）把鼠标移动到标题行左侧的空白区域，当鼠标指针变为空心箭头时，单击鼠标，选中标题行文字。在“快捷字体工具栏”中设置字体为幼圆、加粗、四号，如图 2-8 所示；在“段落”组中，设置对齐方式为“居中”，如图 2-9 所示。

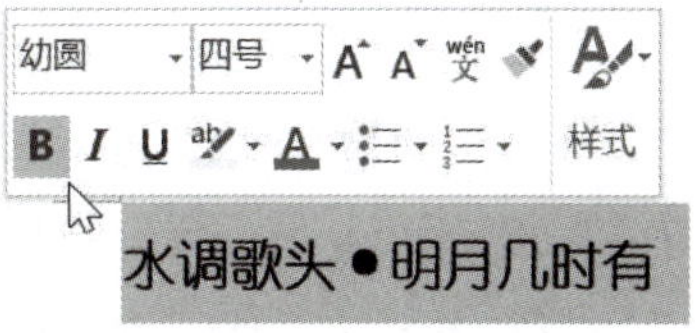

图 2-8 快捷字体工具栏

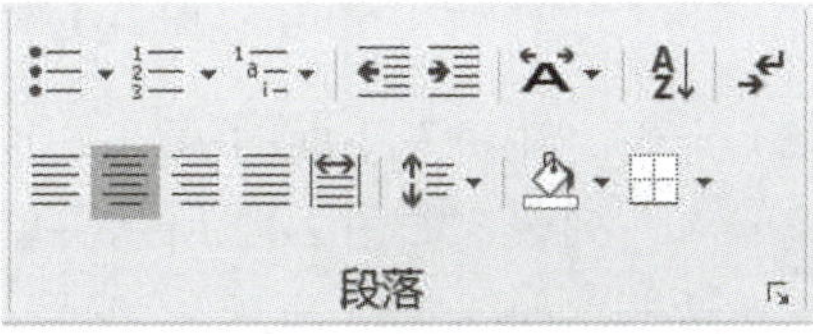

图 2-9 设置对齐方式

（3）拖动鼠标，选中诗词正文，设置字体为隶书，四号字；设置段落格式为左右缩进 3.5 字符，首行缩进 2 字符，1.25 倍行距，段后 0.5 行。

（4）选中第二行作者名字，在“段落”组中，设置段落格式为右对齐；单击“布局”菜单，在“段落”组中，设置右缩进 3.5 字符，段前段后 0.5 行，如图 2-10 所示。

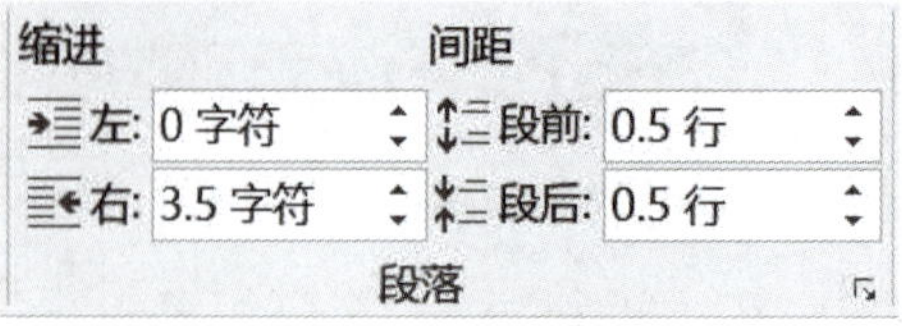

图 2-10 “布局段落”组

（5）在诗词正文最后一段任意位置单击，设置段后 2.5 行。

（6）拖动鼠标，选中“译文”文字，按住 Ctrl 键不放，选中“注释”文字，设置字号小四，加粗，段前 0.5 行。

（7）拖动鼠标，选中“译文”下面的说明文字，按住 Ctrl 键不放，同时选中“注释”下面的说明文字，设置段落格式为首行缩进 2 字符。

5. 设置项目符号和编号

（1）选中“译文”文字和“注释”文字，单击“开始”选项卡，在“段落”组中，单击“项目符号”右侧的黑色小三角下拉按钮，显示“项目符号库”列表，如图 2-11 所示，单击选择符号“■”。

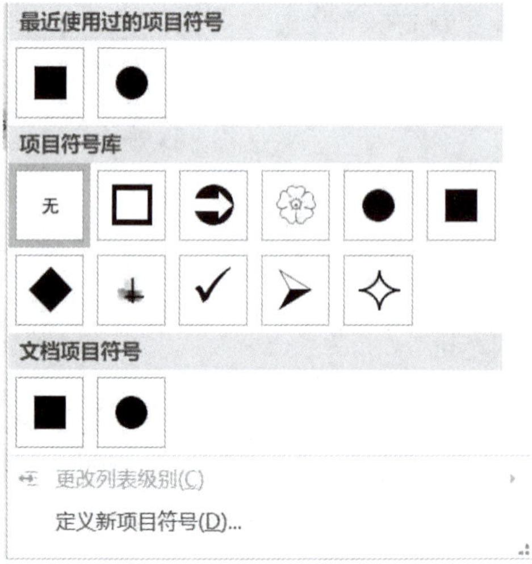

图 2-11 “项目符号库”列表框

（2）选中“注释”下面的说明文字，单击“编号”右侧的黑色小三角下拉按钮，显示“编号库”列表，如图 2-12 所示，单击“定义新编号格式”命令，弹出“定义新编号格式”对话框，如图 2-13 所示，“编号样式”选择“1，2，3，...”，在“编号格式”中输入“(”和“)”字符，设置“(1)，(2)，(3)，...”编号样式。

图 2-12 “编号库”列表框

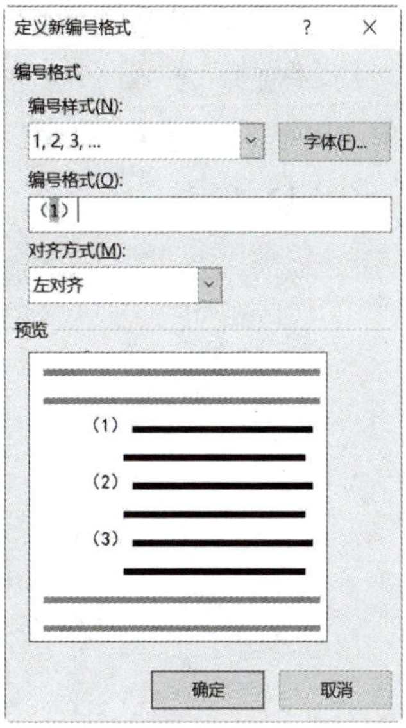

图 2-13 “定义新编号格式”对话框

6. 插入文件内容

（1）在文档末尾单击，定位插入点光标位置，然后连续按两次回车键，取消自动编号。

（2）单击“插入”选项卡，在“文本”组中，选择“对象”→“文件中的文字”命令，弹出“插入文件”对话框，如图 2-14 所示，选择需要插入的文件“创作背景 - 素材 .docx”。

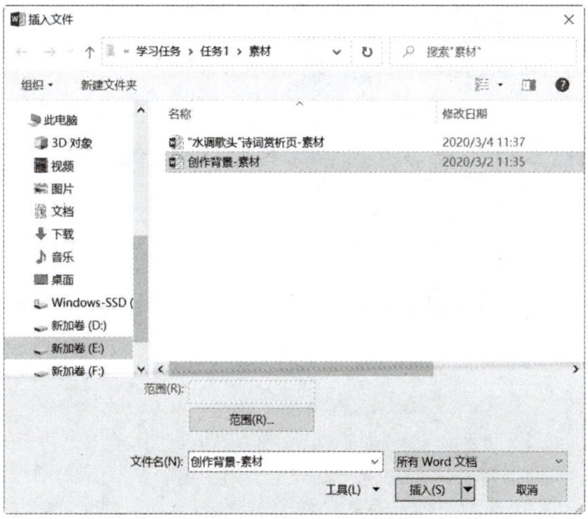

图 2-14 “插入文件”对话框

7. 使用格式刷复制格式

（1）选中需要复制格式的“注释”文字。

（2）单击“开始”选项卡，在“剪贴板”组中，单击“格式刷”按钮 格式刷，此时鼠标指针变为刷子形状。

（3）将鼠标移到“创作背景”文字的左边并单击。

（4）选中“译文”说明文字的任意一个段落，单击格式刷按钮，拖选“创作背景”说明文字。

8. 绘制水平直线

（1）单击“插入”选项卡，在“插图”组中，单击“形状”工具，显示“形状工具”列表框，如图 2-15 所示。

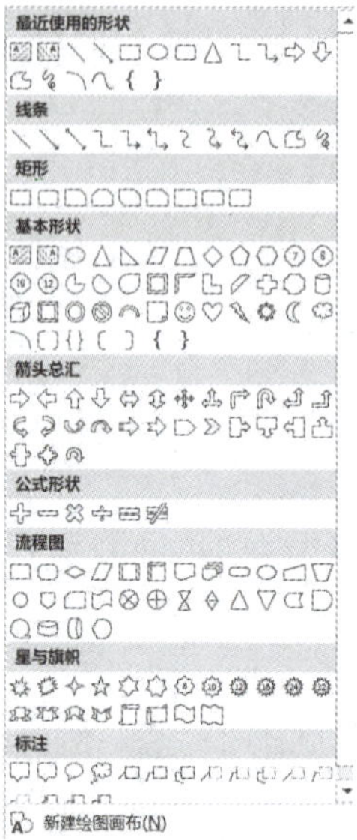

图 2-15 “形状工具”列表框

（2）选择“直线工具”，鼠标指针变为“+”号，将鼠标移到“诗词正文”与“说明文字”之间，按住 Shift 键，从左到右拖动鼠标，绘制水平直线。

（3）把鼠标移到直线上，当鼠标指针变为✥形状时，单击选中直线，选择“绘图工具”→“格式”→“形状轮廓”命令，设置线条颜色为“黑色”，线型为“短划线”。

9. 设置水印和页面边框

（1）单击“设计”选项卡，在“页面背景”组中，选择“水印”→“自定义水印”命令，弹出“水印”对话框，如图 2-16 所示，选择“图片水印”，设置“缩放”参数为“150%”，单击“应用”按钮。

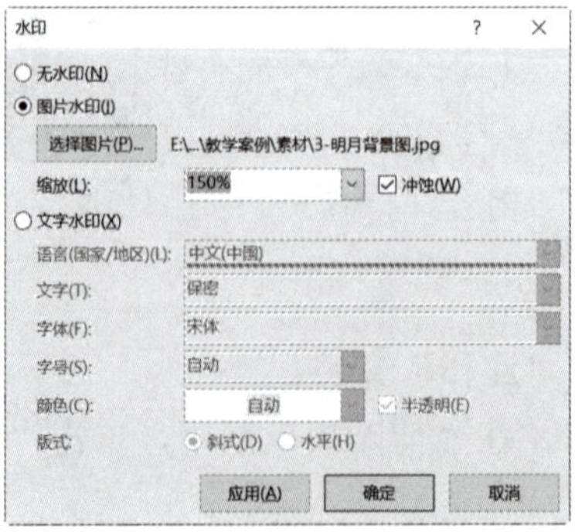

图 2-16 “水印”对话框

（2）单击“设计”选项卡，在“页面背景”组中，单击“页面边框”按钮，弹出“边框和底纹”对话框，如图 2-17 所示，选择“页面边框”选项卡，设置边框“样式”“颜色”和“宽度”，单击“确定”按钮。

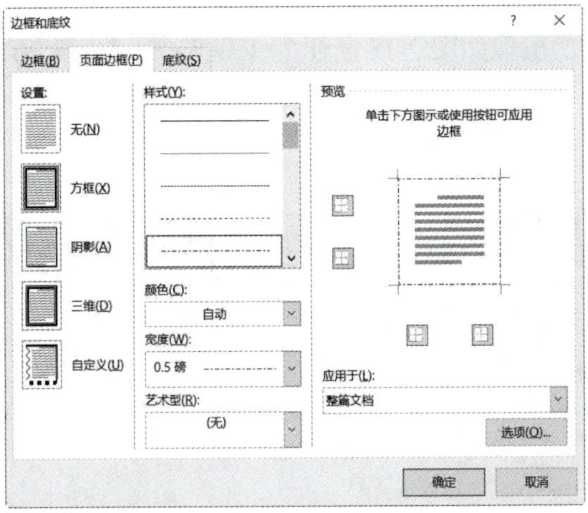

图 2-17 “边框和底纹”对话框

10. 保存文档，退出 Word

（1）单击 Word 工作窗口左上角“快速启动工具栏”上的“保存”按钮，保存文档。

（2）单击 Word 工作窗口右上角的关闭按钮，退出 Word。

知识链接

2.1 Word 2016 的启动与退出

2.1.1 启动

启动 Word 2016，常用的操作方法有以下三种。

方法 1：双击桌面上的 Word 2016 图标，完成启动。

方法 2：单击桌面左下角的“开始”按钮，选择“开始”菜单中 W 字符组中的 Word 2016 应用程序，完成启动。

方法 3：双击保存在计算机中的 Word 2016 文档，完成启动。

2.1.2 退出

退出 Word 2016，常用的操作方法有以下三种。

方法 1：单击 Word 2016 工作窗口右上角的“关闭”按钮。

方法 2：单击 Word 2016 工作窗口左上角的“文件”菜单，选择“关闭”命令。

方法 3：按组合快捷键 Alt+F4。

2.2 Word 2016 工作窗口与视图

2.2.1 工作窗口

Word 2016 启动后，出现如图 2-18 所示的工作窗口。Word 2016 工作窗口主要由标题栏、快速访问工具栏、功能区、文本编辑区和状态栏等部分组成。

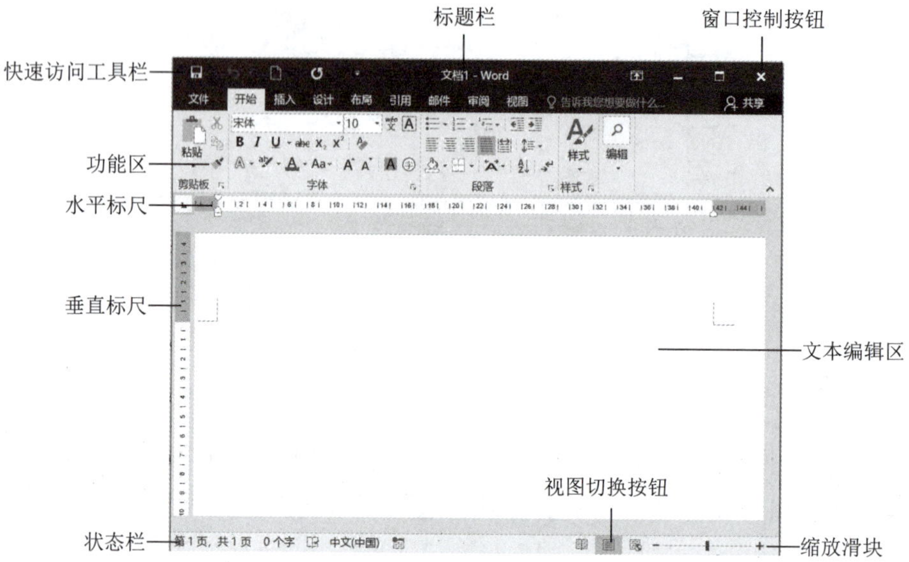

图 2-18 Word 2016 工作窗口

1. 标题栏

标题栏在工作窗口的最上方，主要由快速访问工具栏、标题显示区和窗口控制按钮组成。其中，快速访问工具栏集成了文档编辑处理中使用频率较高的操作，例如新建、保存、撤销、恢复等。用户可以单击快速访问工具栏右侧的“自定义快速访问工具栏”按钮，在弹出的下拉菜单中单击需要的工具按钮。

2. “文件”选项卡

工作窗口左上角的“文件”选项卡是一个类似于菜单栏的按钮，包含了“新建”“打开”“保存”“另存为”“打印”“共享”“导出”“关闭”“账户”及“选项”等常用命令。

3. 功能区

功能区位于标题栏下方，由选项卡、组、命令按钮组成，每个选项卡包含若干个组，每个组由多个命令按钮组成。用户可以单击选项卡标签切换到不同的功能，然后单击组中的命令按钮完成所需的操作。

4. 文本编辑区

文本编辑区用于对 Word 文档进行各种编辑操作，编辑区中闪烁的竖线条称为光标插入点，用来定位文字的输入位置。

5. 状态栏

状态栏在工作窗口的底部，用于显示当前文档的状态信息，包括文档的当前页、总页数、总字数等。

2.2.2 文档视图

Word 2016 提供了五种视图方式，每种模式都能给用户带来不同的排版需求。用户可单击工作窗口底部的“视图切换按钮”切换到相应的视图，也可以单击“视图”选项卡，选择“视图”组中相应的视图按钮进行视图切换。

1. 页面视图

页面视图是 Word 2016 最主要的视图，大多数的编辑操作都需要在此视图下完成，其显示效果与文档实际打印效果基本一致，是所见即所得的视图模式。

2. 阅读视图

阅读视图是为了方便在计算机屏幕上阅读文档而设计的视图模式，此模式隐藏了标题栏、功能区等窗口元素，扩大了 Word 的显示区域，并对阅读功能进行了优化，为用户提供良好的阅读体验。

3. Web 版式视图

Web 版式视图可以直接看到 Word 文档在浏览器中显示的效果，通常情况下，此视图模式使用的频率较小。

4. 大纲视图

大纲视图可以方便地查看、调整文档的层次结构，设置标题的大纲级别，特别适合长文档的编辑处理。

5. 草稿视图

草稿视图是一种简化的页面视图，取消了图片、页眉页脚、分栏、页边距等元素，仅显示标题和正文，是最节省计算机系统资源的一种视图模式。

2.3 Word 文档基本操作

2.3.1 新建 Word 文档

1. 创建空白文档

启动 Word 2016，Word 会自动新建一个空白文档。除此之外，还可以使用下面的方法创建空白文档。

方法 1：单击快速访问工具栏“新建”按钮，创建空白文档。

方法 2：单击“文件”→“新建”命令，单击“空白文档”模板按钮。

方法 3：按组合键 Ctrl+N，创建空白文档。

新建 Word 文档时，Word 会自动给新建的文档依次命名为“文档 1.docx”“文档 2.docx”……，“.docx”是 Word 文档的扩展名，建议用户为文件重命名为有意义的名字，因此文件名具有“见名知意”的功能。

2. 使用模板创建文档

Word 2016 内置了很多模板，几乎涵盖了所有的公文样式，用户可以根据实际需要选择合适的模板快速创建文档，模板不仅美观，而且可以大大地提高工作效率。

使用模板创建文档时，单击“文件”→“新建”命令后单击需要的模板即可创建新文档。如果用户未找到需要的模板，可以通过联机搜索，从互联网上下载模板即可使用。

2.3.2 保存 Word 文档

文档编辑完成后，需要把文档保存在外存上。单击快速启动工具栏上的“保存”按钮，或单击“文件”→“保存”命令，也可以通过按 Ctrl+S 组合键保存文档。如果保存过的文件需要改变文件的名称或保存地址，选择“文件”→“另存为”命令即可。

说明：对新建的文件执行“保存”命令，执行的是“另存为”功能。对于已经保存过的文件，编辑修改后保存，不再会出现“另存为”对话框，修改后的文件将直接覆盖原文件。

在录入文字时，为了防止断电、死机等意外情况造成文件内容的丢失，要注意及时保存文档。建议根据个人的打字速度，设置一个适当的自动保存文档的时间。选择“文件”→“选项”菜单，弹出“Word 选项”对话框，如图 2-19 所示，选择“保存”选项卡，设置“保存自动恢复信息时间间隔”。

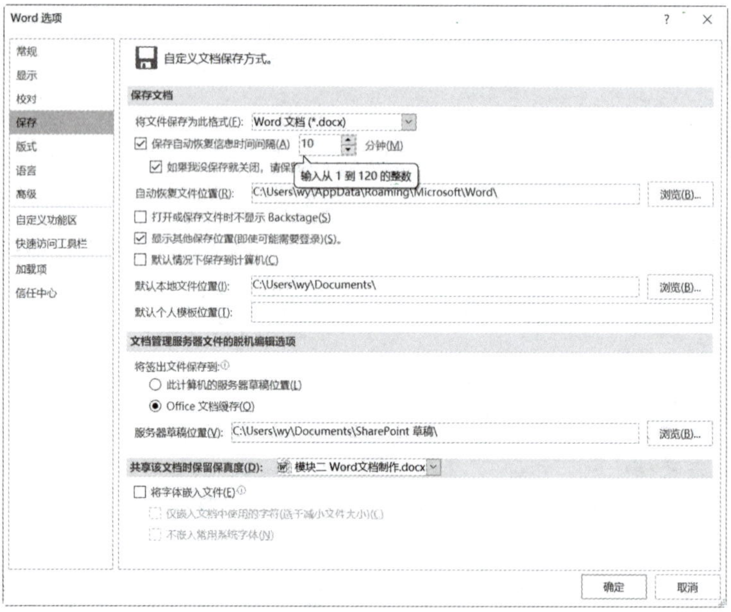

图 2-19 “Word 选项”对话框

“Word 选项”对话框用于对 Word 编辑环境进行设置。例如，在“常规”选项卡中可设置 Word 窗口的配色方案、屏幕功能提示；在“显示”选项卡中可设置显示哪些标记；使用“校对”选项卡设置 Word 更正文字的方式，等等。

2.3.3 文档的打开与关闭

1. 打开文档

退出 Word 或关闭文档后，想重新打开文档进行编辑处理，常用的操作方法有以下两种。

方法 1：在计算机中找到要打开的文档，双击文档图标，打开文档。

方法 2：启动 Word，单击“文件”→“打开”命令，显示打开文件界面，如图 2-20 所示，可以在“最近”选项卡中选择需要打开的文件，也可以单击“浏览”按钮，在弹出的“打开”对话框（图 2-21）中选择文件的保存位置，打开文档。

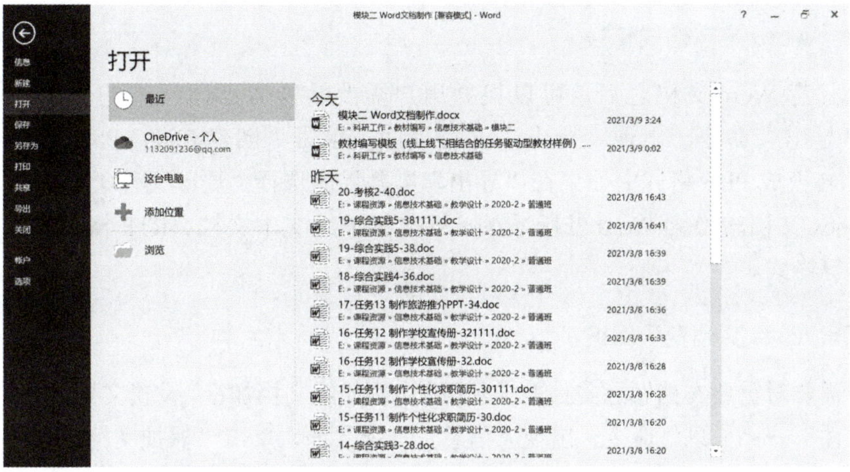

图 2-20 “打开”文件界面

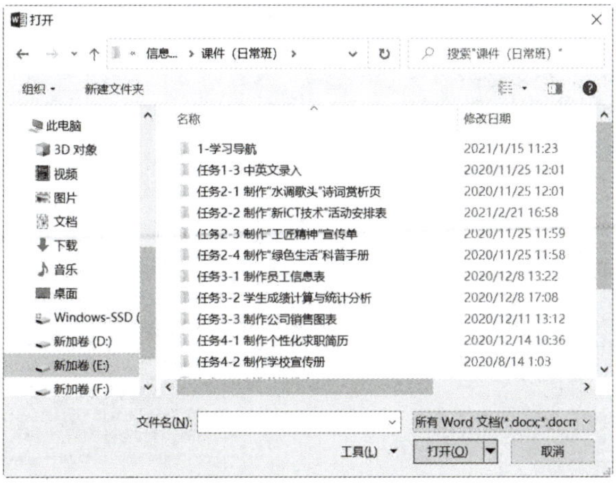

图 2-21 “打开”对话框

2. 关闭文档

对于已保存过的文档，单击“文件”→“关闭”命令即可关闭文档。关闭编辑后未保存的文档时会弹出一个询问对话框，如图 2-22 所示，单击“保存”按钮，即可保存修改后的文档；单击“不保存”按钮，即可放弃修改结果，文档将保持原有状态；单击“取消”按钮，将取消关闭文档操作，文档返回编辑状态。

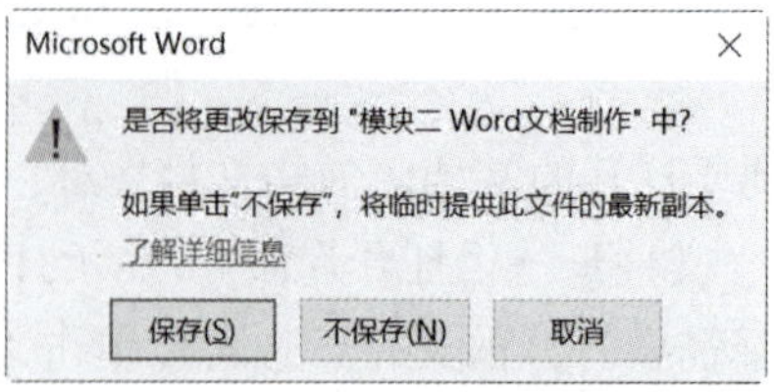

图 2-22 “关闭”询问对话框

2.3.4 Word 文档格式转换

编辑保存 Word 文档之后，可以根据用户需要转换成不同格式的文件。单击“文件”→“导出”命令，出现“导出”屏幕界面，单击“创建 PDF/XPS 文档”，可以将 docx 文档转换成 PDF 格式；如果在“导出”屏幕界面选择“更改文件类型”命令，可以选择将 docx 文档转换为 Word 低版本的 doc 文档、纯文本文档、RTF 格式文档、HTML 网页文件等格式。

2.3.5 Word 文档安全保护

用户需要对重要文档做好文档的安全保护，例如给文档加密、设置文档的只读属性等。单击“文件”→“信息”命令，出现“信息”屏幕界面，单击“保护文档”按钮，在“保护文档”下拉菜单中选择“用密码进行加密”，如图 2-23 所示，在弹出的“加密文档”对话框中输入密码，如图 2-24 所示，在以后打开该文档时就会出现“密码”对话框，只有正确输入密码后才能打开文档。

图 2-23 “保护文档”下拉菜单

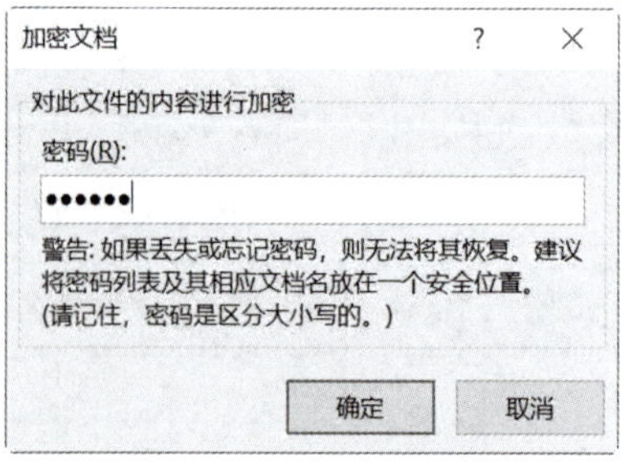

图 2-24 “加密文档”对话框

如果希望文档只能阅读不能修改，可以在“保护文档”下拉菜单中选择“限制编辑”命令设置编辑限制，然后单击“启动强制保护”按钮，在弹出的“启动强制保护”对话框框中输入密码。如果需要对文档进行编辑修改，单击“停止保护”按钮，在弹出的“停止保护”对话框中输入密码，文档即可返回编辑状态。

2.4 Word 文档编辑

2.4.1 选择文本

在 Word 中，对文档进行编辑修改，首先要选择需要编辑修改的文本。使用鼠标操作选择文本是最常用的方法，选择文本操作方法见表 2-1。

表 2-1 选择文本操作方法

选择内容	操作方法
文本	按住鼠标左键拖过需要选择的文本
一个词语	双击鼠标
一个句子	按住 Ctrl 键，单击
一行文本	将鼠标指针移到该行的左侧，鼠标指针变形为箭头，单击
一段文本	将鼠标指针移到该行的左侧，鼠标指针变形为箭头，双击
整篇文档	将鼠标指针移到该行的左侧，鼠标指针变形为箭头，三击或按组合键 Ctrl+A
连续文本	在文本开始位置单击，按住 Shift 键，再在文本结尾处单击
不连续文本	先选中一部分文本，按住 Ctrl 键，再选择其他文本
矩形文本块	按住 Alt 键，拖动鼠标

2.4.2 移动、复制、删除文本

1. 移动文本

移动文本是将文本从文档中某个位置移到另一个位置，原来的位置不再保留该文本。移动文本常用的操作方法有以下几种。

方法 1：选中要移动的文本，按住鼠标左键不放，拖动鼠标到目标位置，释放鼠标。

方法 2：选中要移动的文本，单击“开始”选项卡，在“剪贴板”组中单击“剪切”按钮，将光标插入点移到目标位置，单击“粘贴”按钮。

方法 3：选中要移动的文本，按 Ctrl+X 组合键，将光标插入点移到目标位置，按 Ctrl+V 组合键。

2. 复制文本

复制文本是将文本复制到另一处，原来的位置仍保留该文本。复制文本常用的操作方法有以下几种。

方法 1：选中要复制的文本，按住 Ctrl 键，同时拖动鼠标到目标位置，松开鼠标后再释放 Ctrl 键。

方法 2：选中要复制的文本，单击“开始”选项卡，在“剪贴板”组中单击“复制”

按钮，将光标插入点移到目标位置，单击“粘贴”按钮。

方法 3：选中要复制的文本，按 Ctrl+C 组合键，将光标插入点移到目标位置，按 Ctrl+V 组合键。

3. 选择性粘贴

选择性粘贴是粘贴的一种扩展功能，它可以灵活地选择不同的文本格式来完成粘贴功能。单击“粘贴”下三角按钮，选择“选择性粘贴”命令，弹出“选择性粘贴”对话框，如图 2-25 所示，包括六种粘贴形式。

- Microsoft Word 文档对象：将剪贴板中的内容以 Word 对象的形式插入到文档中，以便使用 Word 文档编辑。
- 带格式文本（RTF）：以带有文字格式的形式插入剪贴板的内容。
- 无格式文本：以保留文本的形式插入剪贴板的内容。
- 图片（增强型图元文件）：以图片的形式插入剪贴板的内容。
- HTML 格式：以 HTML 网页格式的形式插入剪贴板的内容。
- 无格式的 Unicode 文本：以不带任何格式的 Unicode 文本的形式插入剪贴板的内容。

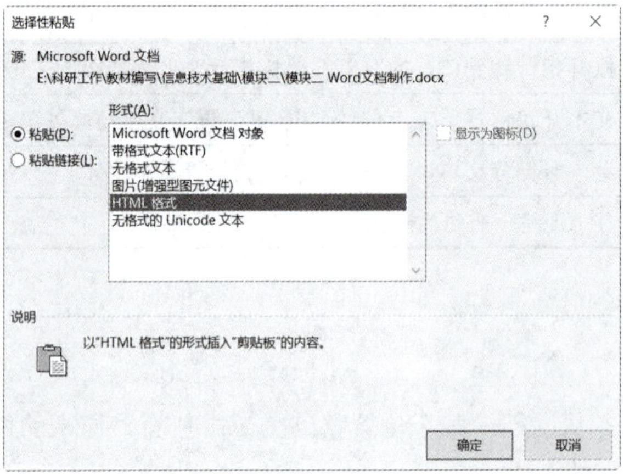

图 2-25 “选择性粘贴”对话框

4. 删除文本

将光标插入点定位到需要删除文本的位置，按 Delete 键将删除插入点右侧的字符，按 Backspace 键将删除插入点左侧的字符。如果文本被选中，按 Delete 键或 Backspace 键，选中的文本会被全部删除。

2.4.3 查找与替换

Word 的查找功能可以快速搜索指定的内容，如果希望将其替换成其他内容，可以使用查找与替换功能。

1. 查找

单击“开始”选项卡，在“编辑”组中单击“查找”按钮，出现“导航”窗格，在“搜索”输入框中输入要查找的内容，如“时间”，文中所有的“时间”文本将以黄色突出显示，如图 2-26 所示。

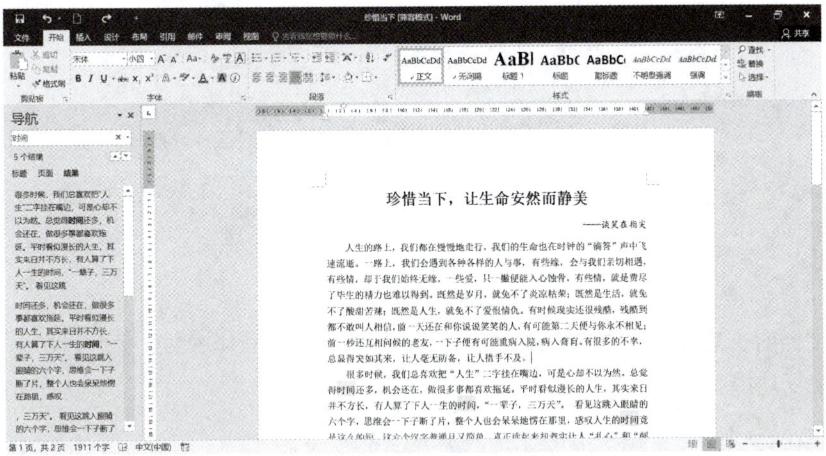

图 2-26　查找“时间”结果

如果要查找某种格式的文字，单击“查找”按钮 查找 ▾ 右侧的下拉按钮，在“查找”下拉菜单中选择“高级查找”命令，弹出“查找和替换”对话框，如图 2-27 所示，它提供更多的搜索选项、格式、特殊格式的查找功能。

图 2-27　高级查找和替换

2. 替换

单击“开始”选项卡，在“编辑”组中单击“替换”按钮，弹出“查找和替换”对话框，当前选项卡是“替换”选项卡，如图 2-28 所示，输入查找内容和替换内容，可以灵活选择全部内容替换或某一处内容替换。

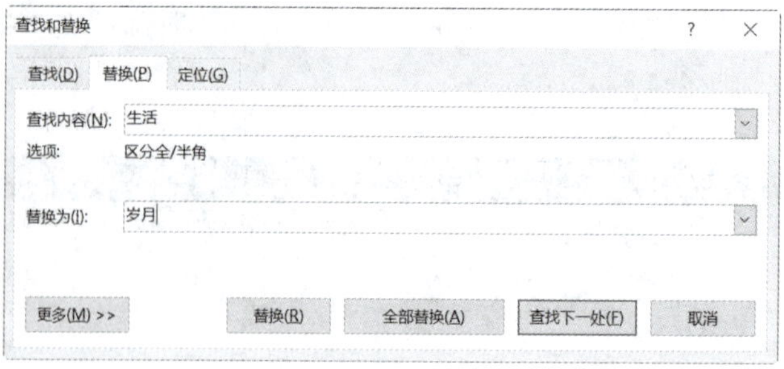

图 2-28 “替换”选项卡

2.4.4 撤销与恢复

编辑文档时，Word 会自动记录每一步的操作。如果操作失误，可以使用 Word 提供的撤销与恢复功能。

1. 撤销

撤销就是取消最近一步或多步操作。按 Ctrl+Z 组合键，可撤销最近一步的操作。单击快速启动工具栏上的撤销按钮，在弹出的下拉列表中选择某个操作即可取消该操作之后的多步操作。

2. 恢复

恢复是撤销的逆操作，也就是将撤销操作恢复到撤销之前的状态。只有在文档中执行过撤销操作后，恢复功能才可用。按 Ctrl+Y 组合键，恢复最近一步被撤销的操作，也可以单击快速启动工具栏上的恢复按钮，恢复最近被撤销的操作。

2.5 Word 简单文档排版

文档基本内容录入编辑完成后，还要对文档进行格式的设置，包括字体格式、段落格式和页面格式设置等，以使其美观并便于阅读。

提示： 为了提高文档编辑排版的效率，一般先把全文设置成相同的字体和段落格式，然后再对不同格式的文本段落进行单独处理。

2.5.1 设置字体格式

字体格式包括字体、字号、字形、字的颜色、文字下划线、文本效果等。要为某部分文本进行格式设置，首先要选中这部分文本。如果没有选定文本，那么当前的格式设置将会应用于光标插入点输入的文本。

1. 字体常用格式设置

单击“开始”选项卡，使用“字体”组中的字体格式按钮，可以快速设置常用的字体格式。另外，用户还可以单击“字体”组右下方的扩展按钮，弹出“字体”对话框，如图 2-29 所示。其中，“字体”选项卡用于设置字体格式，“高级”选项卡用于设置字符间距。

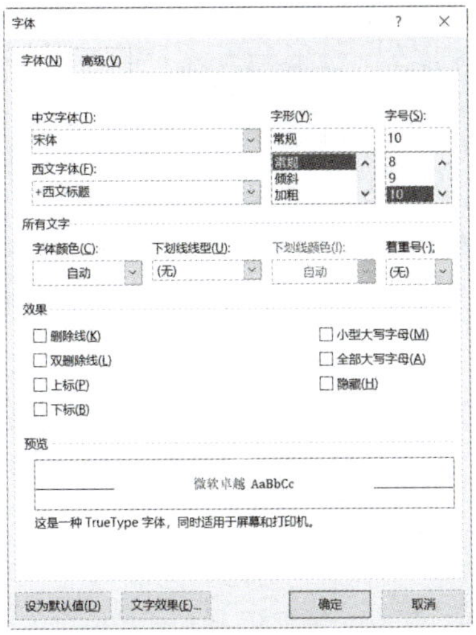

图 2-29　“字体”对话框

2. 设置文本效果

Word 为文字设置了特殊的文本效果，让文字更具有表现力。

单击“开始”选项卡，在“字体”组中单击“文本效果”按钮，显示“文本效果”设置选项，如图 2-30 所示，可以选择 Word 预置效果，也可以使用“轮廓”“阴影”“映像”“发光”等命令设置需要的文本效果。

图 2-30　“文本效果”设置

2.5.2　设置段落格式

Word 中段落是一个独立的信息单位，具有自身的格式特征，包括对齐方式、段落缩进、段间距、行间距、特殊格式、项目符号和编号等。

单击“开始”选项卡，使用“段落”组中的段落格式按钮，可以快速设置常用的段落格式。另外，用户还可以单击“段落”组右下方的扩展按钮，弹出“段落”对话框，设置段落格式，如图 2-31 所示。

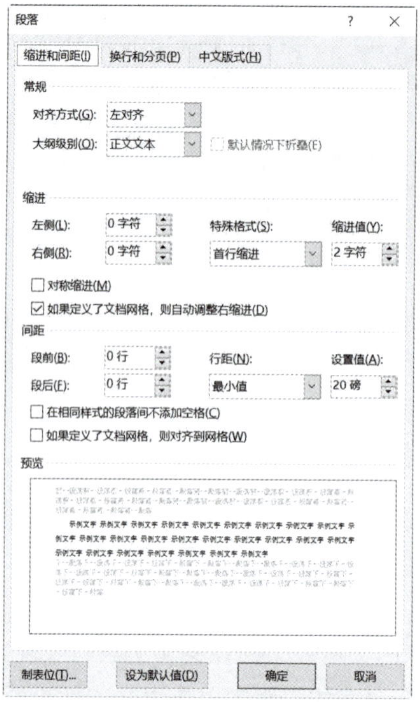

图 2-31 “段落”对话框

1. 设置段落对齐方式

段落对齐是指段落左右两边的对齐，Word 有五种段落对齐方式。

- 左对齐：段落每一行文字与左页边距对齐。
- 居中对齐：段落每一行居中对齐。
- 右对齐：段落每一行文字与右页边距对齐。
- 两端对齐：段落除了末行外，每一行的两端对齐。
- 分散对齐：通过调整空格，使段落每一行内容均匀分布，左右两边与页边距对齐。

2. 设置段落缩进与间距

段落缩进是指文本与页边距之间的距离。段落缩进包括四种缩进方式。

- 左缩进：段落文本与左页边距之间的距离。
- 右缩进：段落文本与右页边距之间的距离。
- 首行缩进：段落第一行与左页边距之间的距离。
- 悬挂缩进：段落除首行以外，其他各行文本与左页边距之间的距离。

段落行距是段落中行与行之间的垂直距离，段落间距是段与段之间的垂直距离，段间距可以分别设置当前段与前段和后段之间的垂直距离。

2.5.3 使用格式刷

格式刷工具是文档格式设置中非常有用的工具，使用格式刷可以快速地将当前文本的字体和段落格式复制到另外一个文本上，大大减少文档排版时的重复操作。使用格式刷工具的操作方法如下。

（1）选中已经设置好格式的文本。

（2）单击“开始”选项卡，在“剪贴板”组中，单击“格式刷”按钮 格式刷，此时鼠标指针变为刷子形状。

（3）拖选需要应用新格式的目标文本。

如果要将当前文本格式多次应用到不同的文本上，在第（2）步操作中双击“格式刷”按钮，全部复制工作完成后，按 Esc 键或再次单击“格式刷”按钮即可退出格式复制操作。

2.5.4 添加项目符号和编号

为了使文本内容更加突出或更具有条理性，增强文档的可读性，Word 提供了自动创建项目符号和编号的功能。项目符号和编号属于段落格式，也就是说，项目符号和编号只会添加在段落首行的最左侧，一般情况下，项目符号和编号应用于文档的标题。

1. 添加项目符号

（1）选中需要添加项目符号的段落。

（2）单击“开始”选项卡，在“段落”组中，单击“项目符号”按钮右侧的下拉按钮，弹出“项目符号库”列表框，单击想要添加的项目符号类型，即可给当前选中的段落添加该类型的项目符号。

如果“项目符号库”中没有满意的项目符号，可以单击“定义新项目符号”命令，弹出“定义新项目符号”对话框，如图 2-32 所示。单击“符号”按钮，会弹出“符号”对话框，可以在符号集中选择新的符号作为项目符号类型。

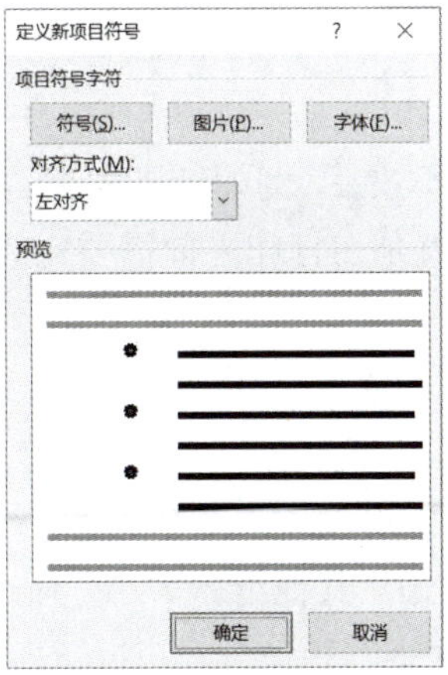

图 2-32 “定义新项目符号”对话框

另外，单击“定义新项目符号”对话框中的“图片”按钮，会弹出“插入图片”对话框，可以选择图片作为项目符号类型。单击“字体”按钮，可以对选中的项目符号进行字体、字形、字号以及字体颜色等设置。

2. 添加编号

（1）选中需要添加编号的段落。

（2）单击“开始”选项卡，在“段落”组中，单击“编号”按钮右侧的下拉按钮，弹出“编号库”列表框，单击想要添加的编号类型，即可给当前选中的段落添加该类型的编号。

如果“编号库”中没有满意的编号格式，可以单击“定义新编号格式”命令，弹出“定义新编号格式”对话框，如图 2-33 所示。单击“编号样式”下拉按钮，选择需要的编号样式，设置编号格式即可。

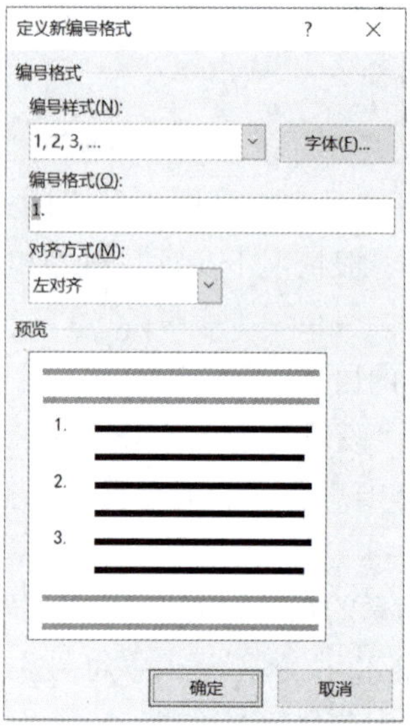

图 2-33 “定义新编号格式”对话框

2.5.5 设置文档页面格式

如果用户需要控制文档的打印效果，例如纸张大小、页边距、纸张方向等，可以在“页面设置”中进行调整。页面设置就是在打印之前需要完成的工作。

1. 设置纸张大小

在打印文档之前，用户需要明确使用的纸张大小。Word 默认的纸张大小是 A4 纸，宽度为 21 厘米，高度为 29 厘米。

单击“布局”选项卡，在“页面设置”组中，单击“纸张大小”按钮，在下拉列表框中选择常用的纸张类型，或者单击“其他纸张大小”命令，输入“宽度”和“高度”的值。

2. 设置页边距和纸张方向

页边距就是打印文本与纸张边缘的空白距离。默认情况下，左、右页边距为 3.18 厘米，上、下页边距为 2.54 厘米。设置页边距的操作步骤如下。

（1）单击“布局”选项卡，在“页面设置”组中，单击“页边距”按钮，在下拉列表框中选择 Word 预定义的页边距方案。

（2）单击“页面设置”扩展按钮，弹出“页面设置”对话框，单击“页边距”选项卡，设置“上”“下”“左”“右”的页边距。

（3）单击“纵向”或“横向”按钮设置纸张方向。

3. 使用标尺快速调整页边距

在实际应用中，如果文字排版在两张页面上，而第二张页面上只有一两行文字时，可以通过“页面设置”适当地调整页边距，把文档排版在一张页面上，既美观，又节约纸张。利用标尺可以快速地调整页边距，达到“所见即所得”效果。

单击“视图”选项卡，在“显示”组中，勾选“标尺”，如图 2-34 所示，标尺上的灰色部分就是页边距的范围，将鼠标移动到标尺的灰白分界线位置，当鼠标变成双向箭头时拖动鼠标，即可调整页边距。

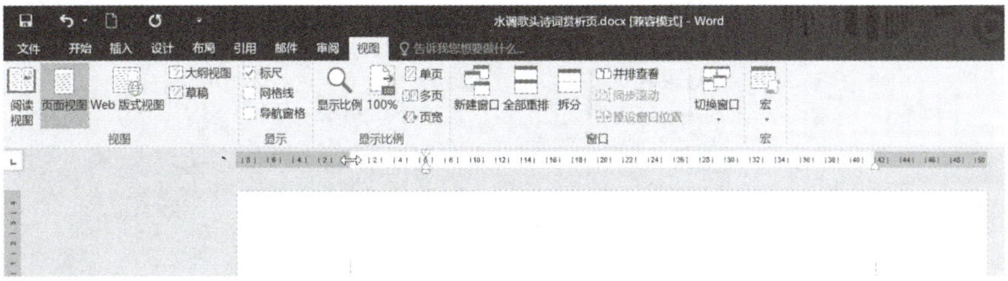

图 2-34　使用标尺调整页边距

2.5.6　设置文档页面背景

如果想让文档有一些特别的视觉效果，可以给文档设置背景色、页面边框，也可以添加水印。

1. 设置页面颜色

单击“设计”选项卡，在“页面背景”组中，单击“页面颜色”按钮，弹出“主题颜色”列表框，如图 2-35 所示，在“主题颜色”或“标准色”中选择需要的颜色。

如果没有想要的颜色，单击“其他颜色”命令，弹出“颜色”对话框，如图 2-36 所示，使用“标准”或“自定义”选项卡可自行设置背景颜色。

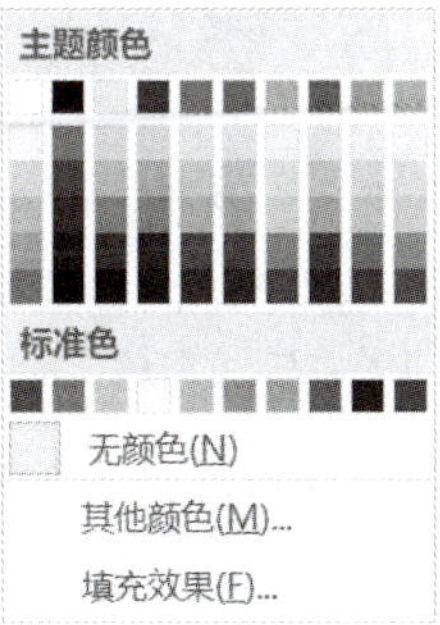

图 2-35　“主题颜色”列表框

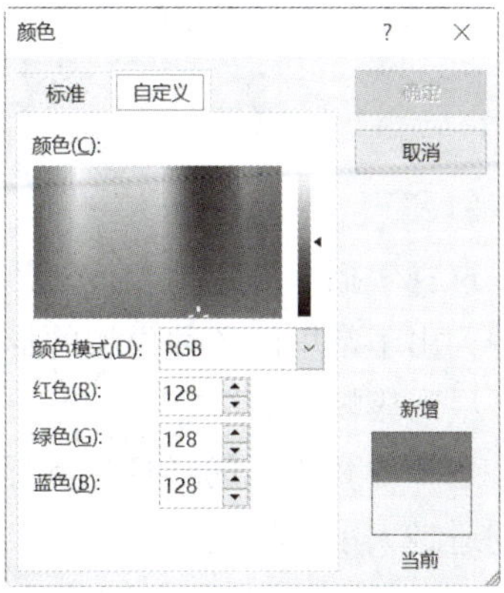

图 2-36　“颜色”对话框

如果想使用渐变颜色、纹理、图案或图片做背景效果，单击“填充效果”命令，弹出“填充效果”对话框，如图 2-37 所示，选择相应的选项卡设置页面背景。

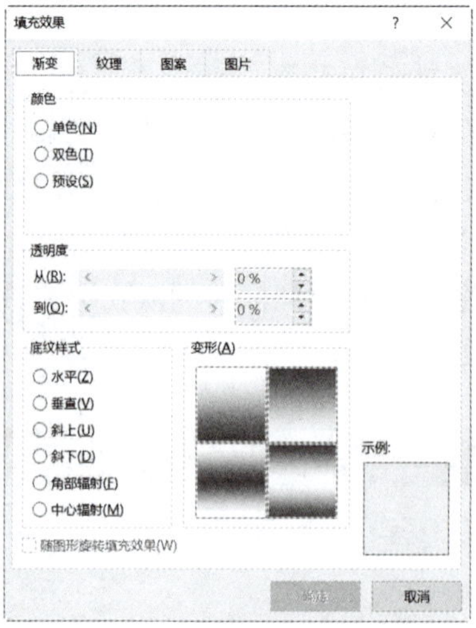

图 2-37 “填充效果”对话框

2. 设置页面边框

在“页面背景”组中，单击“页面边框”按钮，在“边框和底纹”对话框中设置边框外观效果，选择边框线条的“样式”“颜色”“宽度”，也可选择“艺术型”边框。

3. 添加水印

水印是位于文档底部的文本或图片，通常淡出或冲淡显示，以防干扰页面上的内容。水印通常显示在文档的所有页面上，封面除外。

在“页面背景”组中，单击“水印”按钮，可以选择 Word 预定义的文字水印方案，也可以单击“自定义水印”命令，使用图片或指定的文字作为水印。

2.6 绘制图形

使用 Word 可以很方便地在文档中添加各种图形，例如方框、圆和箭头等。

2.6.1 绘制简单图形

1. 插入图形

（1）选择“插入”选项卡，在“插图”组中，单击“形状”按钮，弹出形状下拉列表，形状库中列出了常用的各种类型的形状，包括线条、矩形、基本形状、箭头总汇、公式形状、流程图、星与旗帜、标注等。

（2）选择需要添加的形状，鼠标指针变为“+”字形，在需要插入形状的位置，拖动鼠标绘制适当大小的形状，绘制完成时释放鼠标。

提示：如果要绘制正方形或圆，绘图时按住 Shift 键，同时拖动鼠标。如果按住 Shift 键绘制直线，则绘制的是 45° 整数倍角度的直线。

如果要连续绘制多个同一类型的形状，把鼠标移到需要的“形状”按钮上，单击鼠标右键，弹出“绘图”快捷菜单，如图 2-38 所示，单击“锁定绘图模式”命令，此时可以重复绘制图形。如果要取消绘图模式，按 Esc 键即可。

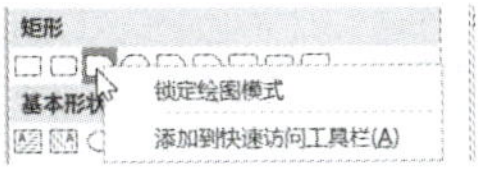

图 2-38　“绘图”快捷菜单

2. 编辑图形

（1）选中图形，图形的四周会有形状控制点，拖动控制点可以改变图形的大小。

（2）在选中形状时，功能区上会自动出现“绘图工具”选项卡，如图 2-39 所示，使用“插入形状”组的“编辑形状”功能，可以重新更改形状的外观样式；在“形状样式”组中，可以对图形属性进行编辑处理，如设置形状填充颜色、形状轮廓、形状效果等。

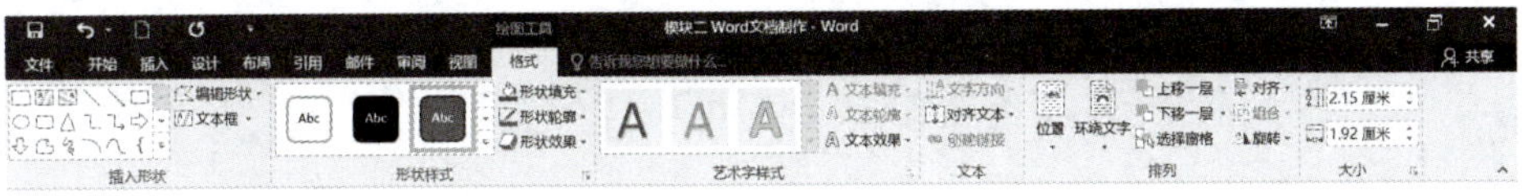

图 2-39　“绘图工具”栏

3. 在图形中添加文字

（1）选中需要添加文字的图形。

（2）右击，选择“添加文字”命令，即可在图形中输入文字。

2.6.2　绘制 SmartArt 图形

SmartArt 图形是一种把文字图形化的表现形式，它可以直观地呈现信息，有助于信息的理解及记忆。使用 SmartArt 图形绘图功能，可以帮助用户快速创建层次分明、结构清晰、外形美观的设计师水准的插图。

1. 插入 SmartArt 图形

（1）移动鼠标至需要插入 SmartArt 图形的位置，单击鼠标定位插入点。

（2）单击“插入”→“SmartArt”按钮，弹出“选择 SmartArt 图形”对话框，如图 2-40 所示，单击所需的类型和布局，选择需要的图形样式，单击“确定”按钮。

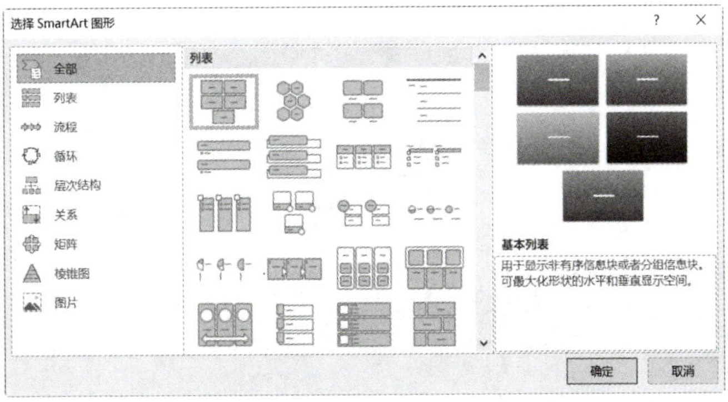

图 2-40　“选择 SmartArt 图形”对话框

（3）单击 SmartArt 图形中的文本框，输入文本。

提示：单击文本窗格中的“[文本]”，也可以输入文本。如果未显示“文本”窗格，单击 SmartArt 图形左侧的箭头控件即可。

2. 编辑 SmartArt 图形

选中 SmartArt 图形，功能区上会自动出现“SmartArt 工具”菜单，如图 2-41 所示。使用“SmartArt 工具 / 设计”选项卡，可以对 SmartArt 图形进行形状、版式布局、主题颜色和外观整体性样式的编辑修改。使用“SmartArt 工具 / 格式”选项卡，可以对组成 SmartArt 图形的形状和文本进行样式、颜色、排列等属性的编辑修改。

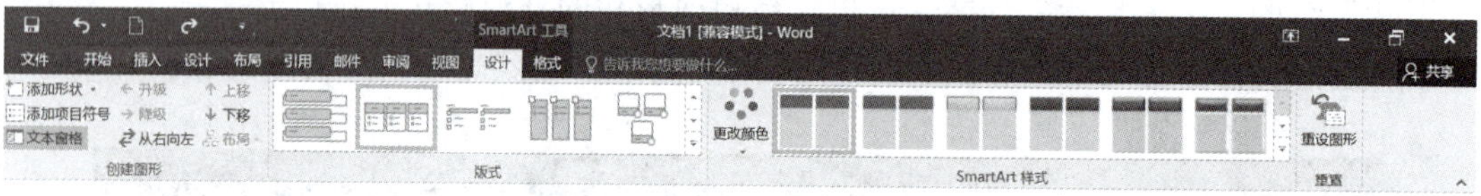

图 2-41 “SmartArt 工具”菜单

2.7 文档打印输出

完成文档的编辑与排版之后，在打印之前需要预览文档的整体效果。适时地预览文档打印效果，有助于有针对性地对文档进行编辑修改，以节省打印纸张。

单击“文件”→“打印”命令，显示“打印”屏幕界面，如图 2-42 所示。屏幕右边是文档打印预览效果，拖动右下角的滑块可以放大或缩小文档显示比例，以便观察文档排版的细节效果。屏幕左边是打印参数设置区域，可以设置打印份数、打印页数范围、单面打印或双面打印、打印方向、打印纸张等。

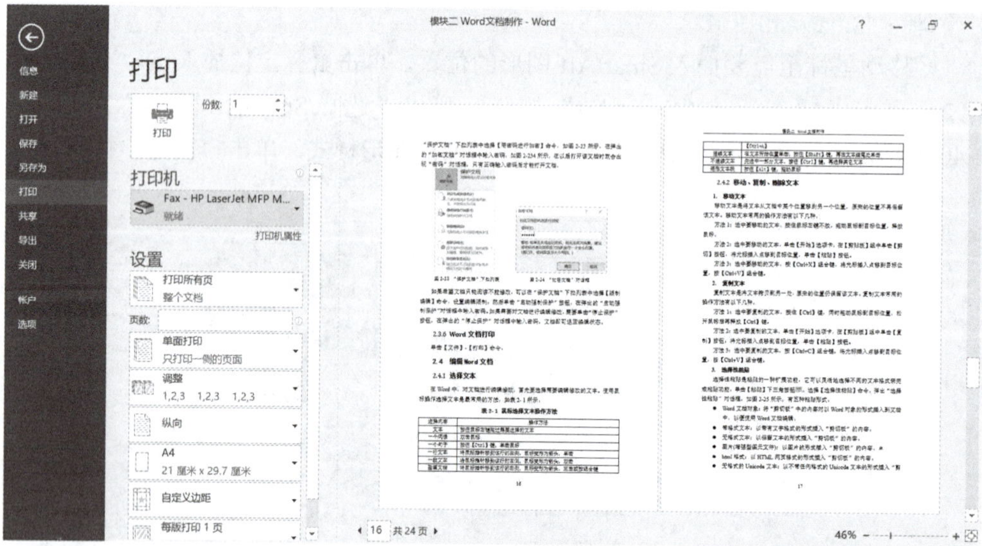

图 2-42 “打印”屏幕界面

如果预览结果符合要求，设置好打印参数之后，即可单击“打印”按钮进行打印输出。

拓展训练

案例 1　制作《高等学校学生行为准则》文档

任务描述

教育部出台了《高等学校学生行为准则》，为了让同学们熟知其内容，学校团委要求各班级开展一次主题班会的讨论学习，因此需要制作《高等学校学生行为准则》文档。文档制作要求界面简洁，条目清晰，突出重点内容，效果如图 2-43 所示。

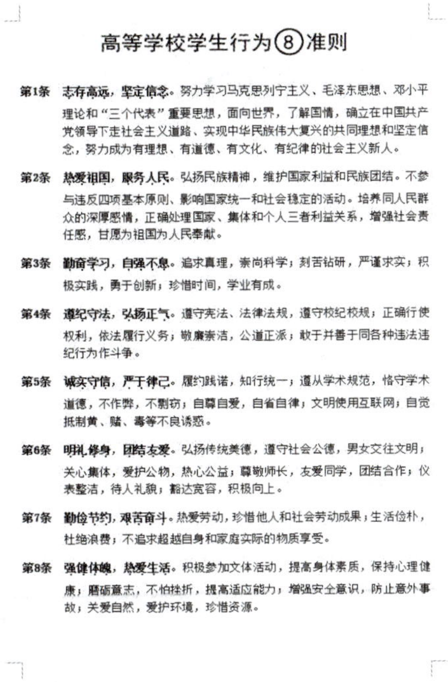

高等学校学生行为⑧准则

第1条　**志存高远，坚定信念。**努力学习马克思列宁主义、毛泽东思想、邓小平理论和“三个代表”重要思想，面向世界，了解国情，确立在中国共产党领导下走社会主义道路、实现中华民族伟大复兴的共同理想和坚定信念，努力成为有理想、有道德、有文化、有纪律的社会主义新人。

第2条　**热爱祖国，服务人民。**弘扬民族精神，维护国家利益和民族团结。不参与违反四项基本原则、影响国家统一和社会稳定的活动。培养同人民群众的深厚感情，正确处理国家、集体和个人三者利益关系，增强社会责任感，甘愿为祖国为人民奉献。

第3条　**勤奋学习，自强不息。**追求真理，崇尚科学；刻苦钻研，严谨求实；积极实践，勇于创新；珍惜时间，学业有成。

第4条　**遵纪守法，弘扬正气。**遵守宪法、法律法规，遵守校纪校规；正确行使权利，依法履行义务；敬廉崇洁，公道正派；敢于并善于同各种违法违纪行为作斗争。

第5条　**诚实守信，严于律己。**履约践诺，知行统一；遵从学术规范，恪守学术道德，不作弊，不剽窃；自尊自爱，自省自律；文明使用互联网；自觉抵制黄、赌、毒等不良诱惑。

第6条　**明礼修身，团结友爱。**弘扬传统美德，遵守社会公德，男女交往文明；关心集体，爱护公物，热心公益；尊敬师长，友爱同学，团结合作；仪表整洁，待人礼貌；豁达宽容，积极向上。

第7条　**勤俭节约，艰苦奋斗。**热爱劳动，珍惜他人和社会劳动成果；生活俭朴，杜绝浪费；不追求超越自身和家庭实际的物质享受。

第8条　**强健体魄，热爱生活。**积极参加文体活动，提高身体素质，保持心理健康；磨砺意志，不怕挫折，提高适应能力，增强安全意识，防止意外事故；关爱自然，爱护环境，珍惜资源。

图 2-43　《高等学校学生行为准则》效果图

任务实施

1. 打开素材文件，设置页面格式

（1）双击“高等学校学生行为准则 - 素材 .docx”文件图标，打开素材文件，将文件另存为“高等学校学生行为准则 .docx”。

（2）单击“布局”→“纸张大小”→“A4”命令选择纸张，单击“页边距”→“普通”命令设置页边距。

2. 设置字体和段落格式

（1）按 Ctrl+A 组合键，选中全文。

（2）单击“开始”选项卡，在“字体”组中，设置字体为宋体，字号为小四；单击“段落”组右下方的扩展按钮，在“段落”对话框中，设置行距为 1.25，段间距为段后 1 行。

（3）选中第一行标题行，设置字体为“黑体”，设置字号为“二号”；段间距为段后“1.5 行”。

3. 设置带圈文字效果

（1）双击选中标题行的 8。

（2）单击“开始”选项卡，在“字体”组中，单击“带圈字符”按钮，打开“带圈字符”对话框，如图 2-44 所示，单击“增大圈号”按钮，选择“○”圈号，单击“确定”即可。

4. 添加文字着重号

（1）选中第一段的开头文字“志存高远”，单击“字体”组右下方的扩展按钮，在“字体”对话框中设置字形为“加粗”，着重号“• ”，如图 2-45 所示。

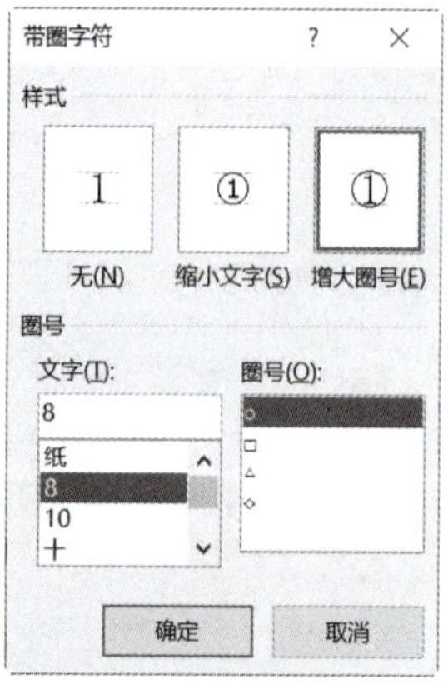

图 2-44 “带圈字符”对话框

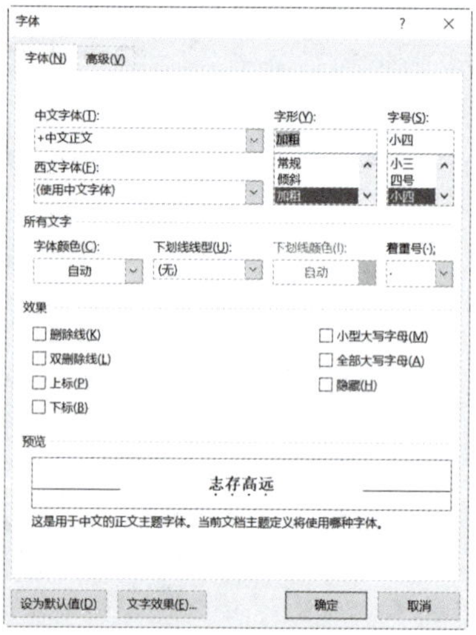

图 2-45 添加着重号

（2）在“剪贴板”组中，双击“格式刷”按钮 格式刷。

（3）拖动鼠标刷过每个段落开头需要重点强调的文字，最后按 Esc 键停止设置格式。

5. 添加自动编号

（1）拖动鼠标，全选正文文字。

（2）单击“段落”组中“编号”右侧下拉按钮，单击“定义新编号”，在“定义新编号格式”对话框中，“编号样式”选择“1, 2, 3, ...”，在“编号格式”中输入“第”和“条”文字，设置“第 1 条，第 2 条，第 3 条，……”编号样式，如图 2-46 所示。

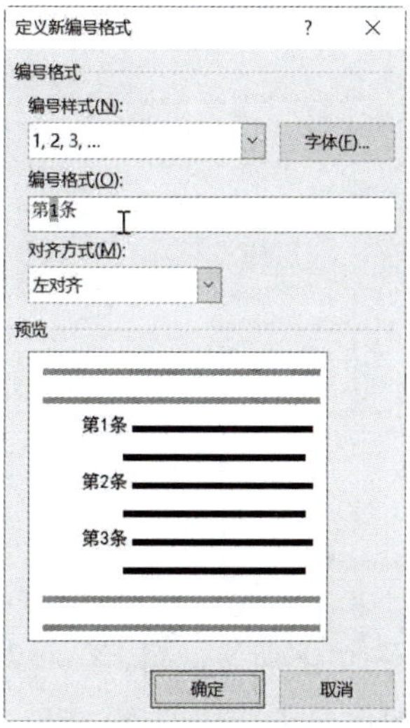

图 2-46　定义新编号

（3）在“第 1 条，第 2 条，……”任意一个编号文字上单击，编号下出现灰色底纹，在“字体”组中，单击“加粗”按钮**B**。

6. 使用标尺调整段落缩进

（1）全选正文文字。

（2）在文档顶端的水平标尺上，拖动“悬挂缩进”标记到合适的位置，使第二行文本与第一行文本对齐，效果如图 2-47 所示。

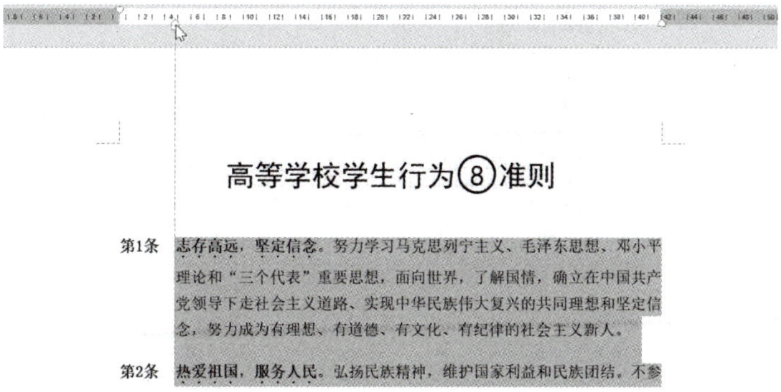

图 2-47　使用标尺调整段落缩进

7. 制作完成，浏览检查，保存文档

单击“文件”→“另存为”命令，在“另存为”对话框中选择文件的保存地址，命名为“高等学校学生行为准则 - 效果 .docx”，单击“保存”按钮。

提示：Word 中的段落缩进方式有首行缩进、悬挂缩进、左缩进和右缩进四种方式。除了可以使用“段落”对话框和“布局”→“段落”组设置段落缩进参数外，还可以利用水平标尺上的缩进标记进行快速设置，并在操作中实现所见即所得的效果。水平标尺缩进标记如图 2-48 所示。

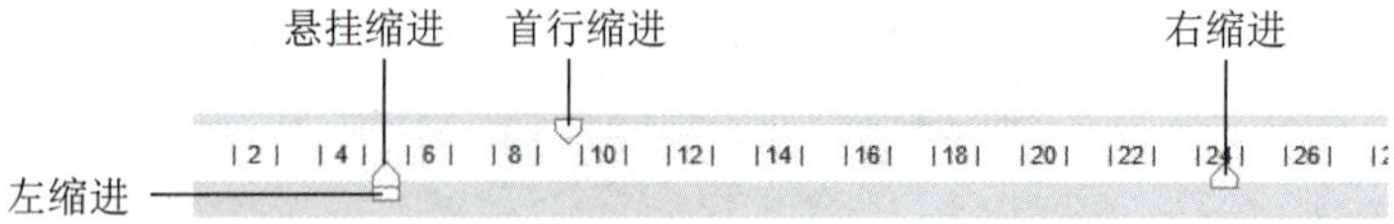

图 2-48　水平标尺缩进标记

案例 2　制作《诗经 • 樛木》文档

任务描述

学校学习部开展国学经典传统文化学习，《诗经 • 樛木》被选为晨读作品，因此需要制作《诗经 • 樛木》文档。文档制作要求给生僻字注音，并给生字、词添加注释，效果如图 2-49 所示。

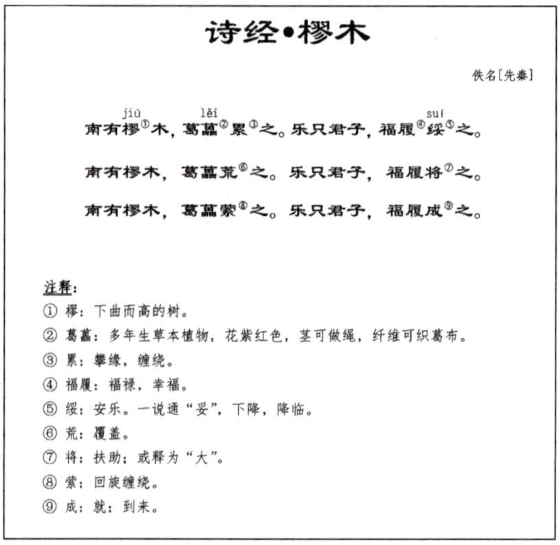

诗经•樛木

佚名[先秦]

jiū　lěi　suí

南有樛①木，葛藟②纍③之。乐只君子，福履④绥⑤之。

南有樛木，葛藟荒⑥之。乐只君子，福履将⑦之。

南有樛木，葛藟萦⑧之。乐只君子，福履成⑨之。

注释：

① 樛：下曲而高的树。
② 葛藟：多年生草本植物，花紫红色，茎可做绳，纤维可织葛布。
③ 纍：攀缘，缠绕。
④ 福履：福禄，幸福。
⑤ 绥：安乐。一说通“妥”，下降，降临。
⑥ 荒：覆盖。
⑦ 将：扶助；或释为“大”。
⑧ 萦：回旋缠绕。
⑨ 成：就；到来。

图 2-49　《诗经 • 樛木》效果图

任务实施

1. 打开素材文件，设置页面格式

（1）双击“诗经 • 樛木 - 素材 .docx”文件图标，打开素材文件，文件另存为“诗经 • 樛木 .docx”。

（2）单击“布局”→“页边距”→“自定义边距”命令，在“页面设置”对话框中设置上、下边距为 2.54 厘米，左、右边距为 2.2 厘米。

2. 删除多余的空行

（1）单击“开始”→“替换”按钮，在“查找和替换”对话框中，单击“更多”按钮。

（2）将光标插入点定位到“查找内容”输入框中，单击“特殊格式”按钮，选择“段落标记”，再次重复选择“段落标记”。

（3）将光标插入点定位到“替换为”输入框中，单击“特殊格式”按钮，选择“段落标记”。“查找和替换”对话框参数设置如图 2-50 所示。

图 2-50　“查找和替换”对话框参数设置

（4）重复单击“全部替换”命令按钮，直到“信息提示框”显示“全部完成。完成 0 处替换”。

说明：从网络上复制的文本段落常常会有一些多余的空行需要删除。空行，就是段落中没有文字字符，只有一个段落标记的行。利用“查找和替换”命令删除空行，就是把两个连续的段落标记替换成一个。段落中连续的空行有几行，替换操作就需要重复做几次。

Word 中“查找和替换”功能非常实用，灵活运用“查找和替换”的特殊字符和通配符功能，可以批量修改文档中的内容，大大提高文档编辑修改的效率。

3. 设置字体和段落格式

（1）选择诗词标题和正文，设置字体为隶书，小二号字，1.5 倍行距；选择注释内容，设置字体为仿宋，四号，1.25 倍行距。

（2）选中第一行标题行，设置字号为小初，居中对齐；选择第二行作者名，设置字体为仿宋，小四号字，右对齐。

（3）单击“布局”选项卡，使用“段落”面板，设置段落格式。将光标插入点定位在第一行，设置段前 1 行；光标插入点定位在第二行，设置段后 1 行；光标插入点定位在“注释”行，设置段前 2.5 行。

（4）选中诗词正文，设置左、右缩进为 4 字符，分散对齐。

4. 为生僻字添加注音

（1）选中“樛”字，单击“开始”→“拼音指南”按钮，弹出“拼音指南”对话框，如图 2-51 所示，设置“对齐方式”为“居中”，“字号”为“12”。

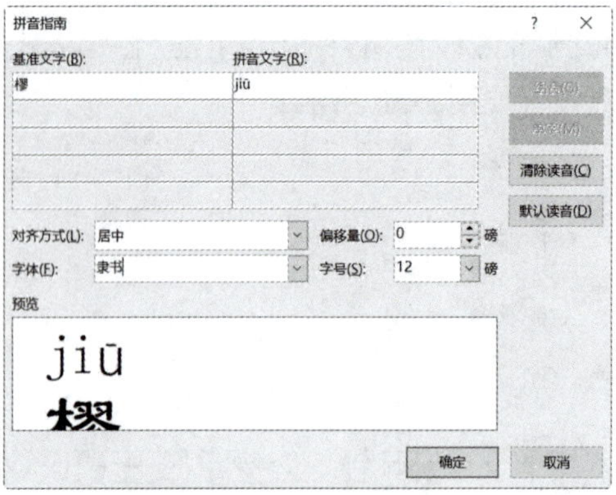

图 2-51 “拼音指南”对话框参数设置

（2）用同样的方法为其他生僻字注音。

5. 为生字、词添加注释数字编号

（1）将光标插入点定位到“樛”字后，单击“插入”→“符号”命令，插入字符“①”。

（2）选中字符“①”，单击“开始”→“上标”按钮 X^2，把数字设置为上标效果。

（3）按同样的方法为其他生字、词添加注释数字编号。

6. 为文字添加双下划线

选中“注释”文字，单击“加粗”按钮；选择“开始”选项卡，单击“下划线”按钮 U 右侧下拉按钮，选择“双下划线”线型。

7. 添加带圈数字样式的自动编号

（1）单击“文件”→“选项”命令，弹出“Word 选项”对话框，在对话框左边选择“语言”选项，单击“[添加其他编辑语言]”按钮，在下拉列表中选择“朝鲜语”，如图 2-52 所示。

图 2-52 “Word 选项”对话框选择“朝鲜语”

（2）选中“注释”下面的文字，选择“开始”选项卡，单击“编号”右侧下拉按钮，单击“定义新编号格式”命令，编号样式选择“①，②，③，…”。

8. 制作完成，保存文档

任务 2　表格制作——制作新 ICT 技术活动安排表

任务情境

学校与华为技术有限公司举办人才合作交流会，华为工程师应邀为通信创新协会开展新 ICT 技术及华为认证讲座的培训活动，需要制作活动安排表分发给学生。安排表要求简洁明了，结构合理，表达直观，效果如图 2-53 所示。

附件 1

新 ICT 技术及华为认证讲座活动安排表

日期	时间	讲座/活动内容	主讲人/班级	地点
4 月 8 日 （上午）	8:00-10:00	1. ICT 行业发展历程 2. 新 ICT 技术 3. 华为企业简介	张云	学术报告厅
	茶歇（10:00-10:30）			
	10:30-12:00	➢ 深入各行各业，推动行业 ICT 转型 ➢ 分享学习心得	铁道通信专业	J1-201
			铁道信号专业	J1-202
			常州订单班	J1-203
			南京订单班	J1-204
4 月 8 日 （下午）	14:00-16:00	1. ICT 融合时代的人才需求 2. ICT 人才培养模式 3. 华为认证介绍	杨立新 沈力	学术报告厅
	茶歇（16:00-16:30）			
	16:30-17:30	➢ 华为认证带来的价值 ➢ 分享学习心得	铁道通信专业	J1-201
			铁道信号专业	J1-202
			常州订单班	J1-203
			南京订单班	J1-204

温馨提示：

（1）　讲座期间，请全体学员保持手机关机或者静音；

（2）　会议室提供茶和咖啡等饮品，为了环保，请自带水杯。

图 2-53 “新 ICT 技术活动安排表”效果图

任务目标

通过在线学习，了解使用表格组织信息的优越性，理解表格结构规划的意义。掌握 Word 表格制作的方法和技巧，能熟练地对表格进行编辑处理，快速制作各种各样的表格。

扫描二维码，观看“表格制作——制作新 ICT 技术活动安排表”教学视频，学习表格制作相关知识与技能。

表格制作——制作新 ICT 技术活动安排表

任务实施

1. 新建文档，创建表格

（1）新建文档，保存文件，将文件命名为“新 ICT 技术活动安排表 .docx”。

（2）单击“插入”→“表格”按钮，在下拉菜单中选择“插入表格”命令，弹出“插入表格”对话框，如图 2-54 所示，在“列数”输入框中输入“5”，“行数”输入框中输入“13”。

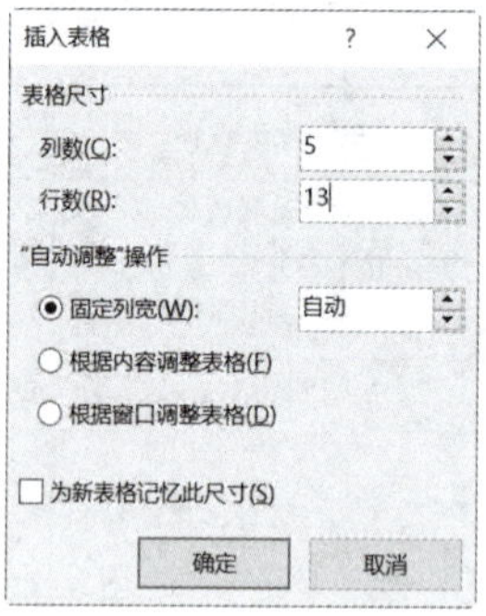

图 2-54 “插入表格”对话框

2. 编辑表格，调整表格行高和列宽

（1）鼠标移到表格上方，单击表格左上角的表格移动图标⊞，选中整张表格，单击“表格工具 / 布局”选项卡，如图 2-55 所示，在“单元格大小”组中，在“高度”输入框中输入“0.8 厘米”。

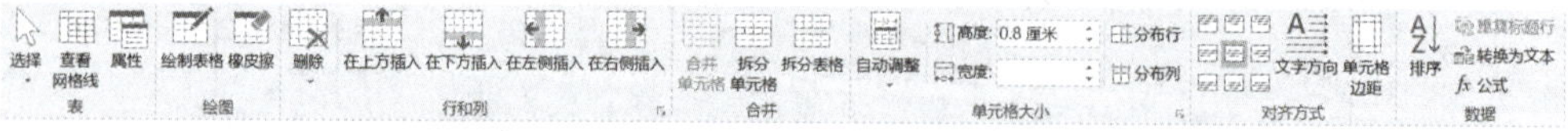

图 2-55 “表格工具 / 布局”工具栏

（2）把鼠标移到表格第一行左侧，当鼠标指针变为箭头时，单击鼠标选中该行，在“高度”输入框中输入“1 厘米”。

（3）把鼠标移到表格第二列右侧的边框线上，当鼠标指针变形为↔时，向左拖动边框线，快速调整列宽。

（4）把鼠标移到表格上方，当鼠标指针变形为↓时，拖动鼠标选中表格第一列和第二列，在“单元格大小”组中，单击“分布列”按钮，使两列的列宽平均分布。

（5）采用拖动表格线的方法，适当调整其他列宽至合适的宽度。

3. 合并单元格，制作表格框架结构

（1）移动鼠标至第一列第二个单元格，拖动鼠标至第七个单元格，单击“布局”选项卡，在“合并”组中，单击“合并单元格”按钮。

（2）用同样的方法合并其他单元格，制作表格框架结构如图 2-56 所示。

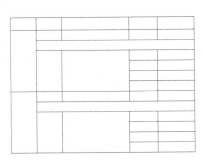

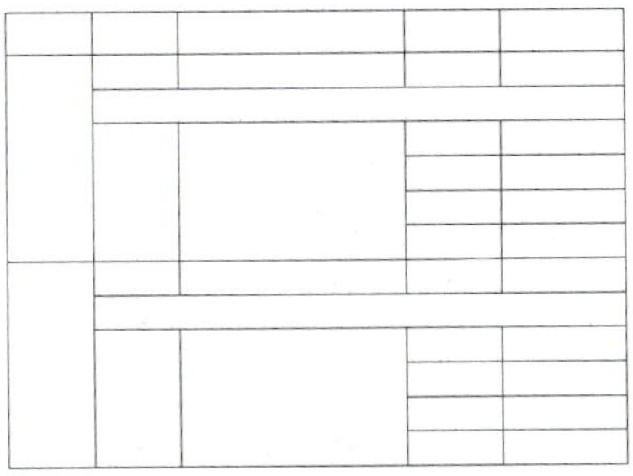

图 2-56　表格框架结构图

（3）采用拖动表格线的方法，适当调整表格第二行和第八行的行高。

4. 录入文字，设置表格文字格式和对齐方式

（1）把光标插入点定位到表格第一行任意一个单元格，单击“表格工具 / 布局”选项卡，在“合并”组中，单击“拆分表格”按钮，在表格上方插入一行。

（2）输入表格名称和表格文字，设置表格文字格式。

（3）单击表格左上角的表格移动图标，选中整张表格，在“对齐方式”组中，单击“水平居中”按钮。

（4）光标插入点定位到表格第三列的第二个单元格，在“对齐方式”组中，单击“中部两端对齐”按钮；用同样的方法，设置第三列其他单元格的对齐方式。

（5）将鼠标移到表格第三列第二个单元格的左下角，当鼠标指针变形为↗时，是单击鼠标，按住 Ctrl 键不放，将鼠标移到表格第三列第五个单元格的左下角，当鼠标指针变形为↗时，单击鼠标，选中第三列第二个和第五个单元格。为这两个单元格的文字添加编号“1，2，3”。用同样的方法，为第三列第四个和第七个单元格添加项目符号“➤”。

5. 设置表格边框线

（1）选中整张表格，单击“表格工具 / 设计”选项卡，在“边框”组中，单击“笔样式”按钮，选择“实线”；单击“笔画粗细”按钮，选择“1.5 磅”；单击“边框”下拉按钮，选择“外侧框线”，绘制粗外框线。

（2）选中整张表格，用同样的方法，设置线型为虚线，笔画粗细为 0.5 磅，设置边框为内部框线，绘制内部虚框线。

（3）选中第一行，设置线型为实线，笔画粗细为 0.5 磅，设置边框为内部竖框线；再次设置边框为下框线。

（4）鼠标在任意位置单击，取消选择区域。

（5）设置线型为双实线，笔画粗细为 0.5 磅，单击“边框刷”按钮，将鼠标移动到表格中部表格线的位置，从左到右拖动鼠标，绘制双实线。

（6）按 Esc 键，取消边框刷绘制状态。

6. 添加表格底纹

（1）选中表格第一行，单击“底纹”按钮的下拉按钮，设置底纹颜色为淡橙色。

（2）选中第一列第二个和第三个单元格，按住 Ctrl 键不放，选择第三行和第六行，设置底纹为淡灰色。

7. 制作完成，保存文档

知识链接

2.8 表格规划

在日常生活、学习工作中，我们常常会看到各种各样的表格。表格，是一种组织整理数据信息的手段，是一种可视化的信息呈现方式。表格在归纳、整理数据信息时，具有简洁明了、条理性强、信息对比直观等特点，另外，还可以灵活运用表格来布局版面。

表格规划，就是设计表格的框架结构，根据表格的框架结构特点，表格可以分为规则表格和不规则表格两种类型。

1. 规则表格

表格所有的边框线都是连续贯通的，中间没有被截断，这样的表格称为规则表格，如图 2-57 所示。

华为认证体系

级别	薪资	能力
HCIE（专家级）	8000及以上	不同网络和各种路由器交换机之间的互联，复杂连接问题的解决，使用技术解决方案提高带宽、缩短相应时间、最大限度地提高性能、加强安全性和支持全球应用，复杂网络的故障排除
HCNP（资深级）	6000及以上	网络基础知识，交换机和路由器原理，TCP/IP 协议簇，路由协议，访问控制，网络故障的排除，华为设备的安装和调试
HCNA（助理级）	4000及以上	网络基础知识，流行网络的基本连接方法，基本的网络建造，网络故障排除，华为设备的安装和调试

图 2-57　规则表格

2. 不规则表格

表格中只要有一条边框线被截断，线条不是连续贯通的，这样的表格称为不规则表格。

2.9 创建表格

创建表格，首先要进行表格结构规划，确定表格的行列数。对于规则表格来说，表格行列数是很明确的，制作简单方便；而对于不规则表格来说，不同的规划制作方案，表格行列数也就有所不同，制作相对要复杂一些。

Word 提供了多种创建表格的方法，用户可以根据需要选择相应的创建方法。

2.9.1　创建规则表格

1. 使用“表格”按钮创建规则表格

（1）将光标定位到需要插入表格的位置。

（2）单击“插入”→“表格”按钮，弹出下拉菜单，在下拉菜单的表格区域移动鼠标，表格会以橙色突出显示新建表格的列数和行数，如图 2-58 所示，此时单击鼠标，就在插入点位置插入一张 4 列 5 行的表格。

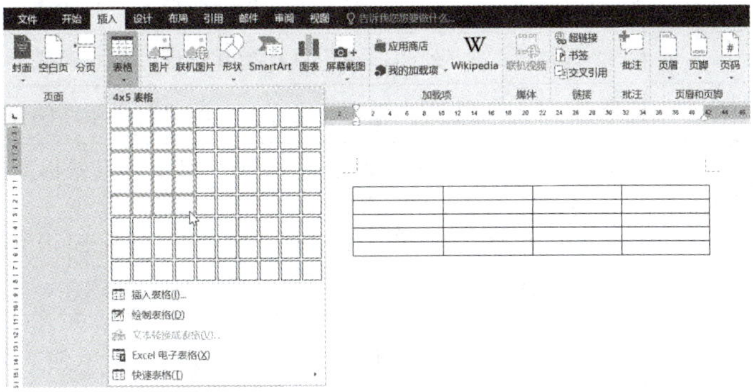

图 2-58　使用“表格”按钮创建规则表格

2. 使用“插入表格”命令创建规则表格

使用“表格”按钮只能创建有限列数和行数的表格，如果还需要指定表格列宽，则可使用“插入表格”命令。

（1）将光标定位到需要插入表格的位置。

（2）单击“插入”→“表格”→“插入表格”命令，弹出“插入表格”对话框，输入“列数”和“行数”值。

固定列宽：设定列宽的具体数值，单位是厘米；当选择“自动”时，表格将会自动调整列宽适应窗口。

根据内容调整表格：自动调整表格列宽适应表格内容。

根据窗口调整表格：自动调整表格宽度适应文档窗口的宽度。

2.9.2　创建不规则表格

单击“插入”→“表格”→“绘制表格”命令，鼠标指针变形为铅笔✎，此时可以在文档的任意位置徒手绘制各种表格，但使用这种方法绘制表格效率太低。

在实际操作中，常常需要把不规则表格的表格线全部连接贯通或部分连接贯通，把不规则表格转换为规则表格。制作不规则表格时，需要先制作规则表格，再对表格进行编辑处理，才能制作出不规则表格。

2.10 编辑表格

2.10.1 表格选择操作

对表格进行编辑修改，首先要选择需要编辑修改的对象。表格选择操作方法见表 2-2。

表 2-2 表格选择操作方法

选择内容	操作方法
单元格	鼠标移到单元格左下角，鼠标指针变形为倾斜箭头，单击
一行	将鼠标指针移到该行的左侧，鼠标指针变形为空心箭头，单击
一列	将鼠标指针移到该列的顶端，鼠标指针变形为实心箭头，单击
整张表格	将鼠标移到表格上方，单击表格左上角的“表格移动图标”⊞按钮
连续单元格区域、连续行、连续列	方法一：先选择开始位置单元格（或行 / 列），拖动鼠标直至结尾单元格（或行 / 列） 方法二：先选择开始位置单元格（或行 / 列），按住 Shift 键，再在单元格（或行 / 列）结尾处单击
不连续单元格区域、不连续行、不连续列	先选中单元格（或行 / 列），按住 Ctrl 键，再选择其他单元格（或行 / 列）

2.10.2 调整表格

1. 调整表格位置和大小

把鼠标移到表格上方，表格左上角会出现“表格移动图标”⊞，拖动此图标可以移动表格位置；在表格右下角会出现“表格尺寸图标”□，拖动此图标可以调整整张表格的大小。

2. 调整表格行高和列宽

方法一：利用表格工具栏设置行高和列宽。

（1）选中要调整的行或列。

（2）单击“表格工具 / 布局”选项卡，在“单元格大小”组中的“高度”输入框中输入行高值，在“列宽”输入框中输入列宽值。

方法二：利用鼠标调整行高和列宽。

调整行高：把鼠标移到需要调整的行的横框线上，当鼠标指针变形为÷，拖动边框线调整行高。

调整列宽：把鼠标移到需要调整的列的竖框线上，当鼠标指针变形为⇹，拖动边框线调整列宽。

方法三：利用平均分布工具调整行高和列宽。

（1）选中需要平均分布的多行或多列。

（2）单击“表格工具 / 布局”选项卡，在“单元格大小”组中，单击“分布行”按钮分布行或“分布列”按钮分布列。

技巧：在实际应用中，有时需要移动某个单元格的线条，如果直接拖动边框线，移动的是整条表格线。这时，需要选中单元格，再拖动表格线，这样移动的就只是这个单元格的线条。

在调整表格行高列宽时，拖动表格边框线，表格线移动的距离是一个网格的大小，有时很难与其他边框线对齐。按住 Alt 键不放，拖动表格边框线，表格线将以一个像素的距离移动，这样可以完美实现表格线的精确对齐。

2.10.3　插入行和列

（1）鼠标插入点定位到需要插入行或列的单元格中。

（2）单击“表格工具 / 布局”选项卡，在“行和列”组中，包含四种插入方式，如图 2-59 所示，选择一种插入方式，单击相应按钮。

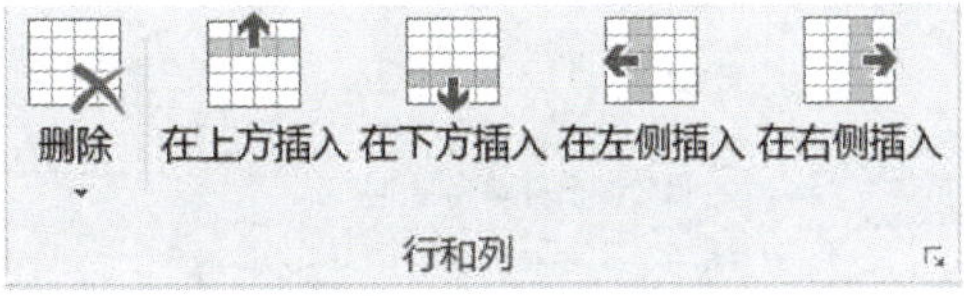

图 2-59 “行和列”组

提示：若要同时插入多行或多列，首先选择要添加的行数或列数。

提示：鼠标移到表格左侧或顶部的边框线上，单击出现的“+”按钮，即可插入一行或一列；定位光标插入点到表格某行的最右侧，按 Enter 键，即可在该行下方插入一新行。

2.10.4　删除行、列、单元格、表格

（1）选中需要删除的行或列或单元格。

（2）单击“表格工具 / 布局”选项卡，在“行和列”组中，单击“删除”按钮，在“删除”下拉菜单中，选择需要的删除命令。

如果选择“删除单元格”命令，会弹出“删除单元格”对话框，如图 2-60 所示，选择需要的删除方式。

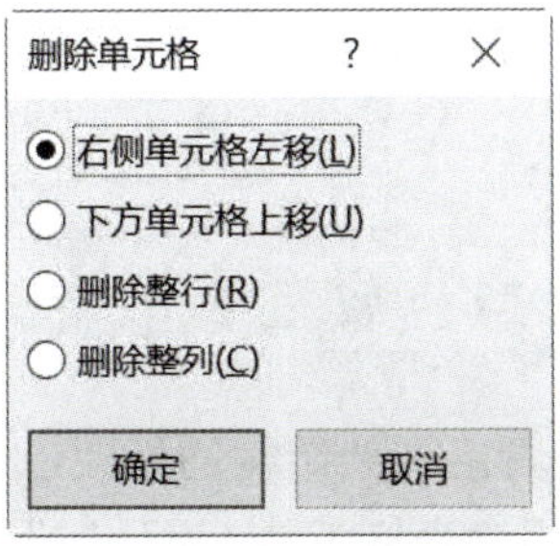

图 2-60 “删除单元格”对话框

2.10.5 合并与拆分单元格

在 Word 中，可以把多个相邻单元格合并为一个大的单元格，也可以把一个单元格拆分成多个小单元格。

1. 合并单元格

（1）选中要合并的单元格。

（2）单击“表格工具 / 布局”→“合并单元格”按钮。

2. 拆分单元格

（1）选中要拆分的单元格。

（2）单击“表格工具 / 布局”→“拆分单元格”按钮，弹出“拆分单元格”对话框，如图 2-61 所示，输入拆分的列数和行数，单击“确定”即可。

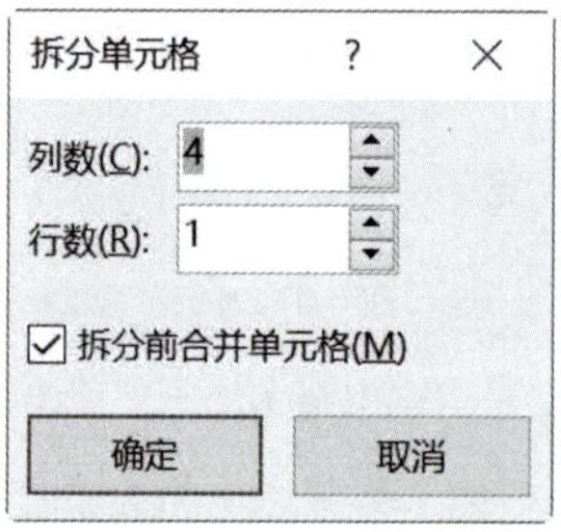

图 2-61 “拆分单元格”对话框

2.10.6 设置单元格对齐方式

单击“表格工具 / 布局”选项卡，在“对齐方式”组中，单元格中的文本有九种对齐方式，如图 2-62 所示，每个图标都直观地表示该种对齐方式的特征。把鼠标移到对齐图标上，会显示对齐方式的详细说明。

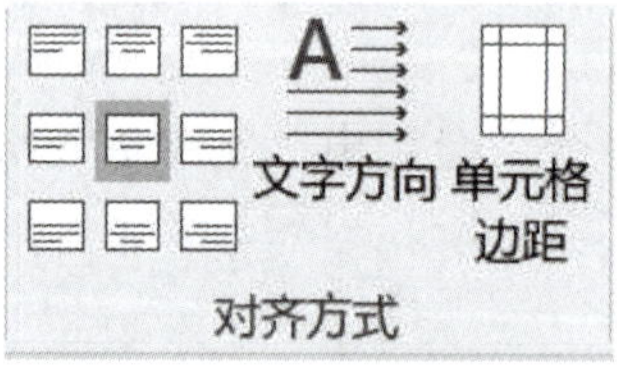

图 2-62 “对齐方式”组

2.11 设置表格格式

表格编辑修改主要完成的是表格框架结构的修改，而表格格式设置是对表格的外观进行美化处理，常用的方法是使用“表格工具 / 设计”选项卡。

2.11.1 套用表格样式

Word 2016 预置了非常丰富的表格样式供用户选择使用，使用这些样式可以快速高效地制作美观的表格。

（1）将光标置于表格中。

（2）单击“表格工具 / 设计”选项卡，在“表格样式”组中，单击选择需要的样式按钮，或单击下拉按钮 ，在弹出的下拉列表中选择所需的样式，如图 2-63 所示。

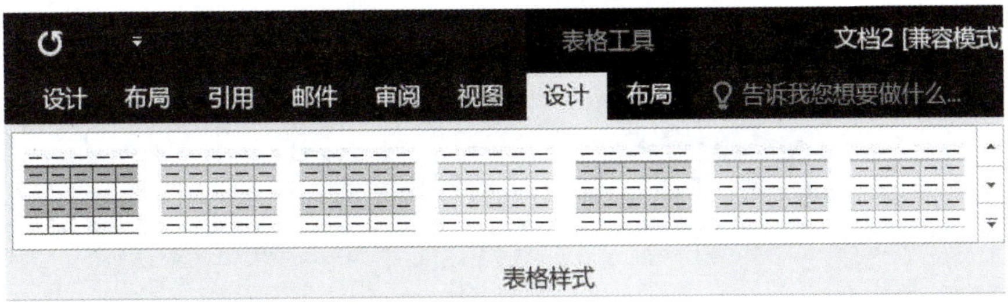

图 2-63 表格样式

2.11.2 设置表格的边框和底纹

默认情况下，创建的表格边框都是 0.5 磅的黑色单实线。用户可以通过给表格设置边框和底纹效果，突出重点内容，增强表格的美观性。

1. 设置表格边框线

（1）选中需要设置边框线的表格区域。

（2）单击“表格工具 / 设计”选项卡，在“边框”组中，单击“笔样式”按钮，选择线型；单击“笔划粗细”按钮，选择线条粗细；单击“笔颜色”下拉按钮，选择线条颜色；单击“边框”下拉按钮，选择框线。

2. 添加表格底纹效果

（1）选中需要设置底纹效果的表格区域。

（2）单击“底纹”下拉按钮，选择底纹颜色。

技巧：一张表格的表格线很多，如果一条一条地去设置，效率太低。采用围区域的方法，选择边框线围住的表格区域，然后再设置边框，可以快速设置整个区域的边框线，非常实用且高效。如果只设置一条或两条边框线的格式，使用边框刷较为方便。

2.11.3 设置表格属性

（1）将光标置于表格中。

（2）单击“表格工具 / 布局”→“属性”命令，弹出“表格属性”对话框，如图 2-64 所示。“表格属性”对话框集成了表格对齐方式、表格编辑处理和表格格式设置等功能。

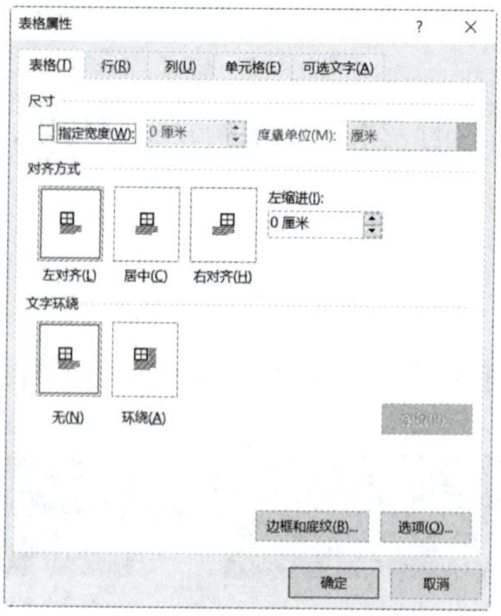

图 2-64 “表格属性”对话框

拓展训练

案例 3　制作信息素养决赛成绩表

任务描述

为了选拔 2021 年湖南省信息素养大赛参赛选手，教务处组织学生开展了信息素养初赛和决赛，为了公示决赛成绩，需要制作“2021 年信息素养决赛成绩表”。请计算每个同学的总成绩，并填写比赛名次，成绩表每一页需要添加表头，效果如图 2-65 所示。

2021 年信息素养决赛成绩表

名次	姓名	学号	班级	单选题	多选题	判断题	总分
1	黄雄霖	202030503101	信息安全 202	50	30	19	99
2	邹歌	202030804410	高铁维修 201	48	30	20	98
3	于东庆	202032104428	数控技术 201	48	30	19	97
4	王振强	202031206145	工业机器人 202	49	28	19	96
5	刘志巍	202031503120	铁路物流 201	49	26	20	95
6	丁一良	202030204213	城轨车辆 202	49	28	18	95
7	吴朝霞	202031004211	数字媒体 202	48	28	19	95
8	张伟伟	202030506242	铁道机车 202	48	30	16	94
9	余颖欣	202030204121	城轨车辆 201	48	28	18	94
10	杨义成	202030406147	城轨机电 201	49	26	18	93
11	李小俊	202031406220	电机电器 202	47	26	20	93
12	吕浩研	202030201141	工业控制 201	47	28	18	93
13	许铭	202030904339	人工智能 201	47	26	20	93

图 2-65 “2021 年信息素养决赛成绩表”效果图

任务实施

1. 打开素材文件

双击“2021 年信息素养决赛成绩表 - 素材 .docx”文件图标，打开素材文件，将文件另存为“2021 年信息素养决赛成绩表 .docx”。

2. 计算总分

（1）将光标插入点定位到第二行最后一个单元格。

（2）单击“表格工具 / 布局”→“公式”按钮 fx 公式，弹出“公式”对话框，如图 2-66 所示。

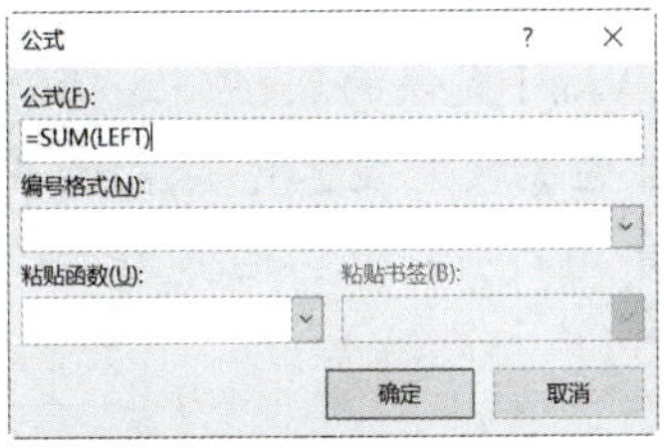

图 2-66　“公式”对话框

（3）在“公式”输入框中，Word 自动识别公式为“=SUM(LEFT)”，单击“确定”按钮。此时，单元格中显示的是公式计算结果。

提示：如果 Word 自动识别的函数不符合需要，用户可以手工输入公式或函数，也可以单击“粘贴函数”下拉按钮，从列表中选择需要的函数。

（4）选中刚插入的公式，按 Ctrl+C 组合键复制公式。

（5）单击第三行最后一个单元格，移动鼠标至最后一行，按住 Shift 键，单击最后一行的最后一个单元格，选中需要计算成绩的所有单元格，按 Ctrl+V 组合键粘贴公式。

（6）确保刚才复制公式的所有单元格处于选中状态，按 F9 功能键更新公式的计算结果。

3. 填写名次

（1）在成绩表任意位置单击鼠标，单击“表格工具 / 布局”→“排序”按钮，弹出“排序”对话框，如图 2-67 所示，设置“主要关键字”为“总分”，勾选排列方式为“降序”。

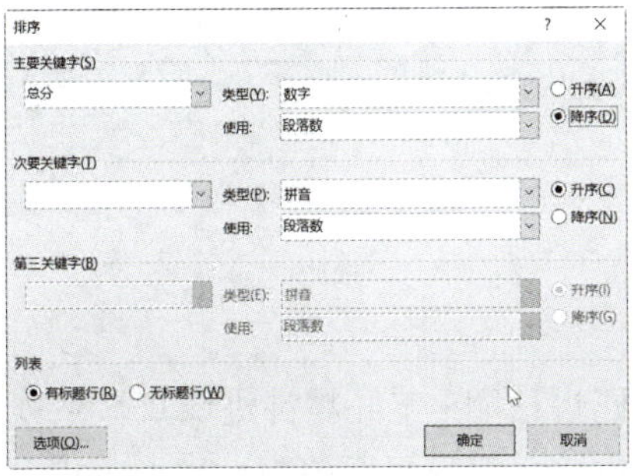

图 2-67　“排序”对话框

（2）单击第二行第一个单元格，移动鼠标至最后一行，按住 Shift 键，单击最后一行的第一个单元格，选中需要填写名次的所有单元格。

（3）单击“开始”→“编号”按钮右侧的下拉按钮，弹出“编号库”下拉列表，单击“定义新编号格式”命令，定义编号样式“1，2，3，...”，单击“确定”按钮。

4. 安装表头

（1）选中表格第一行。

（2）单击“表格工具 / 布局”→“重复标题行”按钮 重复标题行。

5. 打印预览，保存文件

（1）单击“文件”→“打印”命令，浏览成绩表打印效果。

（2）制作完成，保存文件。

提示：

（1）Word 表格计算。利用 Word 提供的表格公式功能，可以对表格数据进行简单的数据运算，常用的表格函数和位置参数见表 2-3。表格可用函数和位置参数是有限的，用户也可以自己建立公式，使用单元格引用作为运算的参数，为表格计算带来更多的灵活性（单元格引用详见模块三 Excel 表格处理）。

表 2-3　常用表格函数及功能

函数名	功能	位置参数	区域范围
SUM	计算括号中指定项目的总和	ABOVE	当前单元格上方的所有单元格
AVERAGE	计算括号中指定项目的平均值	BELOW	当前单元格下方的所有单元格
COUNT	计算括号中指定项目的数量	LEFT	当前单元格左侧的所有单元格
MAX	返回括号中指定项目的最大值	RIGHT	当前单元格右侧的所有单元格
MIN	返回括号中指定项目的最小值		
PRODUCT	计算括号中指定项目的乘积		

（2）Word 表格排序。Word 表格提供了四种排序类型，可以按照笔画、数字、日期或拼音进行排序。如果只按单个条件进行排序，只需要设置主要关键字。Word 表格可以完成多条件排序，最多可以指定三个排序关键字。排序的方式可以选择升序或降序。

任务 3　图文混排——制作“大国工匠精神”宣传单

任务情境

学校团委开展“高铁工匠进校园 • 工匠精神进课堂”系列活动，需要制作“大国工匠精神”宣传单做展示宣传。宣传单要求界面美观、主题突出，效果如图 2-68 所示。

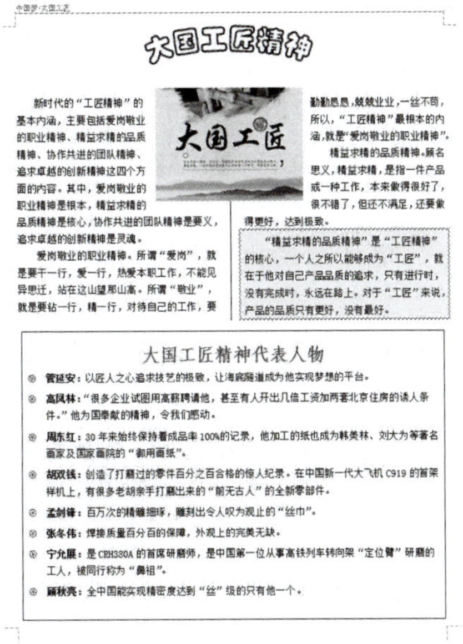

中国梦·大国工匠

大国工匠精神

新时代的“工匠精神”的基本内涵，主要包括爱岗敬业的职业精神、精益求精的品质精神、协作共进的团队精神、追求卓越的创新精神这四个方面的内容。其中，爱岗敬业的职业精神是根本，精益求精的品质精神是核心，协作共进的团队精神是要义，追求卓越的创新精神是灵魂。

爱岗敬业的职业精神。所谓“爱岗”，就是要干一行，爱一行，热爱本职工作，不能见异思迁，站在这山望那山高。所谓“敬业”，就是要钻一行，精一行，对待自己的工作，要勤勤恳恳，兢兢业业，一丝不苟，所以，“工匠精神”最根本的内涵，就是“爱岗敬业的职业精神”。

精益求精的品质精神。顾名思义，精益求精，是指一件产品或一种工作，本来做得很好了，很不错了，但还不满足，还要做得更好，达到极致。

“精益求精的品质精神”是“工匠精神”的核心，一个人之所以能够成为“工匠”，就在于他对自己产品品质的追求，只有进行时，没有完成时，永远在路上。对于“工匠”来说，产品的品质只有更好，没有最好。

大国工匠精神代表人物

- **管延安**：以匠人之心追求技艺的极致，让海底隧道成为他实现梦想的平台。
- **高凤林**：“很多企业试图用高薪聘请他，甚至有人开出几倍工资加两套北京住房的诱人条件。”他为国奉献的精神，令我们感动。
- **周东红**：30 年来始终保持着成品率 100%的记录，他加工的纸也成为韩美林、刘大为等著名画家及国家画院的“御用画纸”。
- **胡双钱**：创造了打磨过的零件百分之百合格的惊人纪录。在中国新一代大飞机 C919 的首架样机上，有很多老胡亲手打磨出来的“前无古人”的全新零部件。
- **孟剑锋**：百万次的精雕细琢，雕刻出令人叹为观止的“丝巾”。
- **张冬伟**：焊接质量百分百的保障，外观上的完美无缺。
- **宁允展**：是 CRH380A 的首席研磨师，是中国第一位从事高铁列车转向架“定位臂”研磨的工人，被同行称为“鼻祖”。
- **顾秋亮**：全中国能实现精密度达到“丝”级的只有他一个。

图 2-68 “大国工匠精神”宣传单效果图

任务目标

通过在线学习，了解优秀图文混排作品的特点和版面规划的意义，掌握常用排版工具的功能和操作方法，能灵活运用排版技术制作界面美观的图文混排文档。

扫描二维码，观看“图文混排——制作‘大国工匠精神’宣传单”教学视频，学习图文混排相关知识与技能。

图文混排——制作“大国工匠精神”宣传单

任务实施

1. 新建文档，设置页面格式

（1）新建文档，保存文件，将文件命名为“大国工匠精神宣传单 .docx”。

（2）选择“布局”选项卡，单击“页面设置”扩展按钮，选择“纸张”选项卡，设置纸张宽度为 23 厘米，高度为 30 厘米；选择“页边距”选项卡，设置上、下边距为 2.5 厘米，左、右边距为 2.4 厘米。

2. 创建艺术字标题

（1）单击“插入”→“艺术字”按钮，选择第一行第四列艺术字样式效果，在艺术字文本框中，输入文字“大国工匠精神”。

（2）单击艺术字，显示艺术字虚线边框，移动鼠标到虚线边框边缘，当鼠标指针变形为时，单击鼠标，艺术字虚线边框变为实线边框，表示选中了艺术字对象，单击“开始”选项卡，设置字体为华文彩云，大小为 44 磅。

（3）单击“绘图工具 / 格式”选项卡，在“艺术字样式”组中，设置“文本填充”为黑色，“文本轮廓”为黑色，单击“文本效果”→“阴影”并设置为“无阴影”，单击“文本效果”→“转换”并设置“上弯弧”。

（4）选中艺术字，在“排列”组中，设置“位置”为“顶端居中”。

3. 设置分栏排版效果

（1）打开素材文件“工匠精神宣传单 - 素材 .docx”，选中上半部分正文文字，按 Ctrl+C 复制素材文字。

（2）在“工匠精神宣传单 .docx”文档中，取消艺术字选中状态，按 Enter 键，下移光标插入点，定位正文位置，按 Ctrl+V 粘贴素材文字。

（3）选中全部正文，设置字体大小为小四，设置段落格式为首行缩进 2 字符，行间距为最小值 20 磅。

（4）选中全部正文，单击“布局”→“分栏”按钮→“更多分栏”命令，弹出“分栏”对话框，如图 2-69 所示，单击“两栏”按钮，勾选“分隔线”。

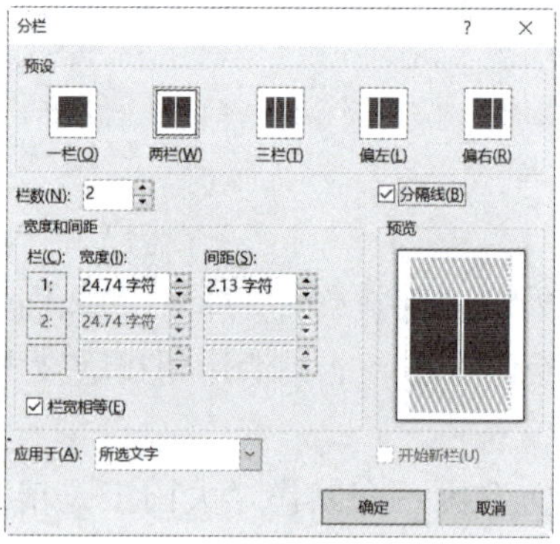

图 2-69 “分栏”对话框

4. 插入图片

（1）将光标插入点定位到需要插入图片的位置，单击“插入”→“图片”按钮，弹出“插入图片”对话框，如图 2-70 所示，选择“大国工匠图”，单击“插入”按钮。

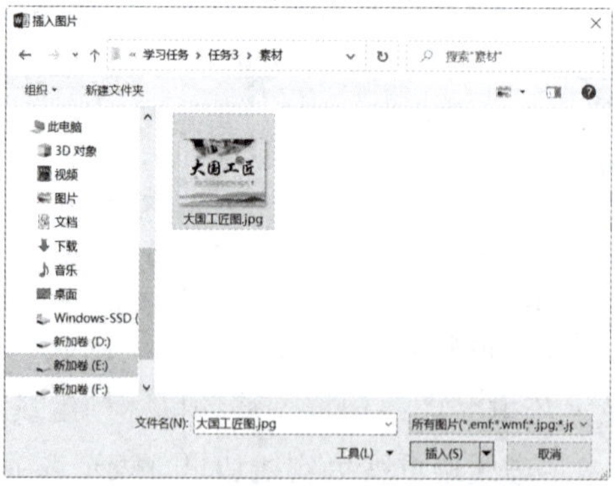

图 2-70 “插入图片”对话框

（2）单击图片，确保图片处于选中状态，把鼠标移到图片周围四个顶角上的任意一个控点上，当鼠标指针变形为空心双向斜箭头⤢时，拖动鼠标适当调整图片的大小。

（3）选中图片，单击“图片工具 / 格式”→“环绕文字”按钮，选择“四周型”文字环绕方式。

（4）拖动图片到分隔线的正上方适当位置。

5. 添加边框和底纹

（1）选择最后一段段落文字，单击“设计”→“页面边框”按钮，弹出“边框和底纹”对话框，如图 2-71 所示，选择“边框”选项卡，选择边框“样式”为“单波浪线”。

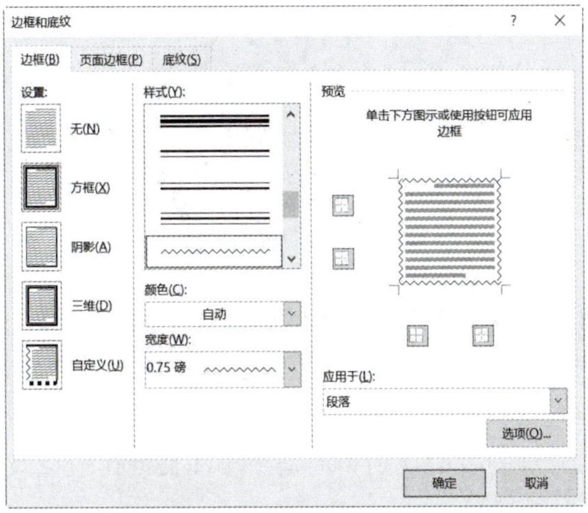

图 2-71 “边框和底纹”对话框

（2）选择“底纹”选项卡，设置“填充”颜色为“浅灰色”。

6. 插入文本框

（1）单击“视图”选项卡，在“显示比例”组中，单击“单页”按钮。

（2）单击“插入”→“文本框”→“绘制文本框”命令。移动鼠标到需要插入文本框的位置，拖动鼠标绘制适当大小的文本框。

（3）打开素材文件“工匠精神宣传单 - 素材 .docx”，选中下半部分正文文字，按 Ctrl+C 复制素材文字。

（4）在文档窗口右下角，向右拖动缩放条上的滑块，适当放大视图。在文本框中单击，定位光标插入点，按 Ctrl+V 粘贴文字。

（5）选中文本框第一行标题文字，设置字体为仿宋，二号字，红色，加粗，居中，段前 0.5 行。

（6）选中文本框中的正文文字，设置字体为宋体，小四，行间距为最小值 20 磅，段后 0.3 行。

（7）选中文本框中的正文文字，单击“开始”→“项目符号”下拉按钮，单击“定义新项目符号”命令，单击“符号”按钮，选择 Wingdings 字体中的“小花”图形，单击“字体”按钮，设置字体颜色为红色。

（8）选中第一个代表人物的姓名，设置加粗效果，双击“格式刷”按钮，用“格式刷”刷过所有代表人物的姓名。格式设置完成之后按 Esc 键，取消“格式刷”功能。

7. 添加页眉

（1）单击“插入”→“页眉”按钮，在 Word 页眉预置方案中选择“空白（三栏）”类型。

（2）在左侧第一栏位置单击鼠标，输入页眉文字“中国梦•大国工匠”，删除中间和右侧的文字输入框。

8. 审阅定稿

观察图文混排效果，微调图文位置后定稿。

9. 制作完成，保存文件

知识链接

2.12 版面规划

Word 2016 具有强大的图文混排功能，能够制作出图文并茂、生动直观的文档，增强文档的易读性和趣味性。图文混排要根据文档主题和内容的需要，在有限的版面内，将文字、图片、色彩等视觉传达信息要素，进行有组织、有目的的组合排列布局，实现技术与艺术的高度统一。合理的版面规划布局是获得图文混排最佳效果的关键。

2.13 图片

图形是使用绘图工具绘制的形状，图片则来自于数码相机、扫描仪或绘图软件等。在 Word 中，图形和图片的编辑处理有很多相似的操作方法，例如样式设置、位置排列和大小设置等。

2.13.1 插入图片

（1）定位光标插入点到需要插入图片的位置，单击“插入”选项卡，在“插图”组中，单击“图片”按钮，弹出“插入图片”对话框。

（2）在“插入图片”对话框中选择需要的图片，单击“插入”按钮。

在“插图”组中，还可以选择不同来源的图片，例如联机的 Web 图片、图表和屏幕截图等。

2.13.2 图片编辑处理

图片在选中状态时，功能区上会自动出现“图片工具”栏，如图 2-72 所示。使用“图片工具”栏，可以对图片进行编辑处理，如设置样式效果、图片颜色、图片大小等。

图 2-72 “图片工具”栏

1. 调整图片大小

调整图片大小最快捷的方法是使用图片控制点，这种方式操作直观；如果想精确调整图片大小，使用工具栏上的输入框即可。

（1）使用图片控制点。选中图片，图片的四周会出现 8 个控制点，将鼠标移动到控制点上，鼠标指针变形为双向空心箭头⤢，拖动鼠标可以快速调整图片的大小。

提示：使用图片角点上的四个控制点，可以等比例调整图片大小；使用图片框线上的四个控制点，是横向或纵向调整图片大小。

（2）使用工具栏。选中图片，单击“图片工具 / 格式”选项卡，在“大小”组中的“高度”和“宽度”输入框中，输入图片的尺寸，即可精确调整图片大小。

2. 设置图片效果

可以使用 Word 预置的图片样式库快速美化图片，也可以使用图片格式工具设置图片效果。

（1）使用预置图片样式库。选中图片，单击“图片工具 / 格式”→“图片样式”右侧的“其他”按钮，弹出“图片样式库”，如图 2-73 所示，单击选择需要的样式。

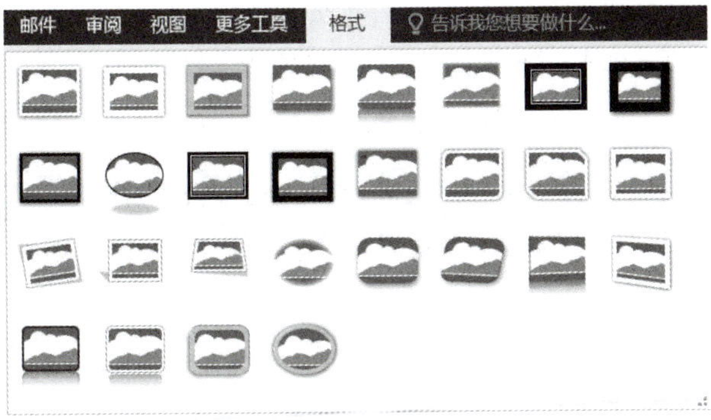

图 2-73 图片样式库

（2）使用图片格式工具。选中图片，在“图片样式”组中，可以设置图片边框、图片效果和图片版式。

图片边框：单击“图片边框”按钮，弹出“图片边框”下拉菜单，如图 2-74 所示，可以为图片设置边框颜色、边框线型和边框粗细。

图片效果：单击“图片效果”按钮，弹出“图片效果”下拉列表，如图 2-75 所示，可以为图片设置阴影、映像、发光等效果。

图片版式：单击“图片版式”按钮，弹出“图片版式”库，如图 2-76 所示，可以为图片设计版式、添加文本备注。

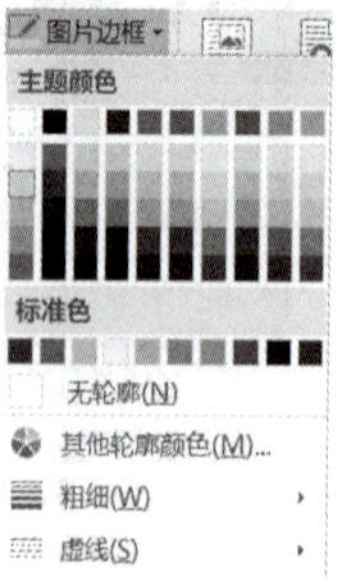

图 2-74　图片边框

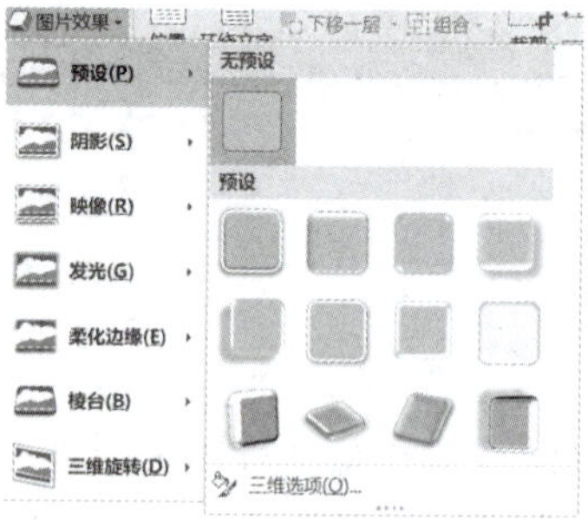

图 2-75　图片效果

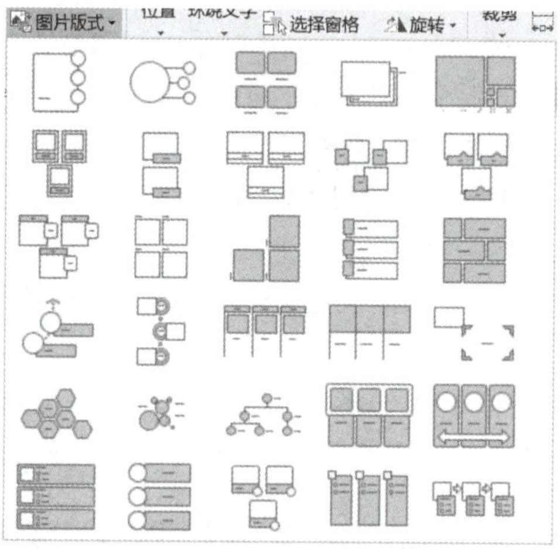

图 2-76　图片版式

3. 调整图片色彩

选中图片，单击“图片工具 / 格式”选项卡，在“调整”组中，可以调整图片的亮度、对比度、颜色和艺术效果，还可以对图片进行压缩、替换、删除图片背景和重设图片等操作。

4. 裁剪图片

裁剪图片可以裁去图片的边缘，以控制图片的显示区域；还可以把图片裁剪为特定的形状，获得需要的图片外观。

（1）裁剪图片边缘。选中图片，单击“图片工具 / 格式”→“裁剪”按钮，图片四周会显示黑色裁剪手柄，如图 2-77 所示，拖动裁剪手柄即可裁剪图片边缘。

图 2-77　裁剪手柄

（2）裁剪为形状。选中图片，单击“图片工具 / 格式”→“裁剪”按钮的下拉按钮，弹出“裁剪”下拉菜单，如图 2-78 所示，单击“裁剪为形状”命令，选择要裁剪成的形状，该形状会立刻应用于图像。例如，图片使用“裁剪为太阳形☼”，裁剪前后效果对比如图 2-79 所示。

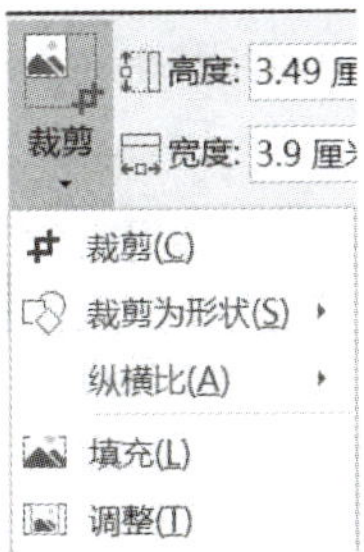

图 2-78　“裁剪”下拉菜单

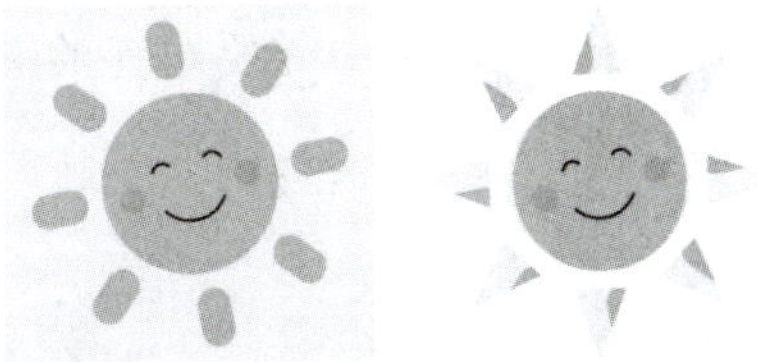

图 2-79　裁剪为太阳形效果对比图

2.13.3　图文混排

利用图片“排列”组中的工具按钮，可以高效地对图片进行版式布局和排列组合。

1. 图片排版

图片排版是指图片在文档中的位置以及文字环绕图片的方式。如果图片定位在文档的特殊位置，例如顶端居左、中部居中、底端居右等，最快捷的方法是使用“位置”工具；如果想把图片放在文档的任意位置，可以使用“环绕文字”工具。

（1）使用“位置”工具。选中图片，单击“图片工具 / 格式”→“位置”按钮，弹出“位置”下拉列表，如图 2-80 所示，“位置”按钮图标直观地显示了图片在文档中的位置和文字环绕的方式，单击选择需要的排版效果即可。

（2）使用“环绕文字”工具。选中图片，单击“图片工具 / 格式”→“环绕文字”按钮，弹出“环绕文字”下拉列表，如图 2-81 所示，选择需要的文字环绕方式。

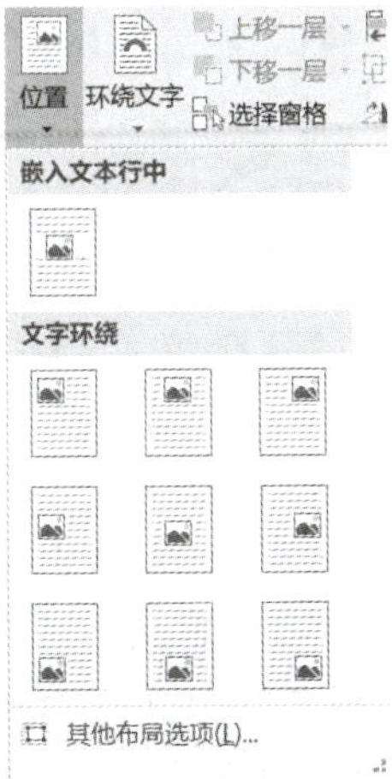

图 2-80　使用“位置”工具

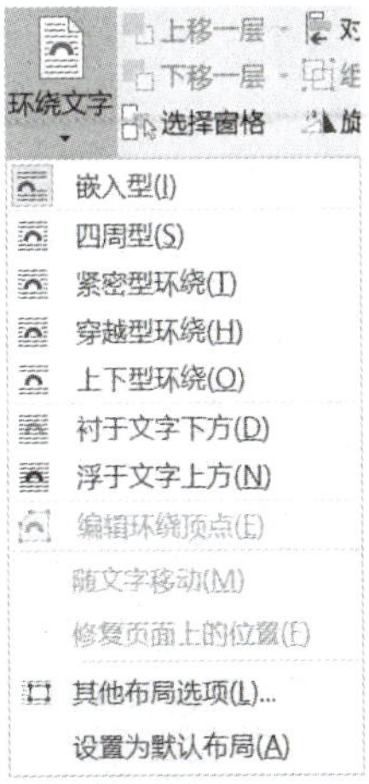

图 2-81　使用“环绕文字”工具

2. 图片排列组合

（1）组合图片。有时为了便于同时操作多个图片，需要把这些图片组合成一个整体对象。方法是按住 Shift 键或 Ctrl 键的同时单击每个需要组合的图片，单击“图片工具 / 格式”选项卡，在“排列”组中，单击“组合”按钮，选择“组合”命令。

提示：排列组合多张图片时图片的文字环绕方式不能是嵌入型。

（2）层叠图片。有时需要调整图片之间的层叠关系，可以使用“上移一层”或“下移一层”命令。

（3）对齐图片。选中需要对齐的图片，在“排列”组中，单击“对齐”按钮，选择需要的对齐方式即可。

2.14 艺术字

艺术字是一种装饰性文本，可以使文字更加突出美观，更具艺术创意，在文档中起到装饰或强调作用。艺术字不仅具有文本的特性，也具有一定的图片特性，艺术字可以像图片一样放置在文档的任意位置。

2.14.1 插入艺术字

（1）单击“插入”选项卡，在“文本”组中，单击“艺术字”按钮，弹出“艺术字样式”库，选择艺术字样式类型。

（2）在光标所在位置出现“编辑艺术字”文本框，显示“请在此放置您的文字”，如图 2-82 所示。

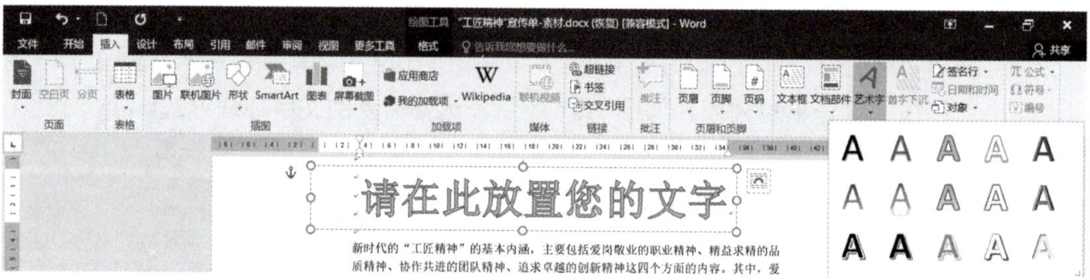

图 2-82 “编辑艺术字”文本框

（3）在“编辑艺术字”文本框中输入文本。

2.14.2 设置艺术字效果

选中艺术字，功能区会自动出现“绘图工具 / 格式”选项卡，如图 2-83 所示，在“艺术字样式”组中，用户可以使用 Word 预置的艺术字样式快速设置艺术字效果，也可以使用“文本填充”和“文本轮廓”工具按钮设置艺术字的填充颜色和线条属性，使用“文本效果”工具按钮设置艺术字阴影、发光、艺术字形状等特殊效果。

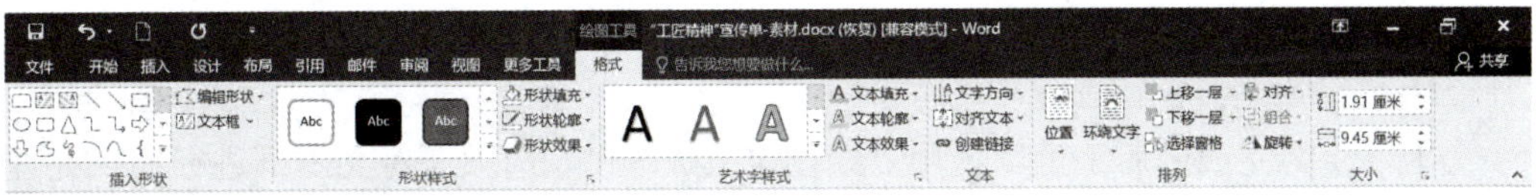

图 2-83　绘图工具栏

在“形状样式”组中，可以使用 Word 预置的形状样式快速设置艺术字文本框的效果，也可以使用“形状填充”“形状轮廓”和“形状效果”工具按钮设置艺术字文本框的填充颜色、线条属性及文本框特殊效果。

2.15　文本框

文本框是一种特殊的图形对象，不但可以在其中输入文本，还可以插入图片、艺术字等对象。使用文本框可以强调特定文本，同时还可以起到装饰美化的效果。文本框可以放置在文档的任意位置，排版布局方便灵活，在图文混排时非常有用。插入文本框的具体步骤如下。

（1）单击“插入”→“文本框”按钮，弹出下拉菜单，如图 2-84 所示，在下拉菜单的顶部区域，是 Word 预置的文本框类型，如简单文本框、奥斯汀提要栏等。单击选择某种类型，即可在文档中插入相应的文本框。

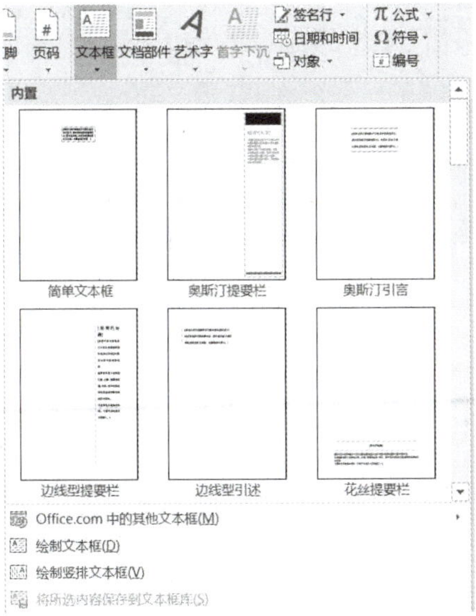

图 2-84　插入文本框下拉菜单

（2）单击“绘制文本框”命令，鼠标指针变形为 +，移动鼠标到需要插入文本框的位置，拖动鼠标绘制适当大小的文本框。

（3）在文本框内输入文字，文本框中的文字呈现横向排列。

如果文本框中的文字需要竖向排列，则可以使用“绘制竖排文本框”命令。

提示：如果需要把已经存在的文本设置为文本框，那么首先需要选中文本，然后再执行绘制文本框的命令。

文本框绘制完成之后，可以使用“绘图工具 / 格式”选项卡对文本框进行编辑处理、排版布局。

2.16　分栏

分栏就是把文字分成几个栏目来排版。分栏属于一种排版技术，分栏的文本会自动从一栏排列到另一栏，这可以让文章层次感更强，版式更加丰富。分栏的操作步骤如下：

（1）选中需要分栏的段落。

（2）单击“布局”→“分栏”按钮，弹出“分栏”下拉菜单，选择需要的分栏效果。

如果 Word 预置的分栏不能满足需求，则选择“更多分栏”命令，在“分栏”对话框中，用户可以自定义分栏数、栏宽、栏间距和分隔线等。

注意：使用分栏排版，选择需要分栏的段落时，要注意分栏对象在文档中的位置。如果分栏的对象在文档的结束位置，要注意结束处的段落标记是否需要选中。如果选中了最后的段落标记，分栏效果如图 2-85 所示；如果没有选中最后的段落标记，分栏效果如图 2-86 所示。

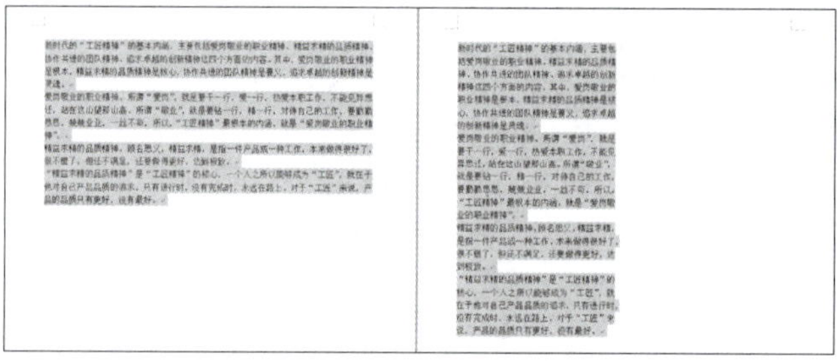

图 2-85　选中段落标记分栏效果

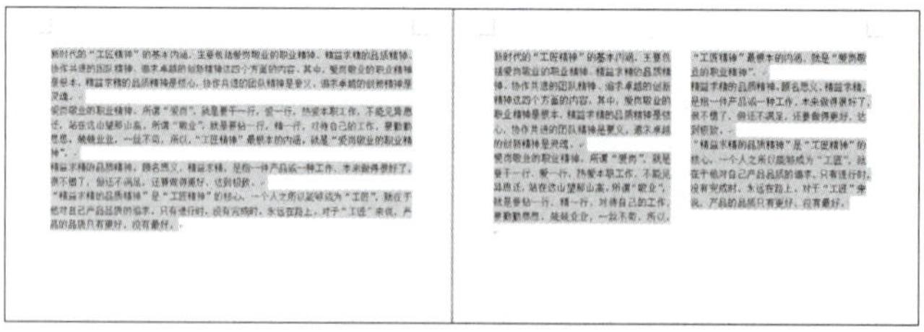

图 2-86　未选中段落标记分栏效果

提示：段落标记不仅具有分段的功能，它还包含了段落格式信息。默认情况下，段落标记格式具有继承性。如果选中段落标记并设置了分栏效果，那么后面如果再添加内容，添加的内容会分栏显示；反之，如果不选中段落标记，那么后面如果再添加内容，添加的内容不会分栏。

2.17 边框和底纹

Word 可以为页面、段落或文字添加边框和底纹，对文档进行装饰美化，同时让文字更加突出醒目。具体步骤如下：

（1）选择需要添加边框和底纹的段落。

（2）单击“设计”→“页面边框”按钮，弹出“边框和底纹”对话框。

（3）选择“边框”选项卡，设置边框类型、边框样式、边框颜色、边框粗细，在“应用于”下拉列表中，设置边框样式应用于“文本”或“段落”。

（4）选择“页面边框”选项卡，可以为整篇文档或文档中的节设置页面边框。

（5）选择“底纹”选项卡，设置底纹填充颜色、图案样式和图案颜色，选择底纹应用于“文本”或“段落”。

（6）设置完成之后，单击“确定”按钮，即可将设置的边框和底纹效果应用于选中的文字、段落或指定的页面。

提示：设置边框和底纹效果时，如果选中文本和段落标记，Word 会自动识别，添加段落边框和底纹；如果只选中文本，则添加的是文字边框和底纹。段落边框和底纹与文字边框和底纹效果分别如图 2-87 所示。

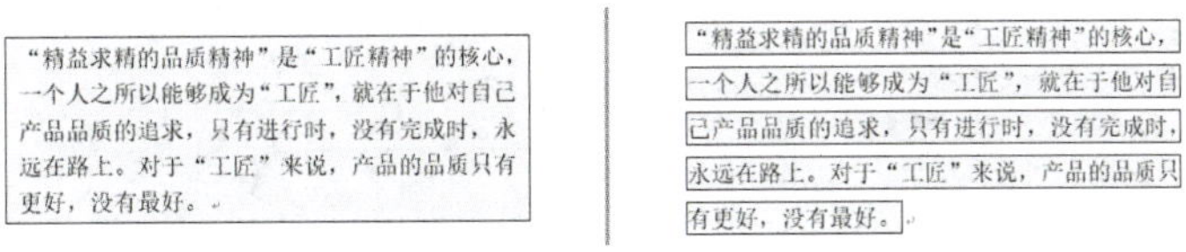

图 2-87 段落边框和底纹与文字边框和底纹效果图

如果要为段落或页面设置上、下、左、右的边框线，可以在“边框和底纹”对话框的“预览”区域四周单击鼠标或边框线按钮添加边框线，如果要删除边框线，再次单击即可。添加边框线效果如图 2-88 所示。

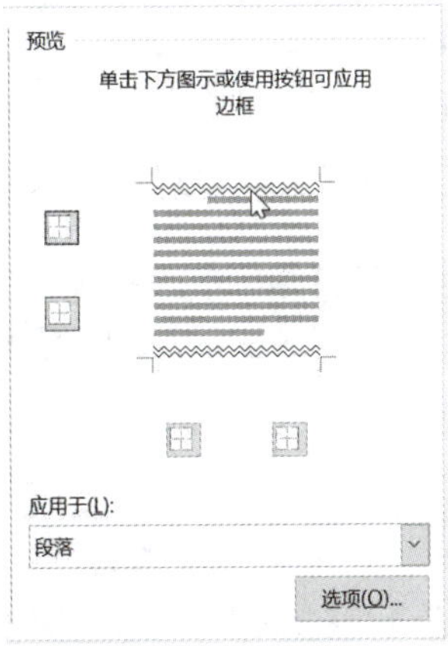

图 2-88 “添加边框线”效果图

2.18 页眉和页脚

页眉位于文档中页面的顶部区域，页脚位于页面的底部区域。页眉和页脚，常用于显示文档的附加信息，例如文档标题、页码、公司徽标、文件名、作者姓名、时间和图形等。

用户可以为整个文档创建一个页眉和页脚，或者为首页创建不同的页眉和页脚，甚至可以为文档不同的部分创建不同的页眉和页脚。

2.18.1 插入页眉和页脚

插入页眉的操作步骤如下。

（1）单击“插入”选项卡，在“页眉和页脚”组中，单击“页眉”按钮，弹出“页眉”下拉菜单，如图 2-89 所示。

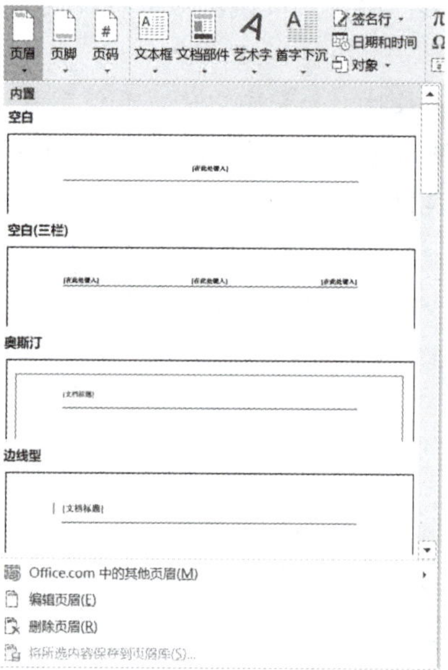

图 2-89 “页眉”下拉菜单

（2）在“页眉”下拉菜单的顶部区域，选择需要的页眉样式，或单击“编辑页眉”命令，进入页眉编辑状态，此时，Word 功能区会显示页眉和页脚工具栏，如图 2-90 所示。

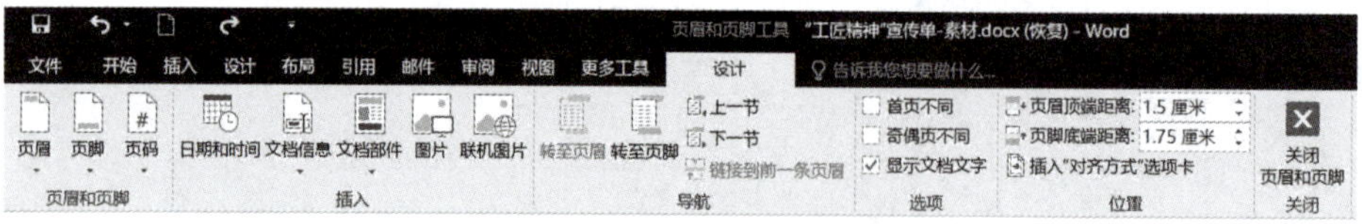

图 2-90 页眉和页脚工具栏

（3）输入页眉文字，使用“设计”选项卡下按钮添加需要的文档信息。

（4）页眉制作完成，单击“关闭页眉和页脚”按钮或按 Esc 键退出页眉编辑状态，返回正文编辑环境。

提示：文档处于页眉或页脚编辑状态时，正文区域变成浅灰色，此时正文处于不可编辑状态。

插入页脚的方法和插入页眉相似，此处不再赘述。

2.18.2　编辑页眉和页脚

1. 删除首页页眉或页脚

双击要编辑的页眉或页脚，在“选项”组中，勾选“首页不同”。

2. 添加页码

双击要编辑的页眉或页脚，将光标插入点定位到添加页码的位置，在“页眉和页脚”组中，单击“页码”并选择页码样式。

如果需要添加其他数字格式的页码，例如罗马数字的页码，则需要先设置好页码格式，再添加页码。在“页码”下拉菜单中单击“设置页码格式”命令，弹出“页码格式”对话框，如图 2-91 所示，设置页码的编号格式。

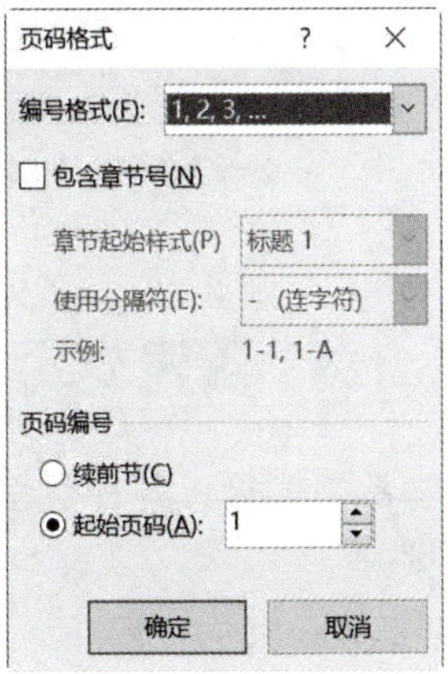

图 2-91　“页码格式”对话框

3. 更改字体、颜色或大小

双击要编辑的页眉或页脚，选择要更改的页眉或页脚文本，单击“开始”选项卡，在“字体”组中设置字体属性。

4. 删除页眉或页脚

单击“插入”→“页眉”或“页脚”→“删除页眉”或“删除页脚”命令。

2.19　首字下沉

首字下沉是设置段落第一行的第一个字体变大，并且下沉一定的行数，与后面的段落对齐，段落的其他部分保持原样的效果，用作段落开头的装饰元素，在文档中起到强调的作用。

（1）将光标插入点定位到需要设置首字下沉的段落中的任意位置。

（2）单击“插入”选项卡，在“文本”组中，单击“首字下沉”按钮 ，弹出“首字下沉”下拉菜单，选择需要的下沉样式。

如果需要自定义下沉效果，在“首字下沉”下拉菜单中单击“首字下沉选项”命令，弹出“首字下沉”对话框，如图 2-92 所示，设置需要的下沉位置、下沉行数等参数。

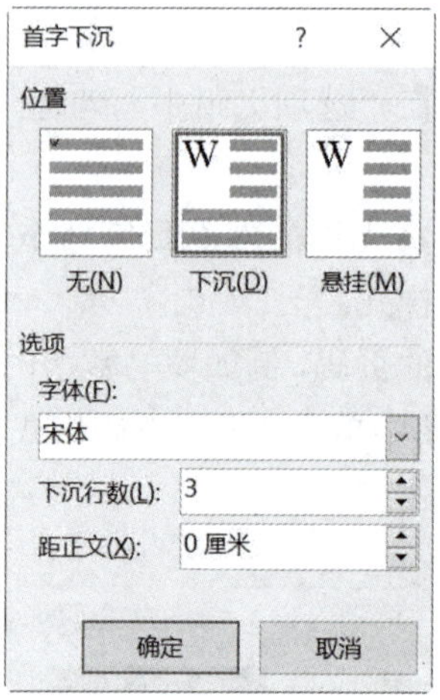

图 2-92 “首字下沉”对话框

2.20 编辑公式

在编辑自然科学的文章时，常常需要输入各种数学符号和数学公式。用户可以使用 Word 公式工具轻松自由地编辑公式。

（1）将光标插入点定位到需要插入公式的位置。

（2）单击“插入”选项卡，在“符号”组中，单击“π 公式”按钮，在光标位置出现公式输入框，显示文字“在此处键入公式”，同时功能区出现公式工具栏，如图 2-93 所示。

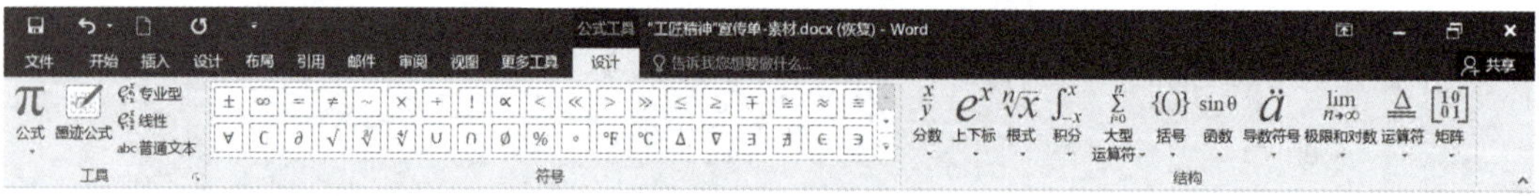

图 2-93 公式工具栏

（3）在“符号”组中，可以选择需要的数学符号；在“结构”组中，可以使用结构模板构造公式。

提示：如果需要插入常用的数学公式，例如傅立叶级数、勾股定理等，可以单击“π 公式”按钮右侧的下拉按钮，在弹出的下拉菜单中选择需要的公式。

（4）公式输入完毕，单击公式输入框以外的区域即可。

拓展训练

案例 4　制作学校简介网站招贴

任务描述

学校招生办为了方便广大考生了解学校招生信息，提升学校品牌影响力，需要在教育类网站投放学校简介的网站招贴。网站招贴要求版块功能分区，图文并茂，能起到良好的宣传展示效果，制作效果如图 2-94 所示。

图 2-94 “学校简介网站招贴”效果图

任务实施

1. 打开素材文件，设置页面格式

（1）双击“学校简介网站招贴 - 素材 .docx”文件图标，打开素材文件，文件另存为“学校简介网站招贴 .docx”。

（2）单击“布局”→“纸张大小”→“其他纸张大小”命令，自定义纸张，宽度 32 厘米，高度 26 厘米；单击“页边距”选项卡，设置上、下边距为 2.4 厘米，左、右边距为 2.8 厘米。

2. 插入图片，裁剪图片

（1）将光标插入点定位到首行的起始位置，单击“插入”→“图片”按钮，选择“新校区 .jpg”图片文件，单击“插入”按钮。

（2）选中图片，单击“图片工具 / 格式”→“裁剪”按钮，拖动底部裁剪手柄，适当裁剪图片底部区域。

3. 插入文本框，设置文本框格式

（1）选中全部正文，单击“插入”→“文本框”→“绘制文本框”命令，插入文本框。

（2）选中文本框，单击“绘图工具 / 格式”→“位置”按钮，在“位置”下拉菜单中，选择“中部居右”排版方式。

（3）选中文本框，鼠标移动到文本框左侧图形控制点，向右拖动鼠标；鼠标移动到文本框底部图形控制点，向下拖动鼠标，适当调整文本框大小。

（4）选中文本框，单击“绘图工具 / 格式”→“形状轮廓”按钮，设置边框线为浅灰色细实线。

4. 设置字体和段落格式

（1）选中文本框，单击“开始”选项卡，设置字体为仿宋，小四，首行缩进 2 字符，1.25 倍行距。

（2）选中标题行“学校简介”，设置字体为黑体，三号字。

（3）将光标插入点定位于倒数第五行，单击“布局”选项卡，设置段后 1.5 行。

5. 创建超链接

选中 www.hnrpc.com 英文字符，单击“插入”→“超链接”按钮超链接，弹出“插入超链接”对话框，设置网页地址为“http://www.hnrpc.com/”，“插入超链接”对话框参数设置如图 2-95 所示。

图 2-95 “插入超链接”对话框参数设置

6. 设置边框和底纹，绘制水平分隔线

（1）将光标插入点定位于文本框标题结尾处，单击“开始”选项卡，在“段落”组中，单击“边框”按钮右侧的下拉按钮，选择“横线”命令，绘制水平分隔线。

（2）将光标插入点定位于横线的开始处，按 Backspace 向前删除键。

（3）选中文本框最后四行，单击“设置”→“页面边框”按钮，弹出“边框和底纹”对话框，选择“底纹”选项卡，设置底纹填充颜色为浅灰色，应用于“段落”。

7. 插入图片组，对齐图片

（1）将光标插入点定位在顶部图片的结尾处，按 Enter 键。

（2）单击“插入”→“图片”按钮，在“插入图片”对话框中，按住 Ctrl 键，依次单击“实训室 .jpg”“学生实习 .png”和“红楼 .jpg”文件图标，单击“插入”按钮，一次性插入三张图片。

（3）选中“红楼”图片，单击“图片工具 / 格式”→“环绕文字”→“四周型”命令，将其他两张图片的文字环绕方式同样设置为“四周型”。

（4）按住 Ctrl 键，依次单击“实训室”“学生实习”和“红楼”图片，同时选中三张图片。

（5）单击“图片工具 / 格式”→“大小”组右侧的扩展按钮，弹出“布局”对话框，取消勾选“锁定纵横比”，设置高度为 3.6 厘米，宽度为 6 厘米，参数设置如图 2-96 所示。

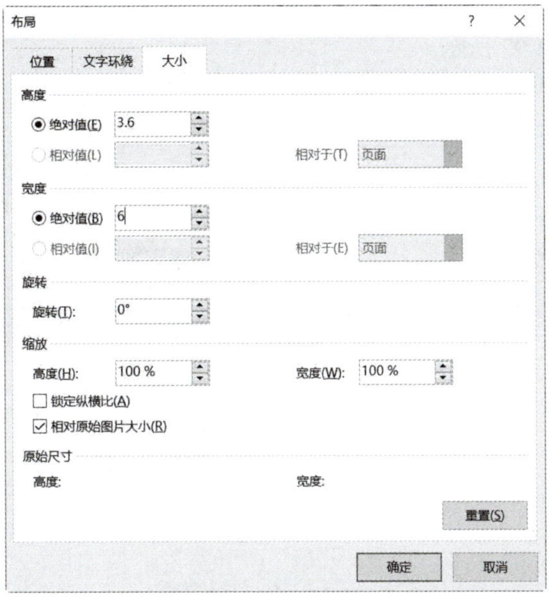

图 2-96 设置图片大小

（6）选中左侧三张图片，单击“图片工具 / 格式”→“对齐”→“纵向分布”命令，使三张图片在垂直方向间距相等，再向下拖动鼠标，适当调整图片在文档中的位置。

8. 制作完成，保存文件

提示：

（1）同时操作多张图片，提高工作效率。如果用户需要同时操作多张图片以提高工作效率，那么首先要把这些图片同时选中。当使用“插入”→“图片”命令插入图片时，图片的文字环绕方式是嵌入型的，而嵌入型的图片是不能被同时选中的。因此，用户需要把插入的图片设置为其他类型的环绕方式，才能同时选中图片，实现同时操作多张图片的目的。

（2）创建超链接。超链接是指从一个对象指向另一个目标的连接关系。在 Word 中，可以为文本、图片、图形、艺术字、文本框等对象创建超链接，且链接目标很广泛，可以是网页、文件、电子邮件地址以及文档中特定的位置。用户还可以编辑超链接的地址、显示文本、字体样式或颜色。

任务 4　长文档编辑排版——制作“绿色生活”科普手册

任务情境

为了树立绿色环保、共建共享的理念，引导全民积极参与绿色志愿服务，使绿色消费、绿色出行、绿色居住成为人们的自觉行动，职教城社区居委会需要制作“绿色生活”科普手册分发给社区居民。科普手册要求主题突出，图文并茂，结构清晰，能起到较好的宣传效果，效果如图 2-97 所示。

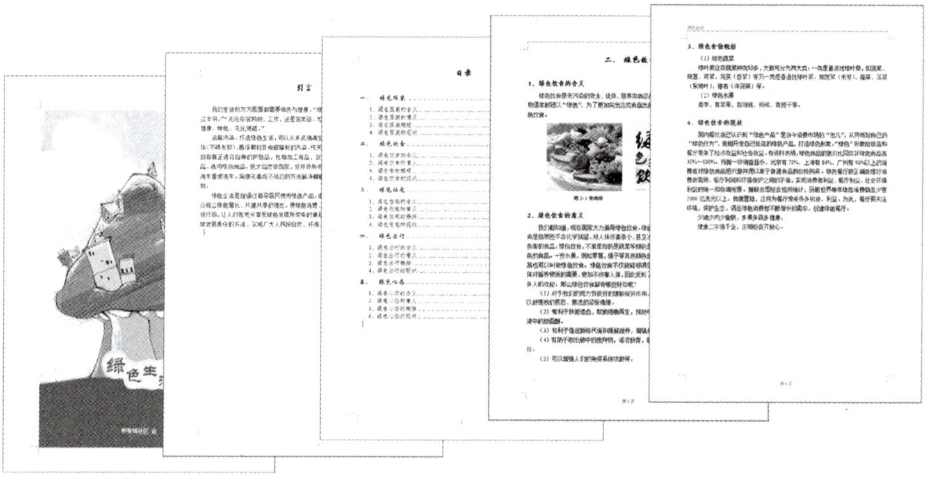

图 2-97　“绿色生活”科普手册效果图

任务目标

通过在线学习，理解文档结构、样式、节、域等概念及其在长文档编排中的应用，了解长文档编辑排版的步骤，能够使用长文档编排技术高效编辑长文档。

扫描二维码，观看“长文档编辑排版——制作‘绿色生活’科普手册”教学视频，学习长文档编辑排版相关知识与技能。

长文档编辑排版——制作“绿色生活”科普手册

任务实施

1. 打开素材文件，设置页面格式

（1）双击“绿色生活科普手册 - 素材 .docx”文件图标，打开素材文件，文件另存为“绿

色生活科普手册 .docx”。

（2）单击“布局”→“页边距”→“自定义边距”命令，设置上边距 2.54 厘米，下边距 2 厘米，左、右边距为 2.8 厘米。

2. 打开导航窗格

单击“视图”选项卡，在“显示”组中勾选“导航窗格”。

3. 应用 Word 内置样式创建文档结构

（1）光标插入点定位在“绿色饮食”标题行上，单击“开始”选项卡，在“样式”组中单击“标题 1”样式名称，应用“标题 1”样式格式化“绿色饮食”标题。

（2）按同样的方法，应用“标题 1”样式依次格式化“绿色出行”“绿色服装”“绿色住宅”和“绿色心态”标题，文档一级标题格式化效果如图 2-98 所示。

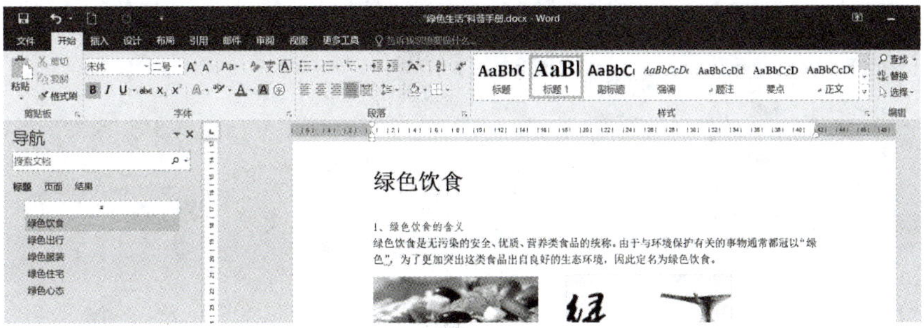

图 2-98　一级标题格式化效果图

（3）单击“开始”→“样式”组右侧的扩展按钮，弹出“样式”面板，如图 2-99 所示，向右拖动面板，把面板固定到窗口右侧。单击面板底部的“选项”按钮，弹出“样式窗格选项”对话框，如图 2-100 所示，单击“选择要显示的样式”下拉按钮，选择“所有样式”选项。

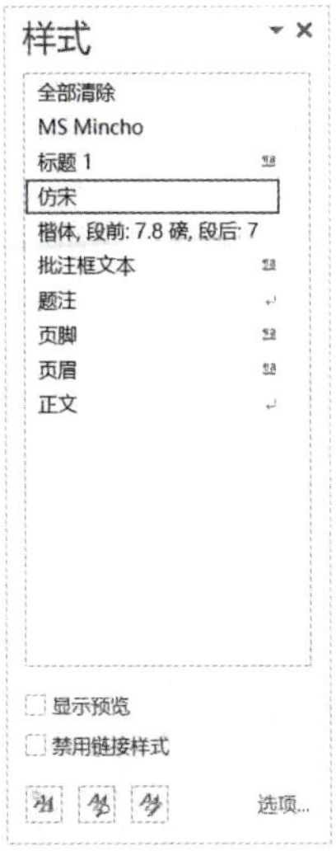

图 2-99　“样式”面板

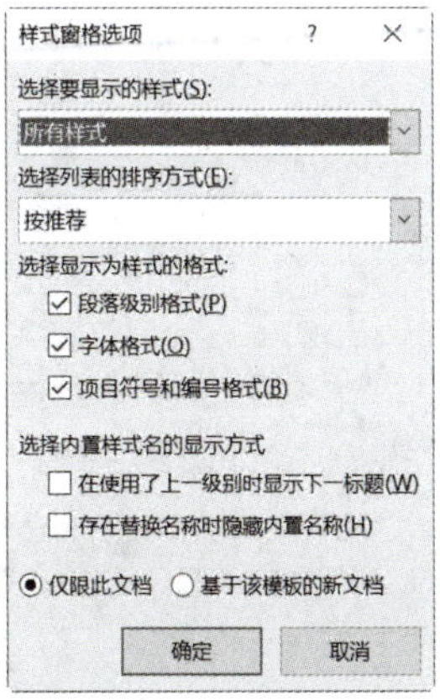

图 2-100　“样式窗格选项”对话框

（4）光标插入点定位在“1、绿色饮食的含义”标题行上，在“样式”面板中，单击“标题 2”样式名称，应用“标题 2”样式格式化“1、绿色饮食的含义”标题。

（5）按同样的方法，应用“标题 2”样式依次格式化文档中所有的二级小标题，文档结构及样式效果如图 2-101 所示。

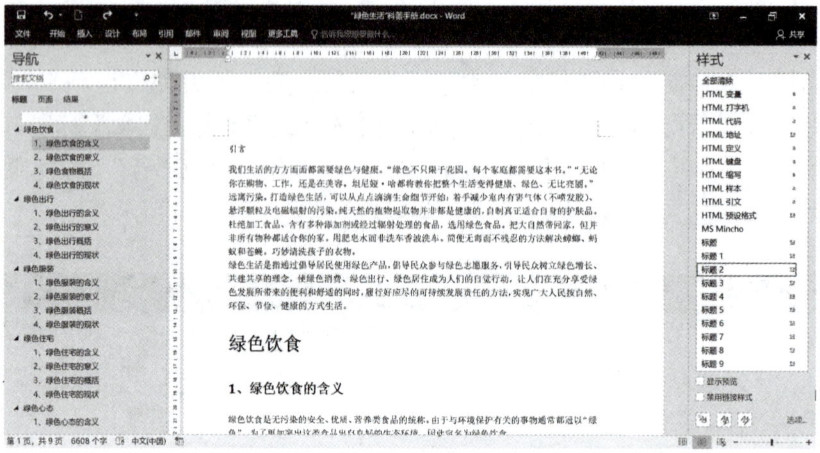

图 2-101 “文档结构及样式”效果图

4. 修改样式

（1）将光标插入点定位在“绿色饮食”标题行上，单击“开始”选项卡，在“样式”组中，在“标题 1”样式名称上右击，选择“修改”命令，弹出“修改样式”对话框，如图 2-102 所示。

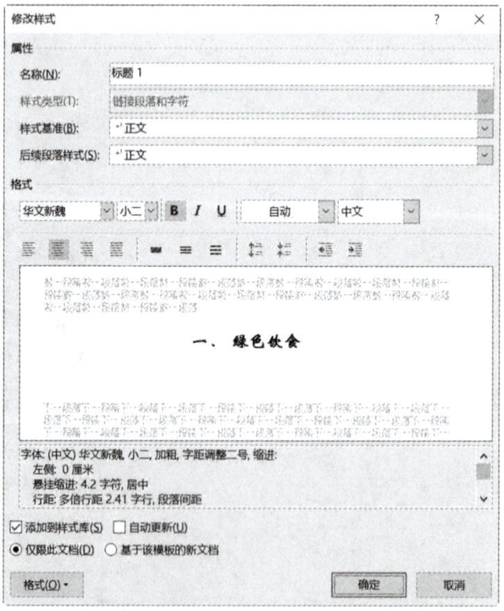

图 2-102 “修改样式”对话框

（2）设置字体为华文新魏，小二，居中，单击“修改样式”对话框底部“格式”按钮，选择“编号”命令，自定义编号格式“一、，二、，三、，…”。

（3）按同样的方法，修改“标题 2”样式，字体为仿宋，四号，两端对齐，段后 0 磅。

5. 新建样式

（1）将光标插入点定位在“引言”标题行上，单击“样式”面板底部的“新建样式”按钮，弹出“根据格式设置创建新样式”对话框，如图 2-103 所示，设置样式名称为“附属标题”，“样式基准”为“标题 1”。

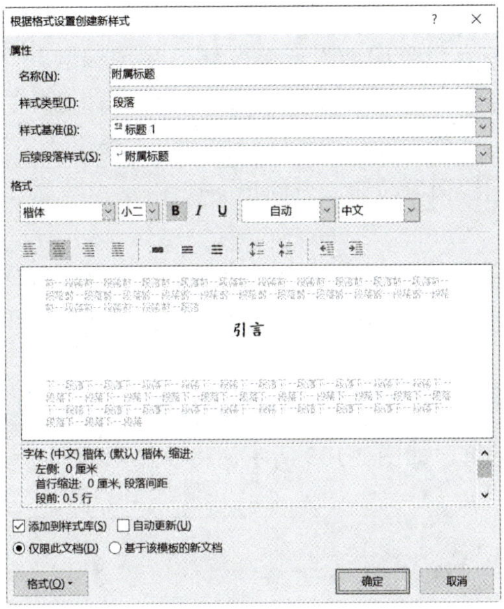

图 2-103 “根据格式设置创建新样式”对话框

（2）在“根据格式设置创建新样式”对话框中，单击底部“格式”按钮，选择“段落”命令，在“段落”对话框中设置“大纲级别”为“正文文本”。

（3）在“根据格式设置创建新样式”对话框中，单击底部“格式”按钮，选择“编号”命令，取消编号。

（4）将光标插入点定位在“结束语”标题行上，在“样式”组中，单击“附属标题”样式名称。

（5）将光标插入点定位在“引言”正文第一段上，用同样的方法，新建“手册正文”样式，设置字体为宋体，小四，两端对齐，首行缩进 2 字符，1.25 倍行距。

（6）将光标插入点定位在“引言”正文第二段上，在“样式”组中，单击“快速样式”列表窗口右侧的“其他”按钮，显示所有样式，在“正文”样式名称上右击，单击“选择所有 75 个实例”命令。

（7）在“样式”组中，单击“手册正文”样式名称，格式化所有选中的文本。

6. 调整文档结构顺序

（1）单击“视图”→“大纲视图”按钮，显示“大纲视图”工具栏，单击“显示级别”下拉按钮，选择“1 级”选项。大纲视图显示效果如图 2-104 所示。

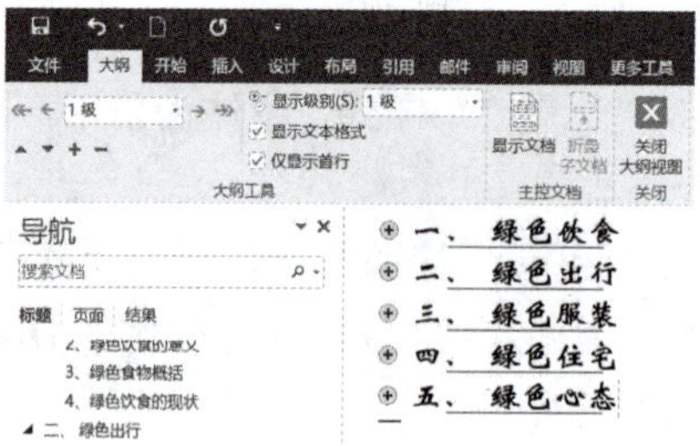

图 2-104 “大纲视图显示”效果图

（2）把鼠标移到“三、绿色服装”标题左侧的⊕图标上，当鼠标指针变形为✥，向上拖动鼠标，把“三、绿色服装”标题移动到文档的开始位置。

（3）按同样的方法，调整文档结构顺序，按“衣、食、住、行、心态”排列。

（4）单击“关闭大纲视图”按钮，返回页面视图。

7. 生成目录

（1）将光标插入点定位在“引言”正文的结尾处，连续按两次 Enter 键。

（2）将光标插入点定位在插入的第一个空行上，输入“目录”文字，单击“附属标题”样式名称。

（3）将光标插入点定位在插入的第二个空行上，单击“引用”→“目录”→“自定义目录”命令，弹出“目录”对话框，如图 2-105 所示，将“显示级别”设置为 2。

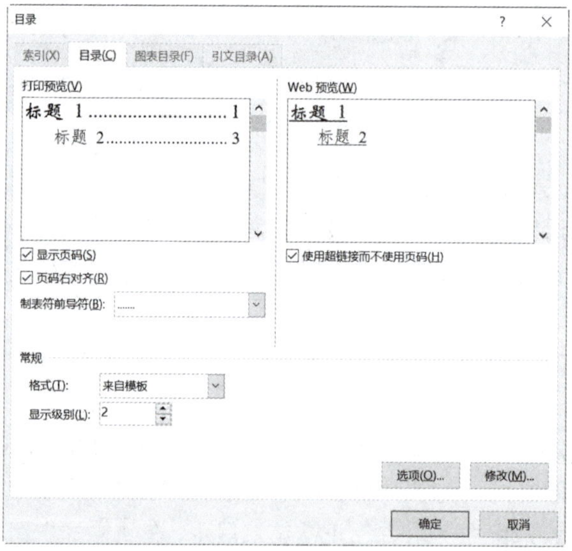

图 2-105 “目录”对话框

（4）在“目录”对话框中，单击底部“修改”按钮，弹出“样式”对话框，如图 2-106 所示，在“样式”列表中选择“目录 1”，单击“修改”按钮，弹出“修改样式”对话框，设置“目录 1”字体为华文新魏，四号。

（5）按同样的方法，修改“目录 2”字体为仿宋，小四。生成目录效果如图 2-107 所示。

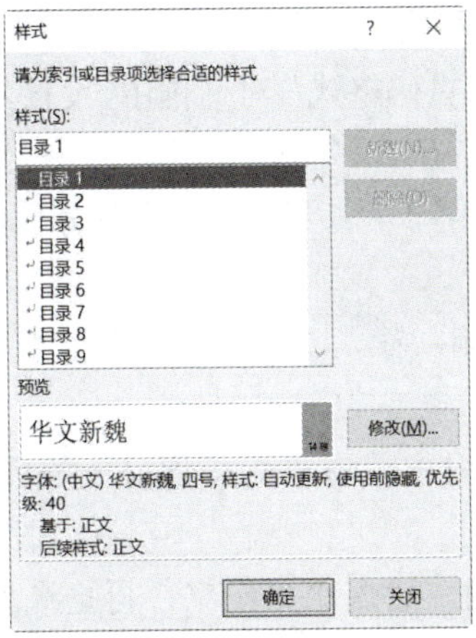

图 2-106 “样式”对话框

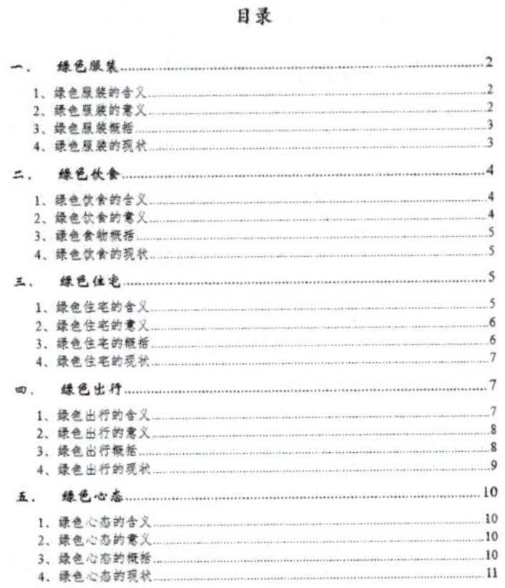

目录

一、　绿色服装……2
1、绿色服装的含义……2
2、绿色服装的意义……2
3、绿色服装概括……3
4、绿色服装的现状……3
二、　绿色饮食……4
1、绿色饮食的含义……4
2、绿色饮食的意义……4
3、绿色食物概括……5
4、绿色饮食的现状……5
三、　绿色住宅……5
1、绿色住宅的含义……5
2、绿色住宅的意义……6
3、绿色住宅的概括……6
4、绿色住宅的现状……7
四、　绿色出行……7
1、绿色出行的含义……7
2、绿色出行的意义……8
3、绿色出行概括……8
4、绿色出行的现状……9
五、　绿色心态……10
1、绿色心态的含义……10
2、绿色心态的意义……10
3、绿色心态的概括……10
4、绿色心态的现状……11

图 2-107　目录效果图

8. 文档分节和分页

（1）单击“视图”→“大纲视图”按钮，“显示级别”选择“所有级别”，勾选“仅显示首行”。

（2）光标插入点定位到“目录”最左侧，单击“布局”→“分隔符”→“分节符：下一页”命令，插入分节符。

（3）按同样的方法，在“一、绿色服装”和“结束语”标题的前面插入“下一页”类型的分节符。

（4）光标插入点定位到“二、绿色饮食”最左侧，单击“插入”→“分页”按钮，插入分页符。

（5）按同样的方法，在“三、绿色出行”“四、绿色住宅”和“五、绿色心态”标题的前面插入分页符。

（6）关闭大纲视图，返回页面视图。

9. 添加页脚

（1）双击“目录”页面的底部区域，进入页眉和页脚编辑状态。

（2）单击“页眉和页脚工具 / 设计”选项卡，在“选项”组中勾选“奇偶页不同”。

（3）设置目录部分奇数页页脚：在“导航”组中单击“链接到前一条页眉”按钮 链接到前一条页眉，取消“与上一节相同”。

（4）在“页眉和页脚”组，单击“页码”→“设置页码格式”命令，在“页码格式”对话框中，设置“编号格式”为“Ⅰ，Ⅱ，Ⅲ，...”，“页码编号”选择“起始页码”，从“Ⅰ”开始。

（5）单击“页码”→“页面底端”→“普通数字 2”命令，为目录部分奇数页页脚添加页码。

提示：如果目录有两页以上，那么还需要为偶数页页脚添加页码，操作方法与设置奇数页页脚相同。

（6）设置正文部分偶数页页脚：在“导航”组中，单击“下一节”按钮 下一节，再单击“链接到前一条页眉”按钮，取消“与上一节相同”。

（7）单击“页码”→“设置页码格式”命令，在“页码格式”对话框中，设置“编号格式”为“1，2，3，...”，“页码编号”选择“起始页码”，从“1”开始。

（8）单击“页码”→“页面底端”→“普通数字 2”命令，为正文部分偶数页页脚添加页码。

（9）将光标插入点定位到页码数字“2”的左侧，输入“第”字，再把光标插入点定位到页码数字“2”的右侧，输入“页”字。

（10）设置正文部分奇数页页脚：在“导航”组中单击“链接到前一条页眉”按钮，取消“与上一节相同”。

（11）光标插入点定位到页码数字“1”的左侧，输入“第”字，再把光标插入点定位到页码数字“1”的右侧，输入“页”字。

（12）设置结束语部分偶数页页脚：在“导航”组中单击“下一节”按钮，再单击“链接到前一条页眉”按钮，取消“与上一节相同”。

（13）选中页脚内容，按 Delete 键，删除结束语部分偶数页页脚。

提示：如果结束语部分有两页以上，那么还需要删除奇数页页脚，操作方法与删除偶数页页脚相同。

（14）双击正文区域，返回文档编辑状态，观察页脚设置效果。

10. 添加页眉

（1）双击正文开始页面的顶部区域，进入页眉和页脚编辑状态。

（2）设置正文部分奇数页页眉：单击“链接到前一条页眉”按钮，取消“与上一节相同”。

（3）单击“开始”选项卡，在“段落”组中单击“右对齐”按钮。

（4）在“插入”组中，单击“文档部件”→“域”按钮，弹出“域”对话框，如图 2-108 所示，单击“类别”下拉按钮，选择“链接和引用”选项，在“域名”列表中选择 StyleRef 选项，“样式名”选择“标题 1”选项，勾选“插入段落编号”，单击“确定”按钮，即可在页眉中添加标题编号。

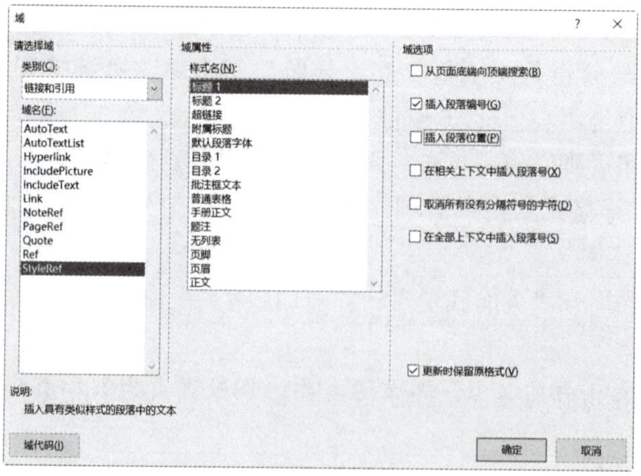

图 2-108 “域”对话框

（5）按上一步骤的方法，勾选“插入段落位置”，在页眉中添加标题文字。

（6）设置正文部分偶数页页眉：将光标插入点定位到正文偶数页页眉编辑区，单击“链接到前一条页眉”按钮，取消“与上一节相同”。

（7）单击“开始”选项卡，在“段落”组中单击“左对齐”按钮。

（8）输入“绿色生活”文字。

（9）设置结束语部分偶数页页眉：单击“下一节”按钮，再单击“链接到前一条页眉”按钮，取消“与上一节相同”。

（10）选中页眉内容，按 Delete 键，删除结束语部分偶数页页眉。

提示：如果结束语部分有两页以上，那么还需要删除奇数页页眉，操作方法与删除偶数页页眉相同。

11. 插入题注

（1）在导航窗格中，单击起始标题，单击导航窗格顶部右侧的“搜索”下拉按钮，选择查找“图形”命令。

（2）单击选中第一张图片，单击“引用”→“插入题注”命令，弹出“题注”对话框，如图 2-109 所示。在“题注”对话框中单击“新建标签”按钮，在弹出的“新建标签”对话框中输入“图 1-”标签文字。

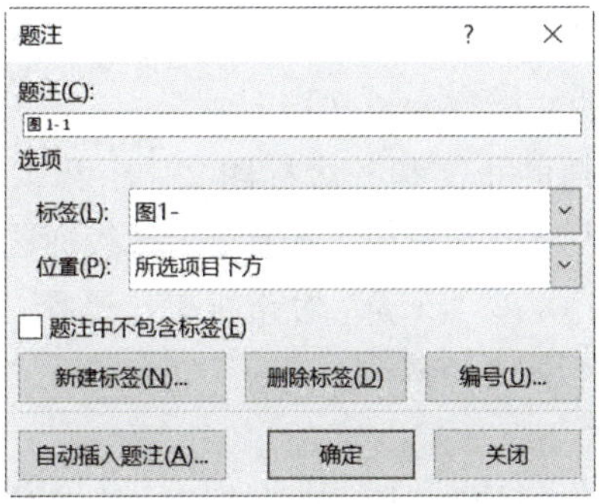

图 2-109 “题注”对话框

（3）将光标插入点定位到“题注”文本框中，输入图片的名称。

（4）单击导航窗格顶部右侧的“向下搜索”按钮，查找下一张图片。

（5）将光标插入点定位到图片下方的“题注”文本框中，单击“引用”→“插入题注”命令，在“题注”对话框中，“标签”选择“图 1-”选项，单击“确定”按钮。

（6）按同样的方法，为所有图片插入题注。

（7）将光标插入点定位到第一张图片的题注上，单击“开始”选项卡，在“样式”组中，在“题注”样式名称上右击，选择“修改”命令，在“修改样式”对话框中设置段落居中。

12. 制作封面

（1）将光标插入点定位到文档起始位置，单击“插入”→“图片”按钮，在“插入图片”对话框中，选择“绿色大树 .jpg”图片文件。

（2）单击“插入”→“文本框”→“绘制文本框”按钮，在封面图片的底部绘制文本框，输入文字“职教城社区 宣”。

（3）选中文本框，单击“开始”选项卡，设置字体颜色为白色，四号字，居中对齐。单击“绘图工具 / 格式”选项卡，设置“形状填充”为“无填充颜色”，“形状轮廓”为“无轮廓”，设置“对齐”为“水平居中”。

13. 更新目录，文档审阅

（1）在目录上右击，弹出快捷菜单，选择“更新域”命令，弹出“更新目录”对话框，选择“只更新页码”选项。

（2）在导航窗格上，单击顶部的“页面”选项卡，浏览审阅文档页面的排版效果。

（3）单击“文件”→“打印”命令，查看文档打印效果。

14. 制作完成，保存文档

知识链接

2.21 长文档与文档结构

在日常学习和工作中，我们经常看到教材、年终总结、规章制度、调研报告等文档，这些文档篇幅都比较长，且由多个部分组成，每个组成部分的格式又各不相同，文档的格式和结构比较复杂，这样的文档称为长文档。

为了从形式上区分长文档的正文和各级标题文字，需要将各级标题分别设置为不同的大纲级别。如，章、节、小节分别对应 1 级标题、2 级标题、3 级标题。

提示：设置大纲级别，可以在“段落”对话框中，选择“缩进和间距”选项卡，单击“大纲级别”下拉按钮，选择需要的级别。Word 中允许设置 9 个大纲层级和正文文本，一级为最高级别。

文档结构就是文档的层次结构。创建文档结构，是指对各级标题文字使用具有大纲级别的样式依次标示出来，此时，文档结构会显示在导航窗格中，可以对文档进行快速浏览和定位，达到高效编辑长文档的目的。

编辑长文档时一般需要打开导航窗格，在页面视图或大纲视图工作。

2.22 导航窗格

如果需要浏览长文档，观察长文档结构，可以使用导航窗格。

单击“视图”选项卡，在“显示”组中，勾选“导航窗格”，弹出“导航窗格”面板，如图 2-110 所示。

（1）按标题浏览。在导航窗格中，单击“标题”选项卡，在窗格中会显示使用了“样式”格式化的标题结构，如果要定位到文档中的某个标题，在导航窗格中单击该标题即可。利用导航窗格，可以很清晰地查看文档结构，方便地浏览文档的内容。

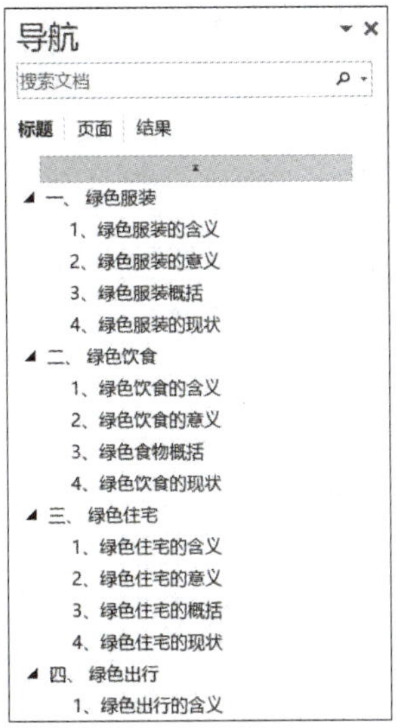

图 2-110　导航窗格

提示：要显示或隐藏某个标题下的副标题，可以单击标题左侧的“折叠 / 展开”按钮 ▷ / ◢。

如果滚动浏览文档，Word 会在导航窗格中突出显示当前标题。如果要返回文档顶部，则单击“跳转至起始处”按钮 ▲ 即可。

（2）按页浏览。在导航窗格中，单击“页面”选项卡，在窗格中会显示文档的页面缩略图，单击缩略图即可定位到该页。在滚动浏览文档时，Word 会在导航窗格中突出显示当前页。

（3）按结果浏览。在导航窗格中，单击“结果”选项卡，然后在导航窗格顶部的搜索框中输入要查找的文本，在导航窗格中会显示所有搜索到的结果，搜索的文字在导航窗格中会加粗显示。单击某个结果即可在文档编辑窗口中查看它，也可以通过单击搜索框下面的“向上”箭头▲或“向下”箭头▼按序浏览所有结果，搜索的文字在文档编辑窗口中会有黄色的底纹突出显示。

如果要取消搜索结果，单击顶部搜索框中的“停止搜索”按钮✖即可。

单击顶部搜索框中的“搜索更多内容”按钮▼，弹出“搜索”快捷菜单，如图 2-111 所示，快捷菜单集成了查找替换功能和搜索功能，Word 不仅可以搜索文本，还可以搜索图形、表格、公式、脚注 / 尾注和批注等。

（4）重新组织文档。在导航窗格中，可以通过移动文档标题来重新组织文档结构顺序，还可以更改标题级别，添加新标题。

在导航窗格中，单击“标题”选项卡，单击标题并将其拖动到新位置，调整文档结构顺序。在标题上右击，弹出“标题”快捷菜单，如图 2-112 所示，选择需要的操作，可以更改标题的级别或添加标题。

提示：Word 大纲视图提供处理长文档的专用工具，可以方便地折叠和展开文档的各个层级，快速浏览和定位长文档内容、调整大纲级别等，达到高效编辑长文档目的。

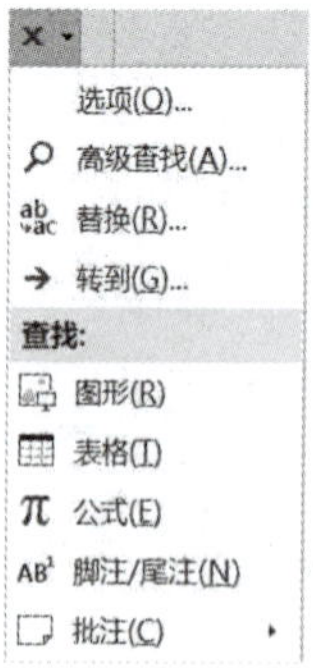

图 2-111 “搜索”快捷菜单

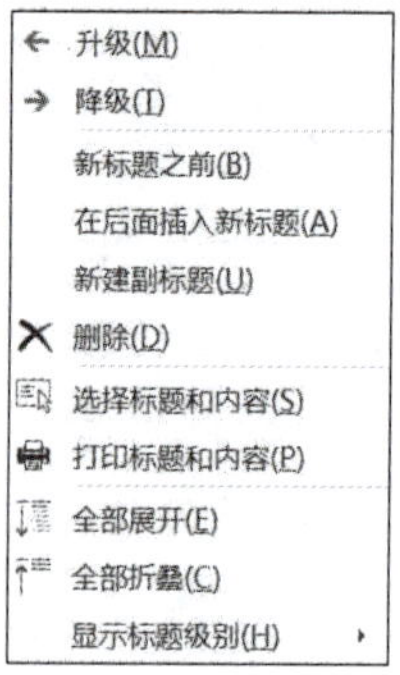

图 2-112 “标题”快捷菜单

2.23 样式

样式就是可应用于文本的一系列格式的集合。用户可以通过应用样式自动完成该样式中所包含的所有格式的设置工作。例如，如果想把长文档中某个级别的标题设置为粗体、特定颜色和特定字号，可以使用手动设置标题的每个格式选项，但这样烦琐而耗时，如果使用样式，则只需要执行一步操作就可以应用一系列的格式。

使用样式可以大大提高文档的排版效率，可以实现基于样式设计的很多功能，如目录、自动编号、StyleRef 域等。

2.23.1 使用 Word 内置样式

在 Word 样式库中，有很多已经设置好的内置样式，如标题样式、正文样式和列表样式等，用户可以直接套用这些样式。套用内置样式可以使用“快速样式”列表，也可以使用“样式”面板。

（1）使用“快速样式”列表。选中要套用样式的文本，单击“开始”选项卡，在“样式”组中，单击需要的样式名称，即可快速轻松地应用指定样式，当前应用的样式会有一个浅灰色外框突出显示。

提示：如果要显示更多的样式，可以单击“快速样式”列表窗口右侧的“更多”按钮，弹出“快速样式”列表框，如图 2-113 所示。

图 2-113 “快速样式”列表框

（2）使用“样式”面板。选中要套用样式的文本，单击“开始”→“样式”组右侧的扩展按钮，弹出“样式”面板，选择需要的样式。

在“样式”面板底部有三个样式工具按钮：“新建样式”按钮、“样式检查器”按钮和“管理样式”按钮。

2.23.2 新建样式

当 Word 内置样式不能满足需求时，用户可以自己创建新的样式。

（1）单击“开始”→“样式”组右侧的扩展按钮，弹出“样式”面板。

（2）单击“样式”面板底部的“新建样式”按钮，弹出“根据格式设置创建新样式”对话框。

（3）在“名称”输入框中输入新建样式的名称；在“样式类型”下拉列表中选择样式的类型；在“样式基准”下拉列表中选择一种样式作为新建样式的基准。默认情况下，使用的是“正文”样式。在“后续段落样式”下拉列表中可为新建的样式指定后续段落需要使用的样式。

（4）在“格式”栏中可以快速设置样式的字体、段落的常用格式，还可以单击“样式”面板左下角的“格式”按钮打开相应的对话框，为样式设置更多的效果。

（5）设置完成之后，单击“确定”按钮，完成新样式的创建。

新样式创建之后，会在“快速样式”列表中显示新样式的名称。

2.23.3 应用样式

应用样式时，首先要选中应用样式的文本，或把光标插入点定位在要应用样式的段落中任意一个位置，然后单击“快速样式”列表中所需的样式名称，也可以在“样式”面板中选择需要的样式。

2.23.4 修改样式

如果不满意所应用样式的某些格式设置，可以对样式进行修改。无论是 Word 内置样式还是用户自定义样式，都可以进行修改。

（1）单击“样式”面板底部的“管理样式”按钮，弹出“管理样式”对话框，如图 2-114 所示。

（2）在“选择要编辑的样式”列表中选择需要修改的样式，单击“修改”按钮，弹出“修改样式”对话框。

（3）使用“格式”栏设置常用的格式，单击“格式”按钮可以进行更多格式的设置。

（4）修改完成后，单击“确定”按钮。

还可以直接在“样式”名称上右击，在弹出的快捷菜单中选择“修改”命令，同样可以弹出“修改样式”对话框，可在其中对样式进行编辑修改。

注意：Word 内置的正文样式是创建其他样式的样式基准，如果修改 Word 内置正文样式，会引起其他样式的跟随变化。一般来说，建议不要修改 Word 内置正文样式。

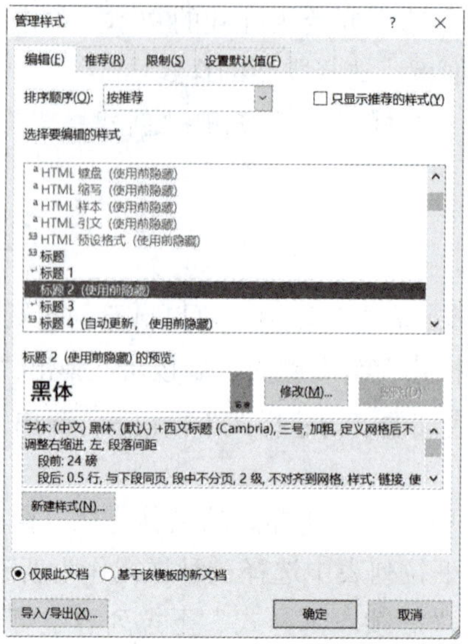

图 2-114 “管理样式”对话框

2.23.5 删除样式

如果“快速样式”列表中显示的样式太多，可以删除样式库的样式，让样式库更精简。在“快速样式”列表中的样式名称上右击，在弹出的快捷菜单中选择“从样式库中删除”命令即可。

如果想从系统中彻底删除不需要的自定义样式，可以在“样式”面板中的样式名称上右击，在弹出的快捷菜单中选择“删除”命令。

提示：从样式库中删除样式，删除的样式只是不在样式库中显示而已，并不是真正地从系统中删除。只有自定义的样式可以从系统中彻底删除，而 Word 内置样式是不能被彻底删除的。

2.24 目录

目录就是列出文档结构中的标题及其标题所在的页码。Word 允许用户控制目录的层级和外观效果，并可通过单击目录中的标题快速跳转到文档中相应的位置。

2.24.1 创建目录

（1）将光标插入点定位到要添加目录的位置。

（2）单击“引用”→“目录”→“自定义目录”命令，弹出“目录”对话框。

（3）在“格式”下拉列表中选择需要的目录，该目录效果会显示在“打印预览”区域中。

（4）在“显示级别”选择框中设置目录标题显示的层级数。

（5）根据需要选择“页码”和“制表符前导符”的格式。

（6）单击“确定”按钮，在光标插入点位置自动创建目录。

单击“引用”→“目录”按钮，“目录”菜单上方是 Word 内置的目录样式，用户可以直接选用快速创建目录。

提示：目录标题一定要使用具有大纲级别的样式格式化，这样才能生成目录。如果用户需要自定义目录的字体、段落等格式，可以单击“目录”对话框右下角的“修改”按钮修改目录样式。

2.24.2　更新目录

插入目录之后，如果对文档进行了编辑修改，目录的标题或页码发生了变化，就需要更新目录，使目录与文档内容保持一致。基于标题样式自动生成的目录是一种域，域可以提供自动更新的信息，如时间、标题、页码等。

在目录上右击，弹出快捷菜单，选择“更新域”命令，弹出“更新目录”对话框，如图 2-115 所示，根据需要选择更新方式。

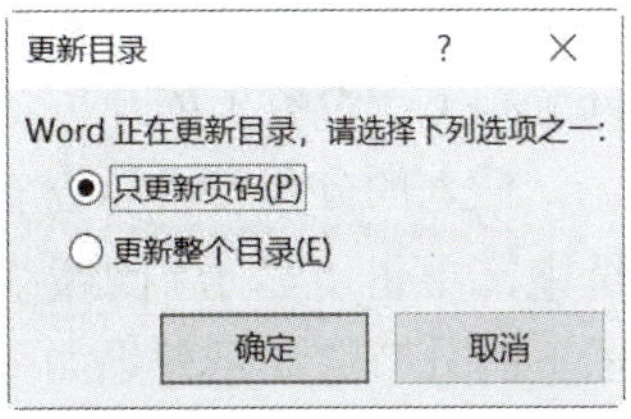

图 2-115　“更新目录”对话框

2.25　文档分节和分页

一般情况下，长文档包含多个组成部分，例如一本教材由封面、前言、目录、正文、附录和封底组成，每个组成部分又有不同的格式，为了给不同的组成部分设置不同的格式，就需要给文档分节。节代表着文档能够进行格式化排版的最大范围。分节符是为节的结尾插入的标记，使用分节符可拆分各种大小的文档并为其设置格式，节的格式设置都记录在分节符中，如页边距、页面的方向、页眉和页脚以及页码的顺序等。

文档在录入编辑时，当文档内容充满一个页面，就会自动进入下一个页面，此时就会产生一个自动分页符。在排版时，为了让文档结构清晰，不同的部分需要排版到下一个页面，这时就需要给文档分页，插入手动分页符。

在“大纲视图”下给文档分节和分页，便于快速定位分节和分页的位置，可以大大提高工作效率。

2.25.1　文档分节

（1）单击“视图”选项卡，在“视图”组中，单击“大纲视图”按钮，根据需要选择“大纲级别”显示层级。

（2）将光标插入点定位到需要分节的位置，单击“布局”选项卡，在“页面设置”组中，单击“分隔符”按钮 分隔符·，弹出“分隔符”下拉菜单，如图 2-116 所示。

（3）选择需要的分节符类型。

1）下一页：在插入分节符的位置同时实现分页。插入分节符的位置会被分页，分节符后面的内容会显示在新

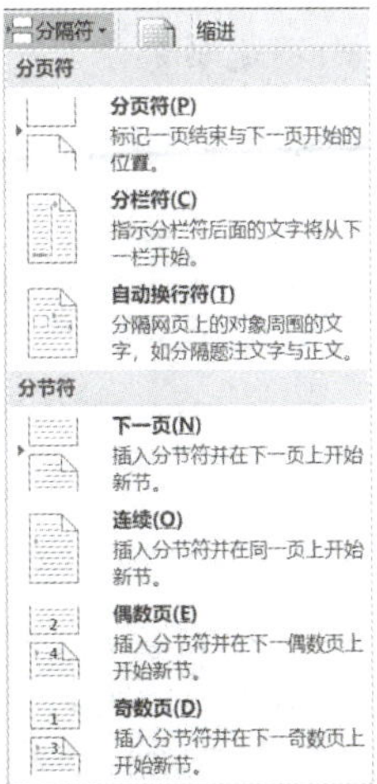

图 2-116　“分隔符”下拉菜单

一页的开头。

2）连续：在插入分节符的位置开始新节。分节符后面的内容会显示在同一个页面，不会启动分页。这种类型的分节符通常用于更改分栏的列数，而无须开始新页。

3）偶数：插入分节符并在下一个偶数页面上开始一个新节。如果插入点本来就在偶数页上，那么插入分节符后，会自动在插入点处增加一张空白奇数页，插入点后的内容将分节到下一偶数页的开头。这种类型的分节符可以保证文本内容总是在偶数页开始排版。

4）奇数：插入分节符并在下一个奇数页面上开始一个新节。如果插入点本来就在奇数页上，那么插入分节符后，会自动在插入点处增加一张空白偶数页，插入点后的内容将分节到下一奇数页的开头。这种类型的分节符可以保证文本内容总是在奇数页开始排版。

插入的分节符可以查看，还可以像文字一样被删除。单击“开始”选项卡，在“段落”组中，单击“显示/隐藏编辑标记”按钮，可以显示文档中的分节符等标记。大纲视图下的分节符显示效果如图 2-117 所示。

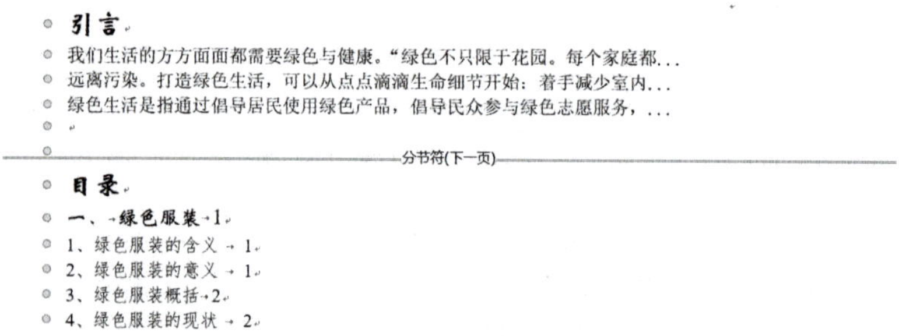

图 2-117　大纲视图下的分节符

提示：节的格式设置都记录在分节符中，在编辑长文档时，特别要注意节的误删除。如果删除分节符，Word 会将分节符之前和之后的文本合并为一节。新的合并节将使用分节符后面部分的格式。

如果希望节使用分节符之前的格式、页眉或页脚，使用“链接到上一节”与上一节相同，而不是删除分节符。

2.25.2　文档分页

文档分页插入分页符的操作方法与插入分节符的方法基本相同。另外，还可以使用“插入”→“分页”按钮或按 Ctrl+Enter 组合键为文档分页。

2.26　动态页眉和页脚

在 Word 排版时，熟练使用 Word 域可增强排版的灵活性，减少许多烦琐的重复操作，提高工作效率。例如，为长文档添加包含章节标题的页眉，如果使用文档部件库中的域，只需插入一次域，便可在页眉中插入各章节标题。

（1）在页眉区域双击，进入页眉编辑状态。

（2）将光标插入点定位到需要插入章节标题的位置，单击“页眉和页脚工具 / 设计”→“文档部件”→“域”命令，弹出“域”对话框。

（3）在“域”对话框中，“类别”选择“链接和引用”，在“链接和引用”列表框中选择 StyleRef 域，在“样式”列表中选择需要的标题样式，“域选项”中勾选需要的部件。

（4）域设置完成之后，单击“确定”按钮。页眉中的章节标题就会自动与文档标题保持一致。

说明：一般来说，封面没有页眉和页脚，目录页页码编号格式采用罗马数字，正文采用阿拉伯数字；如果奇偶页使用不同的页眉和页脚，文档的章节标题应该放置在奇数页，文档的主题名称放置在偶数页。

技巧：制作奇偶页不同的页眉和页脚请遵循以下操作步骤，且操作顺序非常关键。第一步，设置奇偶页不同；第二步，如果当前节的页眉和页脚与上一节不同，立即断开链接关系；第三步，先添加页码，再添加页眉和页脚的其他信息，因为页码的编号方式会影响当前页面的奇偶性；第四步，文档的每个节都需要设置四次页眉和页脚，包括奇数页页眉、奇数页页脚、偶数页页眉和偶数页页脚。

2.27 题注、脚注和尾注

2.27.1 题注

题注就是给图片、表格、图表、公式等对象添加名称和标签编号。使用题注功能可以使长文档中的图片、表格、图表、公式等项目按顺序自动编号，并且能动态更新，保持编号的正确性。

（1）选中需要插入题注的对象。

（2）单击“引用”→“插入题注”按钮，弹出“题注”对话框。

（3）在“标签”下拉列表中选择合适的标签。如果“标签”下拉列表中没有提供所需的标签，可以单击“新建标签”按钮自定义标签。

（4）单击“位置”下拉列表，设置标签位置。图片题注一般放在图片下方，表格题注一般放在表格上方。

提示：在编辑长文档过程中，有时会增加图片，有时会删除不需要的图片，导致题注编号顺序发生错误，执行“文件”→“打印”命令，Word 会通过打印预览功能自动更新题注，保持题注编号的正确性。

2.27.2 脚注和尾注

通常使用脚注和尾注进行解释、批注或提供参考资料。通常，脚注位于页面底部，而尾注位于文档或节的末尾。在实际使用中，使用脚注对文档内容进行解释说明，使用尾注说明文档中引用的文献信息。

脚注和尾注由引用标记和注释文本组成。添加、删除或移动自动编号的注释标记时，

Word 会对注释标记重新编号。

添加脚注的操作步骤如下：

（1）将光标插入点定位到要添加脚注的位置，或选中需要创建脚注的文本。

（2）单击“引用”→“插入脚注”按钮，此时，在文本中会插入一个引用标记，并在当前页面底部出现脚注标记，且处于可编辑状态。

（3）在页面底部脚注编辑区域输入脚注文本。

插入尾注的方法与脚注基本相同。

编辑脚注或尾注，只需双击文本右上角的注释标记编号，光标就会跳转到对应的注释区域。另一种方法是直接定位到注释区域，编辑注释文本。

删除脚注或尾注，需要删除文本右上角的注释标记编号，与之对应的注释文本会被同时删除。另一种方法是在注释区域的标记编号上右击，在弹出的快捷菜单中选择“定位至脚注”或“定位至尾注”命令，然后删除文本右上角的标记编号。

如果想自定义注释标记的编号格式或注释文本在文档中的位置，单击“引用”→“脚注”组右侧的扩展按钮，弹出“脚注和尾注”对话框，如图 2-118 所示，设置脚注和尾注的位置、编号格式和应用范围。

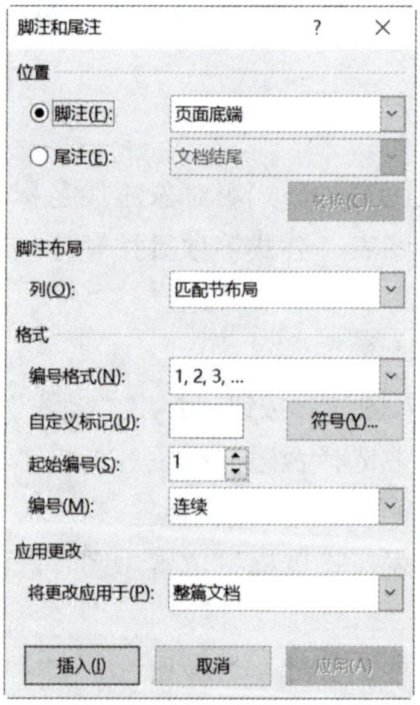

图 2-118 “脚注和尾注”对话框

2.28 批注与修订

批注是作者或审阅者给文档添加的批语和注解。修订主要跟踪对文档的所有更改，包括插入、删除、批注、格式更改等操作，作者可以查阅修订内容，并根据实际情况对修订内容进行处理。

2.28.1 批注

1. 添加批注

（1）选择要添加批注的文本，或单击文本的末尾处。

（2）单击“审阅”→“新建批注”按钮，此时，选中的文本会出现红色底纹，并在页边距外的空白区域显示批注文本框，如图 2-119 所示。

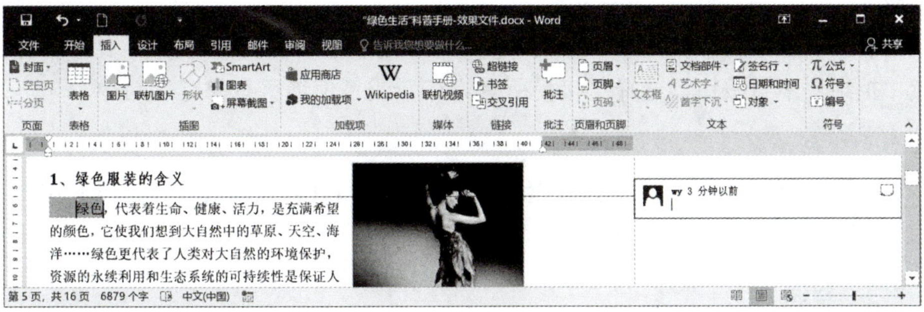

图 2-119 “添加批注”效果图

（3）在批注文本框中输入批注内容。

2. 删除批注

（1）将光标插入点定位到要删除的批注。

（2）单击“审阅”→“删除”按钮，选择“删除”或“删除文档中的所有批注”命令。

2.28.2 修订

1. 打开或关闭修订

单击“审阅”选项卡，在“修订”组中，单击“修订”按钮，文档进入修订状态，此后用户对文档所做的修改，系统都会自动做出标记。

当“修订”处于打开状态时，再次单击“修订”按钮则关闭修订，Word 将退出文档修订状态，退出修订状态之后再对文档所做的修改则不会被显示。

2. 显示或隐藏修订

默认情况下，Word 文档页边距的批注框内显示删除和批注，而添加的内容则标有下划线，不同作者的更改用不同的颜色表示。如果想简洁地显示修订，单击“审阅”→“显示标记”→“批注框”→“以嵌入方式显示所有批注”命令，此时，鼠标移到批注对象上，才会显示批注内容，删除内容将标有删除线，而不是在批注框中显示。

如果想查看应用修订后的文档显示效果，单击“审阅”→“显示以供审阅”按钮，有以下四种可供选择的显示方式。

简单标记：使用页边距中的红线指示修订标记。

所有标记：使用批注框详细视图显示修订标记。

无标记：查看接受修订更改后的文档。

原始状态：查看删除修订标记未更改的原始文档。

3. 接受或拒绝修订

（1）将光标插入点定位到文档开头。

（2）单击“审阅”选项卡，在“更改”组中，单击“接受”或“拒绝”按钮。接受或拒绝更改时，Word 将移动到下一个更改标记。

（3）重复上述步骤，直到文档中不再有修订或批注。

提示：若要在不接受或拒绝修订的情况下查看文档中的更改，单击“下一条”或“上一条”即可。

如果想一次性接受或拒绝所有修订，单击“审阅”选项卡，在“更改”组中，单击“接受”或“拒绝”下拉按钮，选择“接受所有修订”或“拒绝所有修订”命令。

2.29 封面与文档属性

2.29.1 封面

Word 提供一个预先设计的内置封面库供用户选用，可以快速提升文档封面的设计感。封面库使用非常方便，只需选择一个封面，然后将示例文本替换为自己的文本即可。

（1）单击“插入”选项卡，在“页面”组中单击“封面”按钮，弹出“封面库”菜单，如图 2-120 所示。

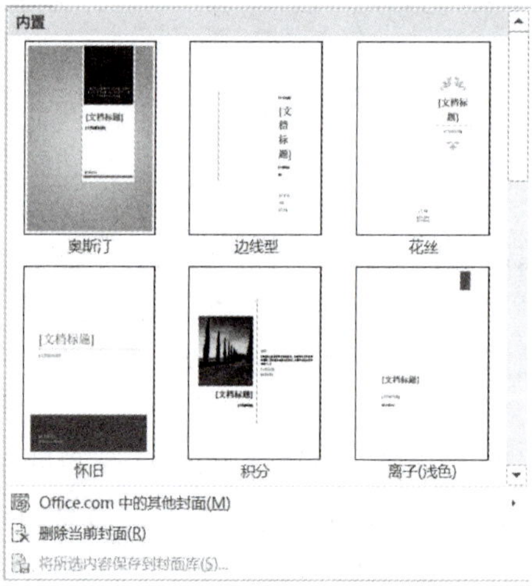

图 2-120 “封面库”菜单

（2）在封面库中选择合适的封面版式。

（3）在封面示例文本框占位符中输入自己的文本，编辑封面效果。

提示：不管光标插入点在文档中的任何位置，总是在文档开始处插入封面。

2.29.2 文档属性

文档属性也称为元数据，是有关描述或标识文件的详细信息，其中包括标识文档主题或内容的详细信息，如标题、作者姓名、主题和关键字。

为文档设置了文档属性，就可以轻松地组织和标识文件。此外，还可以基于文档属性搜索文档或将它们插入文档。

文档属性有四种类型：

标准属性：默认情况下，文档与一组标准属性（如作者、标题和主题）相关联。用户可以为这些属性指定文本值，以便组织和标识文档。

自动更新的属性：这些属性包括文件系统属性（例如文件大小、文件创建或上次更改日期）以及 Office 程序维护的统计信息（例如文档中的字数或字符数）。用户不能指定或更改自动更新属性。

自定义属性：用户可以为文档定义 Office 属性，自定义属性名称可以从推荐名称列表中进行选择，也可以自己定义。自定义属性的值可以是文本、时间或数值，也可以向这些属性分配值“是”或“否”。

文档库属性：这些属性与网站或公共文件夹的文档库中的文档相关。当创建一个新文档库时，用户可以定义一个或多个文档库属性并对这些属性值设置规则。

（1）单击“文件”选项卡。

（2）单击“信息”命令，在“信息”面板上，单击右上角的“属性”按钮，然后选择“高级属性”命令，弹出“文档属性”对话框，如图 2-121 所示。

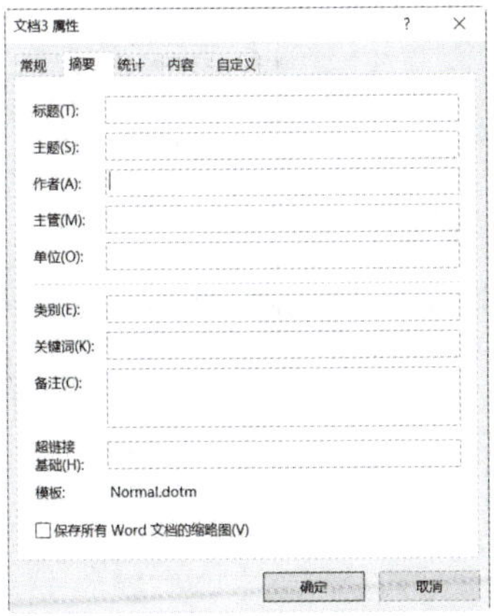

图 2-121　“文档属性”对话框

（3）添加需要的文档属性相关信息。

综合实践

任务描述

使用素材文件“毕业设计说明书 - 素材”和“学校标志 .jpg”，完成“毕业设计说明书”

长文档的设计编排，要求说明书的界面美观，排版符合长文档规范。

操作要求：

（1）运用样式创建文档结构，格式化文章标题和正文。

（2）为毕业设计说明书添加三级目录。

（3）合理分页毕业设计说明书，利用域添加动态的页眉页脚，奇数页页眉为章节标题，偶数页页眉为文档名称，页脚为页码。

（4）为毕业设计说明书中的所有插图添加题注。

（5）为毕业设计说明书设计制作封面。

参考效果

毕业设计说明书排版效果如图 2-122 至图 2-124 所示。

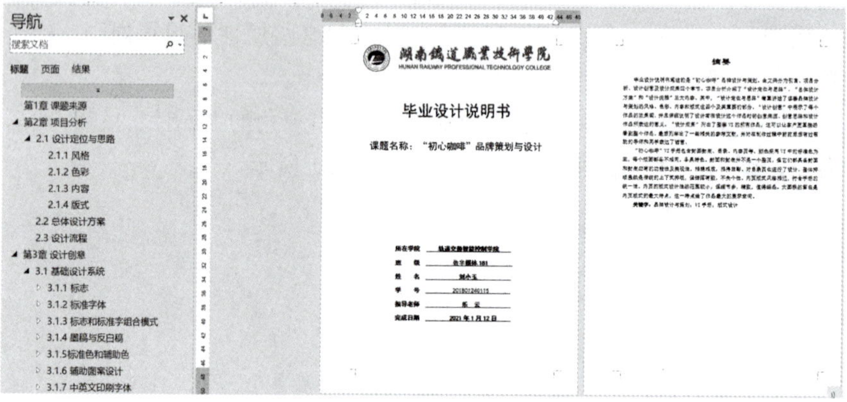

图 2-122　封面与文档结构效果图

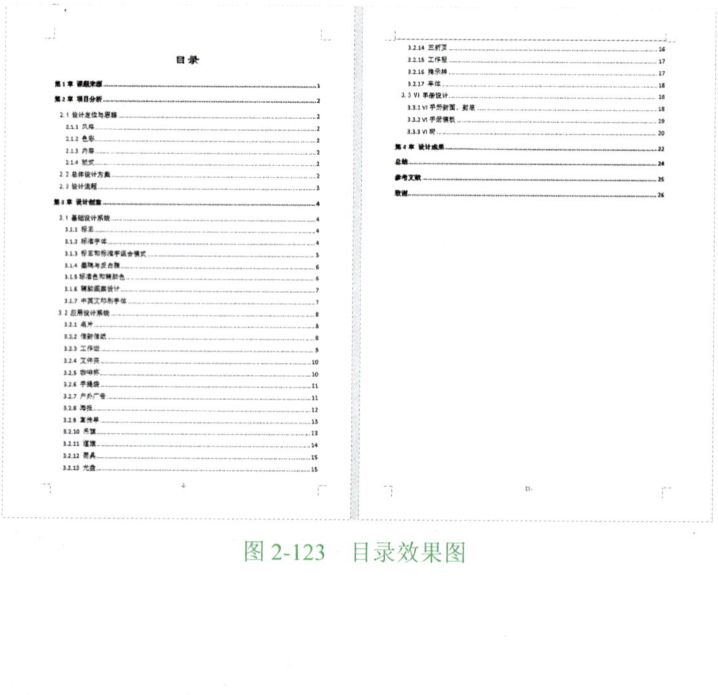

图 2-123　目录效果图

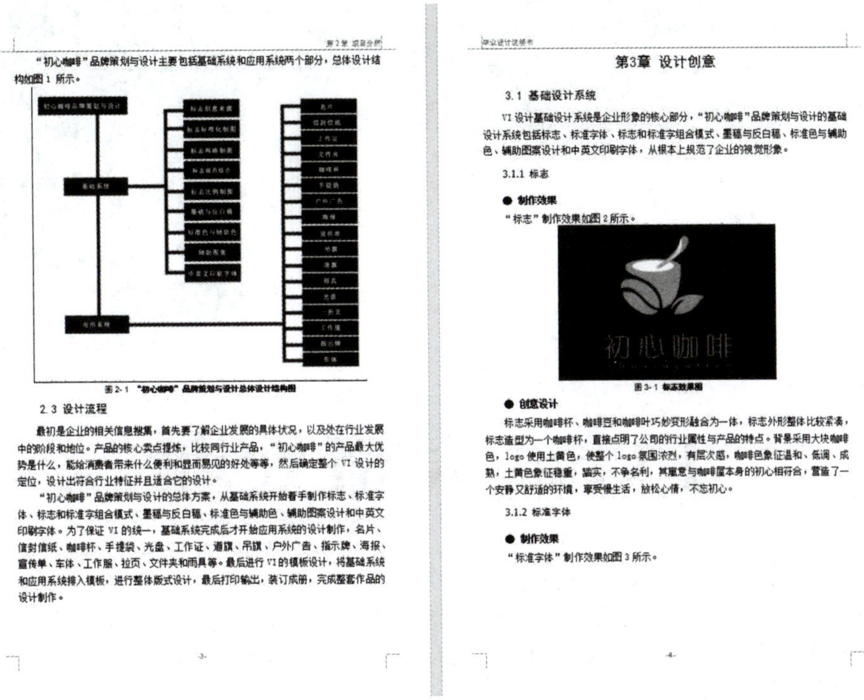

"初心咖啡"品牌策划与设计主要包括基础系统和应用系统两个部分，总体设计结构如图 1 所示。

图 2-1 "初心咖啡"品牌策划与设计总体设计结构图

2.3 设计流程

最初是企业的相关信息搜集，首先要了解企业发展的具体状况，以及处在行业发展中的阶段和地位。产品的核心卖点提炼，比较同行业产品，"初心咖啡"的产品最大优势是什么，能给消费者带来什么便利和显而易见的好处等等，然后确定整个 VI 设计的定位，设计出符合行业特征并且适合它的设计。

"初心咖啡"品牌策划与设计的总体方案，从基础系统开始着手制作标志、标准字体、标志和标准字组合模式、墨稿与反白稿、标准色与辅助色、辅助图案设计和中英文印刷字体。为了保证 VI 的统一，基础系统完成后才开始应用系统的设计制作，名片、信封信纸、咖啡杯、手提袋、光盘、工作证、道旗、吊旗、户外广告、指示牌、海报、宣传单、车体、工作服、拉页、文件夹和雨具等。最后进行 VI 的模板设计，将基础系统和应用系统排入模板，进行整体版式设计，最后打印输出，装订成册，完成整套作品的设计制作。

-3-

第3章 设计创意

3.1 基础设计系统

VI 设计基础设计系统是企业形象的核心部分，"初心咖啡"品牌策划与设计的基础设计系统包括标志、标准字体、标志和标准字组合模式、墨稿与反白稿、标准色与辅助色、辅助图案设计和中英文印刷字体，从根本上规范了企业的视觉形象。

3.1.1 标志

● 制作效果

"标志"制作效果如图 2 所示。

图 3-1 标志效果图

● 创意设计

标志采用咖啡杯、咖啡豆和咖啡叶巧妙变形融合为一体，标志外形整体比较紧凑，标志造型为一个咖啡杯，直接点明了公司的行业属性与产品的特点。背景采用大块咖啡色，logo 使用土黄色，使整个 logo 氛围浓烈，有层次感，咖啡色象征温和、低调、成熟，土黄色象征稳重，踏实，不争名利，其寓意与咖啡屋本身的初心相符合，营造了一个安静又舒适的环境，享受慢生活，放松心情，不忘初心。

3.1.2 标准字体

● 制作效果

"标准字体"制作效果如图 3 所示。

-4-

图 2-124　正文效果图

在线测试

扫描二维码，完成本模块的在线测试。

模块 2　Word 文档制作试题及答案

模块三

Excel 表格处理

Excel 是办公软件 Microsoft Office 的主要组件之一，它是一款功能强大、易于操作的电子表格数据处理软件，能够方便地与 Office 其他组件相互调用数据，实现资源共享。Excel 提供了强大的表格制作、数据处理、数据计算、统计分析和创建图表等功能，被广泛应用于金融、财务、统计和审计等领域。

虽然在 Word 中也可以制作表格，但 Excel 表格具有强大的数据组织处理能力，能完成更为复杂的数据计算与数据分析。

任务清单

序号	学习任务
1	任务 1　制作员工信息表
2	任务 2　学生成绩计算与统计
3	任务 3　制作公司销售收入图表

任务 1　制作员工信息表

任务情境

毕业季，华为校园招聘异常火爆，品学兼优的小帆幸运地成为首批新入职员工，入职公司人力资源部。小帆的第一项工作任务，就是制作新员工信息表，工作表制作效果如图 3-1 所示。

新员工信息表

工号	姓名	性别	身份证号	出生日期	学历	工作部门	基本工资
01900001	高小东	男	12010419970518XXXX	1997/5/18	博士	海外部	¥10,800
01900002	李林	男	22020219960101XXXX	1996/1/1	博士	人资部	¥10,800
01900003	张倩倩	女	32020219971110XXXX	1997/11/10	博士	海外部	¥10,800
01900004	伊一	男	63020219980825XXXX	1998/10/8	博士	人资部	¥10,800
01900005	刘帆	女	43290119961129XXXX	1996/11/29	博士	海外部	¥10,800
01900006	黄凯东	男	50028119960103XXXX	1996/1/3	研究生	产品部	¥8,600
01900007	侯跃飞	男	43012119960313XXXX	1996/3/13	研究生	公关部	¥8,600
01900008	魏晓	男	61022319961017XXXX	1996/10/17	研究生	销售部	¥8,600
01900009	李巧	女	11020219971221XXXX	1997/12/21	博士	人资部	¥10,800
01900010	殷豫群	男	43058119960629XXXX	1996/6/29	博士	销售部	¥10,800
01900011	刘会民	男	41072319960511XXXX	1996/5/11	博士	人资部	¥10,800
01900012	刘玉晓	女	53020219971104XXXX	1997/11/4	研究生	人资部	¥8,600
01900013	王海强	男	43020219970415XXXX	1997/4/15	博士	设计部	¥10,800
01900014	周良乐	男	51232619970422XXXX	1997/4/22	研究生	综合部	¥8,600
01900015	肖童童	女	43021119981015XXXX	1998/10/15	研究生	海外部	¥8,600

图 3-1　员工信息表效果图

任务目标

通过在线学习，能正确录入各种类型的数据，掌握快速录入数据的方法，能制作电子表格，掌握工作表编辑处理、格式设置的操作方法，掌握工作表打印标题的安装及工作表的保护方法，能按要求控制工作表的打印输出。

制作员工信息表

扫描二维码，观看“制作员工信息表”教学视频，学习 Excel 电子表格制作相关知识与技能。

任务实施

1. 新建 Excel 工作簿，命名工作表

（1）在桌面上找到 Excel 2016 图标，双击启动 Excel 2016，同时，Excel 会自动新建一个主文件名为“工作簿 1”的 Excel 文件。

（2）单击 Excel 工作窗口左上角“快速启动工具栏”中的“保存”按钮，选择文件的保存位置“D:\Excel 练习”，在“文件名”输入框中输入“员工信息表”文件名，单击“保存”按钮。

（3）命名工作表。快速双击工作表标签“Sheet1”，输入“员工档案”，按 Enter 键。

2．工作表页面设置

（1）设置 A4 纸。单击“页面布局”→“纸张大小”→“A4”命令。

（2）设置页边距。单击“页面布局”→“页边距”→“普通”命令。

3．录入数据

（1）将光标定位在“员工档案”工作表的 A1 单元格，输入“新员工信息表”。

（2）在第二行的 A2 单元格开始，依次输入表头字段名称“工号”“姓名”“性别”“身份证号”“出生日期”“学历”“工作部门”和“基本工资”。

（3）将光标定位在 A3 单元格，在英文半角状态下，先输入单引号“’”，再输入数字串“01900001”，鼠标单击“编辑栏”上的确认按钮✓，确认输入完毕。

（4）将光标定位在 B3 单元格，输入“姓名”信息“高小东”，按 Enter 键，依次录入每个员工的姓名。

（5）将光标定位在 D3 单元格，与“工号”的输入方法相同，输入“身份证号”信息“’12010419970518××××”，按 Enter 键，依次录入每个员工的身份证号。

（6）将光标定位在 E3 单元格，输入“出生日期”信息“1997-5-18”，按 Enter 键，依次录入每个员工的出生日期。

（7）将光标定位在 H3 单元格，直接输入“基本工资”数字信息“10800”，按 Enter 键，依次录入每个员工的基本工资。

部分数据录入效果如图 3-2 所示。

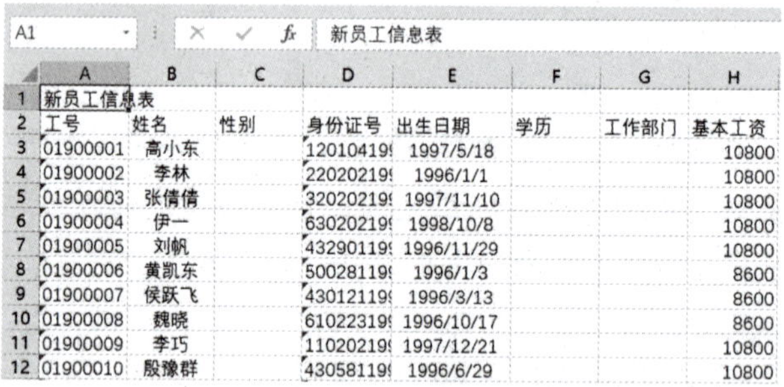

	A	B	C	D	E	F	G	H
1	新员工信息表							
2	工号	姓名	性别	身份证号	出生日期	学历	工作部门	基本工资
3	01900001	高小东		12010419	1997/5/18			10800
4	01900002	李林		22020219	1996/1/1			10800
5	01900003	张倩倩		32020219	1997/11/10			10800
6	01900004	伊一		63020219	1998/10/8			10800
7	01900005	刘帆		43290119	1996/11/29			10800
8	01900006	黄凯东		50028119	1996/1/3			8600
9	01900007	侯跃飞		43012119	1996/3/13			8600
10	01900008	魏晓		61022319	1996/10/17			8600
11	01900009	李巧		11020219	1997/12/21			10800
12	01900010	殷豫群		43058119	1996/6/29			10800

图 3-2　部分数据录入效果图

4．快速录入数据

（1）使用自动填充。把鼠标移到 A3 单元格的右下角，当鼠标指针变形为十字形“+”，向下拖动鼠标，自动填充“工号”信息。

（2）使用快捷键。录入“性别”相同的数据信息。按住 Ctrl 键不放，选中“性别”相同的单元格，在“编辑栏”中输入“男”或“女”，按 Ctrl+Enter 键。按同样的方法，快速录入“学历”和“工作部门”信息。

5. 调整行高和列宽

（1）单击工作表左上角“全选”按钮，选中整张表格。

（2）将鼠标移到工作表左边行号边界线，当鼠标指针变形为，向下拖动鼠标至合适行高。

（3）鼠标单击第一行任意一个单元格，单击“开始”→“格式”→“行高”命令，弹出“行高”对话框，如图 3-3 所示，输入行高值 35。

（4）按 Ctrl+A 键，选中整张表格，单击“开始”→“格式”→“自动调整列宽”命令。

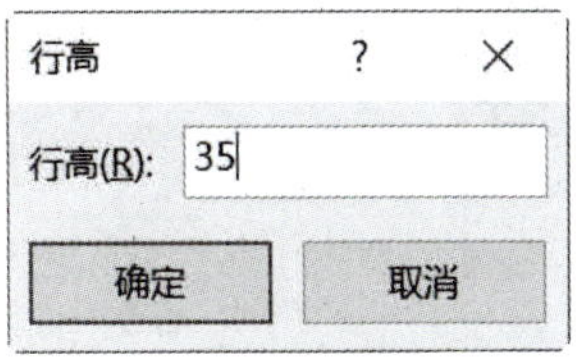

图 3-3 “行高”对话框

6. 设置单元格字体、对齐方式和数据显示方式

（1）拖动鼠标选中 A1:H1 单元格区域，单击“开始”选项卡，在“对齐方式”组中，单击“合并后居中”按钮合并后居中，设置表格名称为黑体、18 号。

（2）拖动鼠标选中 A2:H2 单元格区域，设置文字加粗效果。

（3）选中整张表格，单击两次“水平居中”按钮，设置所有单元格中部居中。

（4）单击 H 列的列标选中 H 列，单击“开始”选项卡，在“数字”组中，单击“会计数字格式”右侧下拉按钮，选择“¥ 中文（中国）”符号，单击两次“减少小数位数”按钮。

7. 设置表格边框和底纹

（1）单击表格名称 A1 单元格，在“字体”组中，单击“填充颜色”下拉按钮，选择“浅绿色”；按同样的方法，设置 A2:H2 单元格区域的填充颜色为“浅灰色”。

（2）拖动鼠标选中整张表格区域，在“字体”组中，单击“边框线”下拉按钮，选择“所有框线”样式；按同样的方法，设置表格名称 A1 单元格下边框线为“粗下框线”。

8. 打印工作表

（1）安装打印标题。单击“页面布局”选项卡，在“页面设置”组中，单击“打印标题”按钮，弹出“页面设置”对话框，如图 3-4 所示，单击“顶端标题行”右侧的“折叠对话框”按钮，在行号上拖动鼠标，选中第一行和第二行，单击“确定”按钮。

（2）控制打印分页。单击 28 行的行号，选中第 28 行，单击“页面布局”→“分隔符”→“插入分页符”命令，在第 28 行的上方插入分页符。

（3）浏览打印效果。单击“文件”→“打印”命令，在“打印”界面浏览打印效果，每张打印页面的顶端都有表格名称和表头，每张页面平均打印 25 个员工信息。

9. 冻结工作表

（1）单击 A3 单元格，定位冻结位置。

（2）单击“视图”选项卡，在“窗口”组中单击“冻结窗格”按钮，弹出下拉菜单，选择“冻结拆分窗格”命令。

（3）滚动鼠标浏览工作表，表格名称和表头被冻结，表格记录可以滚动浏览。

10. 保护工作表

（1）单击“审阅”选项卡，在“更改”组中，单击“保护工作表”按钮，弹出“保护工作表”对话框，如图 3-5 所示。

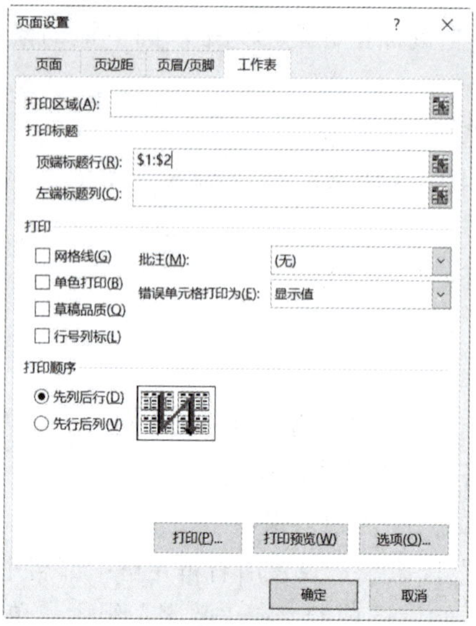

图 3-4 “页面设置”对话框

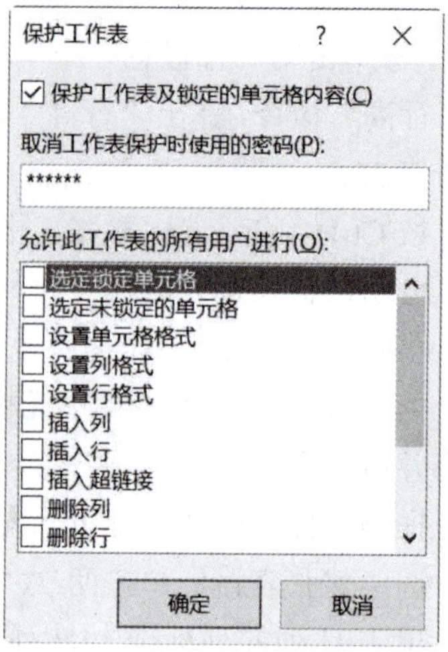

图 3-5 “保护工作表”对话框

（2）清除所有的允许操作项，输入保护密码，单击“确定”按钮，弹出“确认密码”对话框，再次输入密码。

11. 制作完成，保存工作簿文件

（1）单击 Excel 工作窗口左上角“快速启动工具栏”上的“保存”按钮，保存工作簿文件。

（2）单击 Excel 工作窗口右上角的关闭按钮，退出 Excel。

知识链接

3.1 Excel 2016 工作环境与相关概念

启动 Excel 2016，出现如图 3-6 所示的 Excel 2016 工作窗口，与 Word 2016 相似的部分有标题栏、快速访问工具栏、功能区和状态栏等，不同的部分包括工作区、编辑栏和工作表标签。

1. 工作区

工作区是 Excel 2016 工作界面最大的区域，是数据录入与编辑处理的场所。工作区左侧是工作表的行号，行号采用数字编号，从 1 开始按顺序编号；工作区顶端是工作表的列标，列标用英文字母编号，从 A 到 XFD，其排列顺序为逢 Z 进位，即从 A 到 Z，AA 到 AZ，BA 到 BZ，以此类推。Excel 工作表一共有 1048576 行、16384 列，是一张巨大的表格。

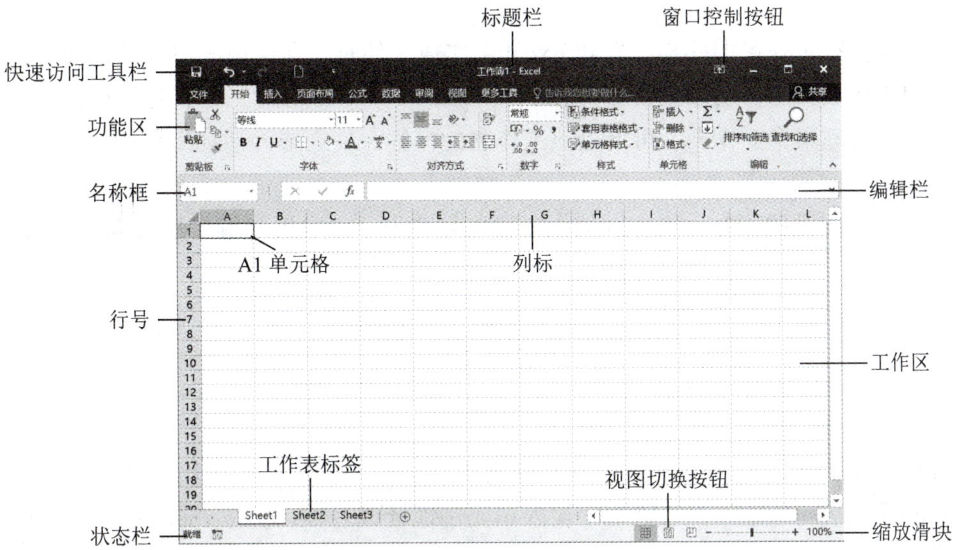

图 3-6 Excel 2016 工作窗口

提示：在工作表中，按 Ctrl+ →键，可以定位到最后一列；按 Ctrl+ ↓键，可以定位到最后一行；按 Ctrl+ ↑键，可以定位到第一行；按 Ctrl+ ←键，可以定位到第一列。

2. 单元格

在工作区中，行和列交叉的小方格称为单元格，单元格是存储数据信息的存储单元。若要在某个单元格中输入或编辑内容，可以单击该单元格，使之成为活动单元格。

每个单元格都有唯一的地址，地址以它所在的列标和行号组成的字母数字串表示，列标在前，行号在后。例如，工作表第一行第 A 列的单元格地址就表示为 A1。

如果要表示一片矩形的单元格区域，则使用左上角单元格地址和右下角单元格地址来表示，中间用英文半角的冒号分隔。例如，图 3-7 中的单元格区域的地址表示为 B3:D6。

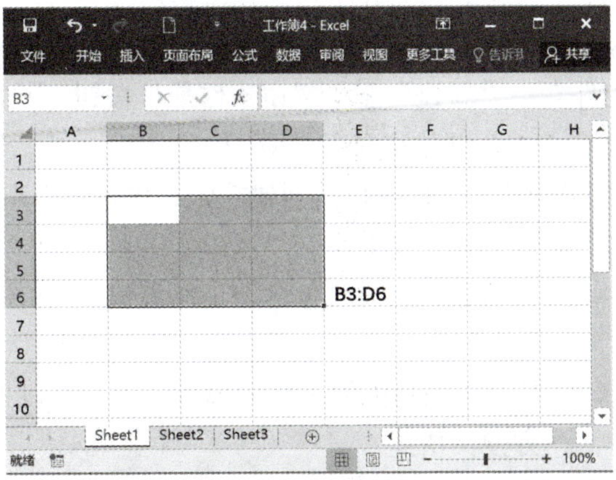

图 3-7 单元格区域的地址表示

3. 工作表标签

工作表标签在工作区的底部。新建 Excel 工作簿文件时，默认情况下，系统会自动创建 3 张空白工作表，工作表标签命名为 Sheet1、Sheet2 和 Sheet3，工作表标签也称为工作表名称。若要处理某个工作表，可单击该工作表的标签，使之成为活动工作表。

4. 编辑栏

编辑栏在功能区的下方、工作区的上方，由名称框、工具框和编辑框组成，如图 3-8 所示。

图 3-8 编辑栏

编辑栏左侧是名称框，用于显示当前单元格的名称。如果单元格尚未命名，则名称框会显示该单元格的地址。在名称框中输入单元格地址或名称，再按 Enter 键，可快速定位活动单元格。

编辑栏右侧是编辑框，用于对活动单元格输入、编辑内容。当用户完成单元格内容的编辑时，单击工具框中的“输入”按钮✓，同时退出单元格编辑状态；当用户需要取消编辑的内容时，单击工具框中的“取消”按钮✕。

3.2 Excel 工作簿基本操作

3.2.1 新建工作簿

1. 新建空白工作簿

启动 Excel 2016，系统会自动创建主文件名为“工作簿 1”的文件，再新建 Excel 文件，主文件名依次命名为“工作簿 2”“工作簿 3”……。一个 Excel 文件也就是一个工作簿，Excel 文件的扩展名为“.xlsx”。新建空白工作簿常用以下方法：

方法一：单击快速访问工具栏“新建”按钮，创建空白工作簿。

方法二：单击“文件”→“新建”→“空白工作簿”按钮。

方法三：按组合键 Ctrl+N，创建空白工作簿。

默认情况下，新建工作簿时，工作簿自动创建 3 张工作表。用户可以根据个人的情况，设置自动创建工作表的数量。选择“文件”→“选项”菜单，弹出“Excel 选项”对话框，选择“常规”选项卡，设置“新建工作簿时包含的工作表数”，如图 3-9 所示。

2. 使用模板创建工作簿

Excel 2016 提供了很多具有不同功能的工作簿模板，用户可以根据实际需要，选择合适的模板快速创建工作簿，方便又快捷。

单击“文件”→“新建”命令，单击需要的模板即可创建工作簿。如果用户未找到需要的模板，可以通过联机搜索，从互联网上下载模板使用。

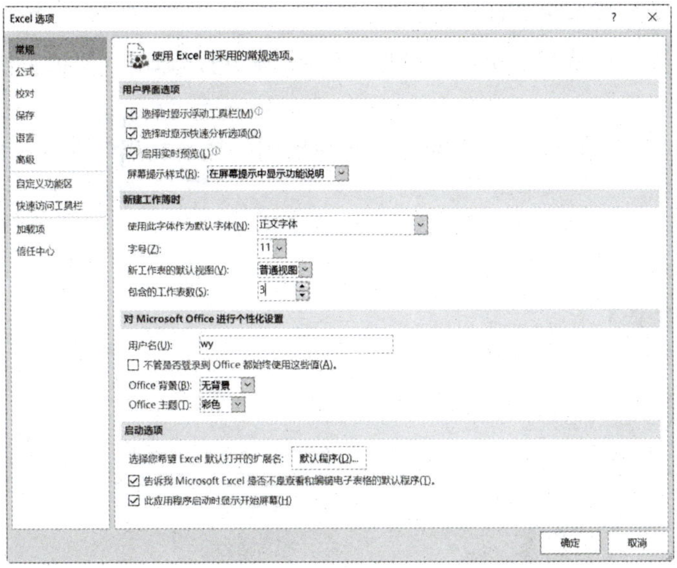

图 3-9　“Excel 选项”对话框

3.2.2　保存工作簿

工作簿编辑完成后，需要把工作簿保存在外存上。单击快速启动工具栏上的“保存”按钮，或单击“文件”→“保存”命令，或按 Ctrl+S 组合键保存工作簿。如果需要改变保存过的工作簿的文件名称或保存地址，选择“文件”→“另存为”命令即可。

3.2.3　工作簿的打开与关闭

1. 打开工作簿

退出 Excel 或关闭工作簿后，如果想重新打开工作簿进行编辑处理，常用的操作方法有以下两种。

方法一：在计算机中找到要打开的工作簿，双击工作簿图标打开。

方法二：启动 Excel，单击“文件”→“打开”命令，在“打开”文件界面中，选择“最近”需要打开的文件，也可以单击“浏览”按钮，在“打开”对话框中选择文件的保存位置打开工作簿。

方法三：使用 Ctrl+O 键打开工作簿。

2. 关闭工作簿

对于已保存过的工作簿，单击“文件”→“关闭”命令，即可关闭工作簿。对于编辑后未保存的工作簿，保存时会弹出一个询问对话框，单击“保存”按钮，将修改后的工作簿保存。

3.2.4　工作簿安全保护

1. 工作簿文件加密

若要防止他人打开 Excel 工作簿文件，可以给工作簿文件加密。

（1）单击“文件”→“信息”命令。

（2）在“信息”屏幕界面单击“保护工作簿”按钮，弹出“保护工作簿”下拉菜单，如图 3-10 所示。

（3）选择“用密码进行加密”命令，在弹出的“加密文档”对话框中输入密码，如图 3-11 所示。

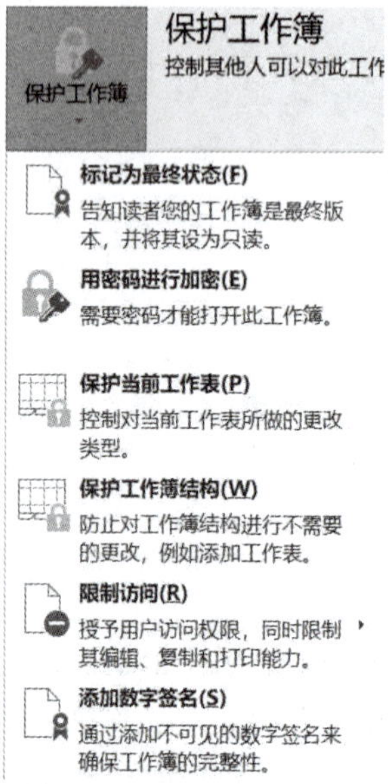

图 3-10 “保护工作簿”下拉菜单

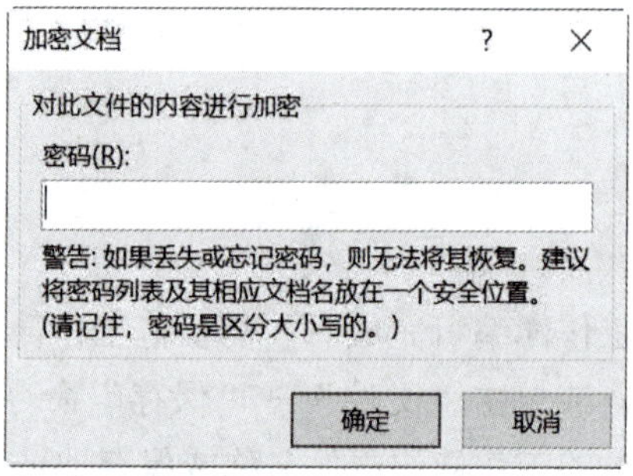

图 3-11 “加密工作簿”对话框

以后打开该工作簿时就会出现“密码”对话框，只有正确输入密码后才能打开工作簿。

2. 保护工作簿结构

保护工作簿结构可以防止其他用户对工作簿的结构进行更改，例如移动、删除或添加工作表，修改工作表名称等。

（1）单击“审阅”选项卡，在“更改”组中，单击“保护工作簿”按钮，弹出“保护结构和窗口”对话框，如图 3-12 所示。

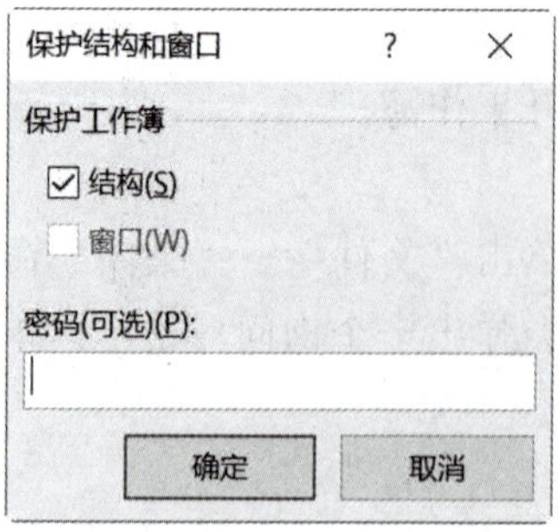

图 3-12 “保护结构和窗口”对话框

（2）输入密码，单击“确定”按钮，弹出“确认密码”对话框，再次输入密码。

3.3　工作表数据录入

录入数据是工作表最基本也最重要的工作，录入数据特别要认真细致，否则有可能会带来不可挽回的巨大损失。

工作表中的单元格可以存储文字、数字、日期、时间和公式等，不同类型的数据，其录入方法也不一样。另外，录入数据时如果没有特别申明，非汉字字符都是英文半角字符。

3.3.1　录入各种类型的数据

1. 输入文本

在 Excel 中，汉字、字母、特殊符号等字符都属于文本数据，在单元格中直接输入即可。文本数据对齐方式默认左对齐。

如果要输入纯数字的文本，例如学号、身份证号、电话号码等，需要在数字的前面输入一个英文半角的单引号。

提示：录入数据时，使用键盘按键移动活动单元格，可以大大提高数据录入速度。移动单元格组合键功能见表 3-1。

表 3-1　移动单元格组合键功能表

按键	功能
左光标键←	向左移动一个单元格
右光标键→或 Tab 键	向右移动一个单元格
上光标键↑	向上移动一个单元格
下光标键↓或 Enter 键	向下移动一个单元格
Alt+Enter	单元格换行输入

2. 输入数值

数值型的数据是表示数值大小的数字，可以直接输入。数值型数据默认右对齐。

在输入分数时，应该先输入分数的整数部分和一个空格，然后再输入分数，否则 Excel 会把输入的分数处理成日期。

当输入的数据位数大于 11 位时，系统自动采用科学计数法显示数据。如果输入的数据最左侧是“0”，系统会把“0”全部自动省略。另外，Excel 在计算时，是用输入的数值运算，而不是显示的数据。

3. 输入日期和时间

输入日期，年、月、日之间使用“/”或“-”分隔。输入当天日期，按 Ctrl+; 键。

输入时间，小时、分、秒使用“：”分隔。输入当前时间，按 Ctrl+Shift+; 键。若用 12 小时制表示时间，需要在时间数字后输入一个空格，再输入字母 a 或 p，表示上午或下午。

提示：如果单元格列宽太窄，单元格中的日期和数字无法显示，将会显示一串“######”符号；如果单元格列宽太窄，单元格右边又是空白单元格，单元格中的字符会溢出显示到右边的单元格中；如果右边单元格有内容，则溢出的内容不会显示出来，但实际内容仍然是存在的。

3.3.2　自动填充数据

如果录入的是具有一定变化规律的数据序列，使用 Excel 2016 提供的自动填充数据功能，可提高数据录入的速度，并降低录入错误率。有规律的数据是指等差、等比、系统预定义的序列或用户自定义的序列。自动填充是根据初始值和步长计算出后面的填充项。

1. 使用填充柄

（1）选择单元格或单元格区域，将其用作填充更多单元格的基础。此时，选中单元格区域的右下角有个黑色小方块，称为填充柄。

（2）鼠标移动到填充柄，当鼠标指针变形为十字形“+”，拖动鼠标，可以填充相同数据或数据序列。

填充完成之后，填充单元格区域右下角会出现“自动填充选项”按钮，如图 3-13 所示，如果填充的数据不符合要求，可单击该按钮，选择所需选项以更正填充的内容。

提示：使用填充柄自动填充数据序列，向下和向右拖动鼠标为递增方式填充，向上和向左拖动鼠标为递减。

2. 自动填充规律

自动填充数据与初始值的数据类型有关，不同的数据类型，自动填充的结果不一样。默认情况下，以等差方式填充序列，但用户也可以自定义填充方式。

（1）数值型数据。选中初始值单元格，自动填充的是相同数据，等同于复制功能。如果选中初始值单元格区域，自动填充以等差方式填充数据。

用户也可以自定义等差或等比方式的填充。首先选中初始值单元格，单击“开始”→“填充”→“序列”按钮，弹出“序列”对话框，如图 3-14 所示，根据需要设置填充的类型、步长、终止值等参数。

图 3-13 “自动填充选项”效果图

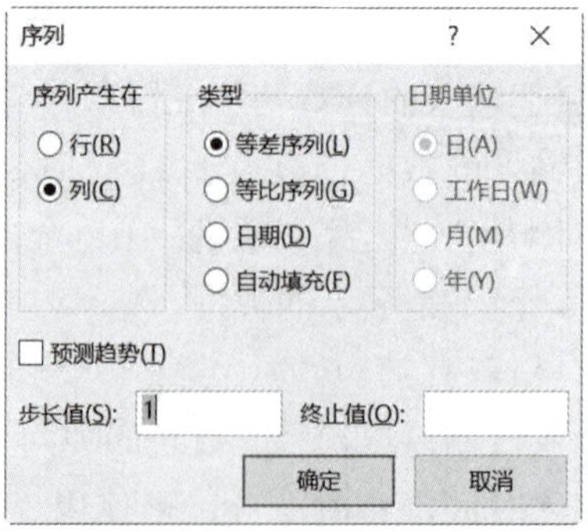

图 3-14 “序列”对话框

（2）文本型数据。当初始值为纯汉字、字母、字符组合的文本型数据，自动填充的是相同数据，等同于复制功能。当初始值是汉字、字母、字符和数字组合的混合数字字符串时，数字以递增或递减的方式填充，其他字符不变。

（3）日期时间型数据。日期型数据以日为单位自动填充日期数据，时间型数据以小时为单位自动填充时间数据。用户也可以使用“自动填充选项”命令和“序列”命令自定义填充方式。

3. 自定义序列填充

在 Excel 中，用户还可以自定义填充序列，这为数据录入带来极大的便利。自定义序列的操作方法如下。

（1）单击“文件”→“选项”命令，打开“Excel 选项”对话框，选择“高级”选项卡，在“常规”选项组中单击“编辑自定义列表”按钮，弹出“自定义序列”对话框，如图 3-15 所示。

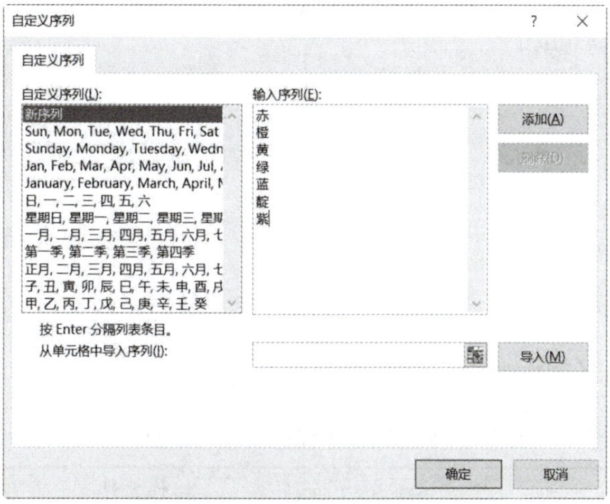

图 3-15 “自定义序列”对话框

（2）在“自定义序列”对话框中，单击“新序列”，然后在“输入序列”框中逐个输入序列条目，每个条目输入后按 Enter 键。

（3）输入完所有条目后，单击“添加”按钮，可以在“自定义序列”列表中看到新添加的序列，最后单击“确定”按钮。

3.3.3 数据有效性验证

数据有效性验证是对录入单元格的数据进行限制的功能。对于符合条件的数据，允许录入；对于不符合条件的数据，则禁止录入。这样可以极大地避免数据录入错误，又可以提高工作效率。数据有效性验证操作方法如下。

（1）选择要进行数据有效性验证的单元格区域。

（2）单击“数据”选项卡，在“数据工具”组中，单击“数据验证”按钮，选择“数据验证”命令，弹出“数据验证”对话框，如图 3-16 所示。

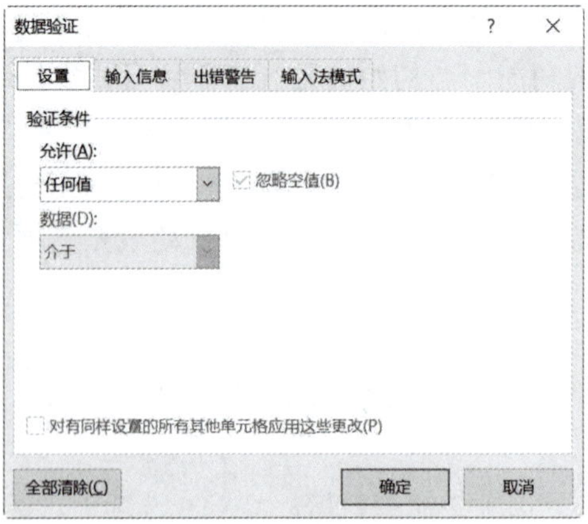

图 3-16 “数据验证”对话框

（3）在“设置”选项卡中设置验证条件，在“输入信息”选项卡中设置数据输入时的提示信息，在“出错警告”选项卡中设置数据输入错误时的提示信息。

（4）单击“确定”按钮。

3.4 单元格的基本操作

Excel 工作表数据录入之后，常常需要对单元格内容进行编辑处理和格式设置。

3.4.1 选择操作

单元格及单元格区域选择操作方法见表 3-2。

表 3-2 单元格及单元格区域选择操作方法

选择内容	操作方法
单元格	鼠标移到单元格上方，单击
一行	将鼠标指针移到行号上方，鼠标指针变形为箭头，单击
一列	将鼠标指针移到列标上方，鼠标指针变形为箭头，单击
整张工作表	鼠标移到工作表左上方，单击“全选”按钮
连续单元格区域、连续行、连续列	方法一：先选择开始位置单元格（或行 / 列），拖动鼠标直至结尾单元格（或行 / 列） 方法二：先选择开始位置单元格（或行 / 列），按住 Shift 键，再在单元格（或行 / 列）结尾处单击
不连续单元格区域、不连续行、不连续列	先选中单元格（或行 / 列），按住 Ctrl 键，再选择其他单元格（或行 / 列）

3.4.2 调整行高和列宽

调整行高和列宽最快捷的方法是使用鼠标操作进行调整，另外，还可以使用“格式”工具精确设置行高和列宽。

1. 使用鼠标调整行高和列宽

（1）选择需要调整的行或列。

（2）把鼠标移到行或列的边界线上，当鼠标指针变形为双箭头或形状时，拖动鼠标至合适的行高或列宽即可。

2. 使用“格式”工具调整行高和列宽

（1）选择需要调整的行或列。

（2）单击“开始”选项卡，在“单元格”工具组中单击“格式”按钮，选择“行高”或“列宽”命令，弹出“行高”或“列宽”对话框。

（3）输入“行高”或“列宽”数值，单击“确定”按钮。

提示：为了使行高自动适应单元格中文本的高度，可以双击该行底部边界线；为了使列宽自动适应单元格中文本的宽度，可以双击该列右侧边界线。

3.4.3　插入单元格、行或列

如果用户需要一次性插入多个单元格、多行或多列，首先要选择相同数目的单元格、行或列。

（1）选择多个单元格、多行或多列。

（2）单击“开始”→“插入”按钮。

此时，如果选择的是单元格，新单元格会插入到选定单元格的左侧；如果选择的是行，新行会插入到选定行的上方；如果选择的是列，新列会插入到选定列的左侧。

另外，如果用户选择的是单元格，可以单击“插入”底部按钮，弹出“插入”下拉菜单，如图 3-17 所示，选择需要插入的命令，即可插入单元格、行或列。

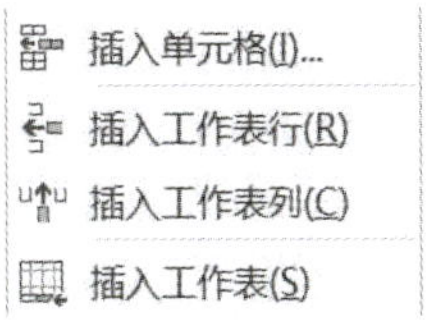

图 3-17　“插入”下拉菜单

3.4.4　删除单元格、行或列

（1）选择需要删除的单元格、行或列。

（2）单击“开始”→“删除”按钮。

此时，如果选择的是单元格，选定的单元格被删除，右侧单元格左移；如果选择的是行，选定的行被删除，下方的行上移；如果选择的是列，选定的列被删除，右侧的列左移。

另外，如果用户选择的是单元格，可以单击“删除”底部按钮，弹出“删除”下拉菜单，如图 3-18 所示，选择需要删除的命令，即可删除单元格、行或列。

图 3-18　“删除”下拉菜单

3.4.5　复制与移动单元格

1. 使用鼠标复制或移动单元格

（1）选择需要复制或移动的单元格或单元格区域。

（2）把鼠标移到选定区域的边框线附近，当鼠标指针变形为形状时，如果要移动选定的单元格，直接拖动鼠标至目标位置即可；如果要复制选定的单元格，则需要按住 Ctrl 键，再拖动鼠标。

提示：执行复制或移动单元格的操作时，目标区域的数据会被源单元格区域的数据覆盖。如果想插入单元格数据，移动插入单元格可按住 Shift 键，如果是复制插入单元格，则需要按住 Shift+Ctrl 键，再拖动鼠标，此时随着鼠标的移动，会出现水平或垂直的“I”形插入标记，当释放鼠标时，被移动或复制的源数据将插入到“I”形插入标记的位置。

2. 使用剪贴板复制或移动单元格

（1）选择需要复制或移动的单元格或单元格区域。

（2）如果要移动选定的单元格，单击“开始”→“剪切”按钮（或按组合键 Ctrl+X）；如果要复制选定的单元格，单击“开始”→“复制”按钮（或按组合键 Ctrl+C）。此时被选定的单元格区域四周会出现流动的虚线框。

（3）单击目标区域第一个单元格。

（4）单击“开始”→“粘贴”按钮（或按组合键 Ctrl+V）。

提示：按 Esc 键可以取消虚线框，结束复制操作。

3. 选择性粘贴

单元格内容的属性较多，包括结果数据、公式、格式、批注等，使用“选择性粘贴”可以有选择地粘贴需要的属性信息。

（1）选择要复制的单元格或单元格区域，执行“复制”操作。

（2）单击目标区域第一个单元格。

（3）单击“开始”→“粘贴”按钮的底部按钮粘贴，打开“选择性粘贴”下拉菜单，如图 3-19 所示，根据需要选择相应的粘贴按钮；或选择“选择性粘贴（S）...”命令，弹出“选择性粘贴”对话框，如图 3-20 所示。

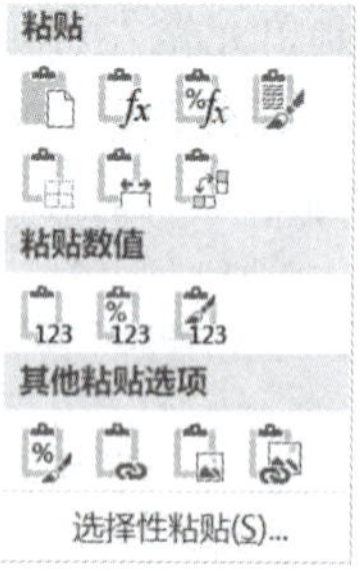

图 3-19 “选择性粘贴”下拉菜单

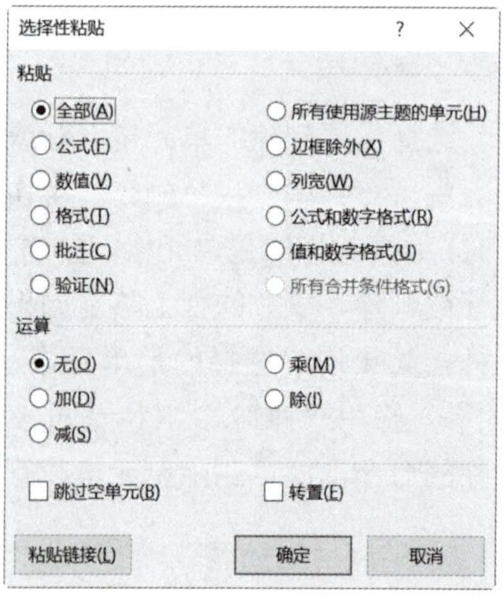

图 3-20 “选择性粘贴”对话框

在“选择性粘贴”对话框中，“运算”组中的“加”“减”“乘”“除”是把源单元格区域的数据与目标区域的数据进行相应的运算，结果填入目标区域，“无”是指不参与运算；

“跳过空单元”是指如果源单元格区域中有空白单元格，粘贴时空白单元格不会替换目标区域对应单元格的数据；“转置”是将源单元格区域的行、列互换后粘贴到目标区域。

3.4.6　清除单元格内容

清除与删除单元格是两个不同的概念。清除单元格是清除单元格中的内容，单元格位置保持不变；删除单元格，是把单元格从工作表中移除，原位置由附近的单元格填补。

（1）选择需要清除的单元格或单元格区域。

（2）单击“开始”→“清除”按钮，弹出下拉菜单，如图 3-21 所示，选择需要的清除选项。

提示：按 Delete 键可以清除单元格的内容和超链接，但不能清除单元格的格式和批注。

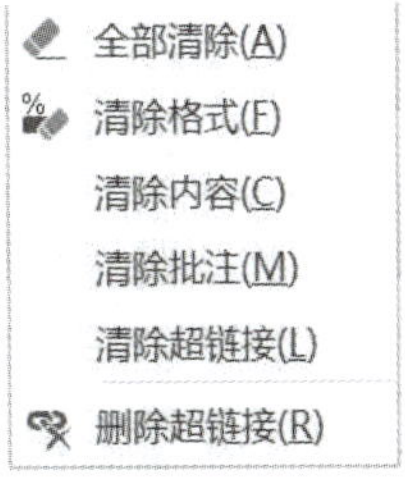

图 3-21　“清除”下拉菜单

3.4.7　合并单元格

合并单元格是把两个或多个相邻的单元格合并成一个单元格的功能，在套用或设置工作表版式效果时非常有用。合并单元格有两种方法。

方法一的操作步骤如下：

（1）选择需要合并的单元格。

（2）单击“开始”→“合并后居中”按钮 合并后居中，则选中的单元格区域合并成一个单元格且居中对齐。

方法二的操作步骤如下：

（1）选择需要合并的单元格。

（2）选择“开始”选项卡，单击“对齐方式”组右下角的扩展按钮，弹出“设置单元格格式”对话框，如图 3-22 所示，选中“合并单元格”复选框，同时根据需要设置文本的水平、垂直对齐方式。

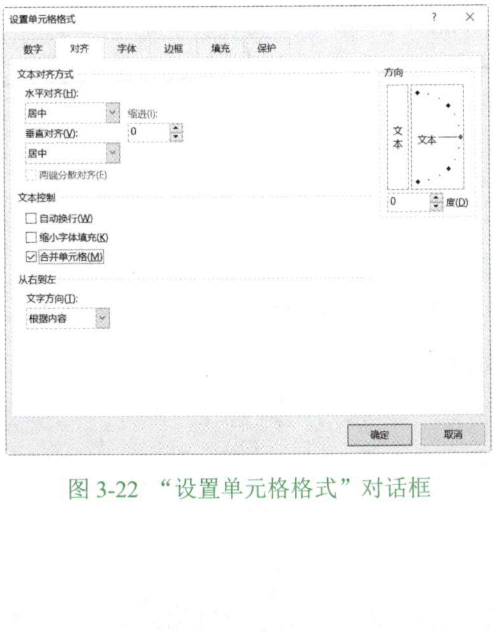

图 3-22　“设置单元格格式”对话框

（3）单击“确定”按钮。

提示：合并多个单元格时，只有左上角单元格或右上角单元格的内容会显示在合并单元格中，其他单元格的内容会被删除。

如果要取消单元格的合并功能，只要再次单击“合并后居中”按钮，或者打开“设置单元格格式”对话框，取消“合并单元格”复选框即可。

3.4.8 设置单元格数字格式

默认情况下，用户输入的数字串未经格式化处理，无法直观地表现数字的具体内涵。设置数字格式是指更改数据在单元格中的显示方式，快速提升工作表的表现力和易读性。

（1）选择要设置数字格式的单元格。

（2）单击“开始”选项卡，在“数字”组中，单击需要的数字格式按钮，或单击“数字”组右下角的扩展按钮，弹出“设置单元格格式”对话框，根据需要设置相应的数字格式。

3.4.9 设置条件格式

条件格式根据指定的条件更改单元格的外观，突出显示所关注的单元格或单元格区域，即条件格式化。例如，把小于 60 分的考试成绩填充浅红色。

（1）选择需要突出显示的成绩区域。

（2）单击“开始”→“条件格式”按钮，弹出“条件格式”下拉菜单，如图 3-23 所示。

（3）选择“突出显示单元格规则”→“小于”命令，在弹出的“小于”对话框中输入“60”，单击“设置为”下拉按钮，选择“浅红色填充”选项，如图 3-24 所示。

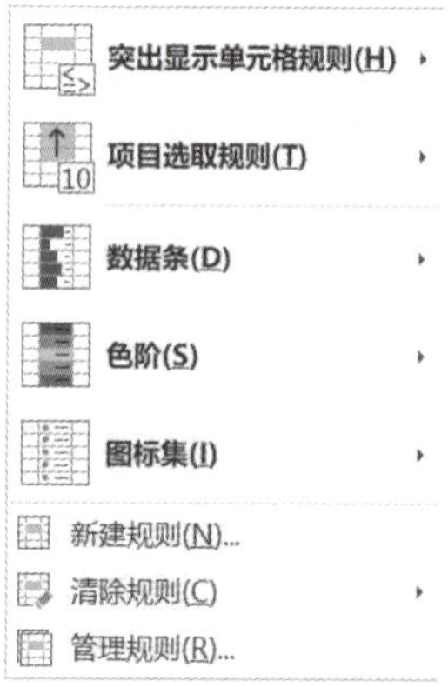

图 3-23 “条件格式”下拉菜单

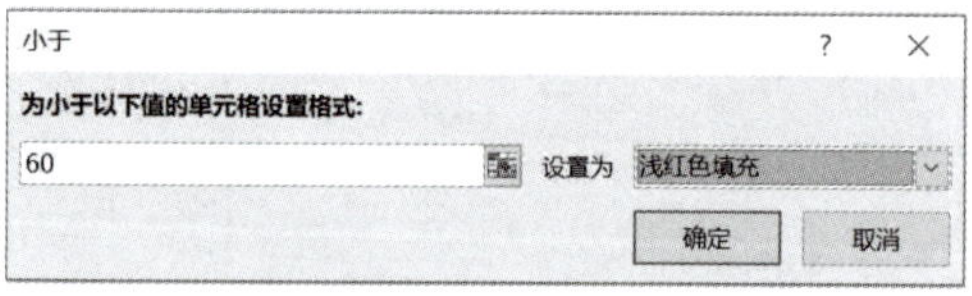

图 3-24 “小于”对话框

（4）单击“确定”按钮。

“条件格式”命令可以使用“数据栏”“色阶”“图标集”等选项直观地显示数据，还可以自定义规则及其显示格式。

3.4.10 添加批注

在 Excel 中，可以为单元格添加批注，用以说明该单元格内容的含义或作相关补充说明。

（1）选择需要添加批注的单元格。

（2）单击“审阅”→“新建批注”按钮，此时，在该单元格的右上角会弹出一个批注框，在批注框中输入批注内容。

（3）输入完成后，单击批注框外的任意工作表区域，关闭批注框。

用户还可以右击单元格，在弹出的快捷菜单中选择“插入批注”命令，快速添加批注。

提示：当单元格附有批注时，该单元格的右上角会有一个小三角标记；将光标悬停在该单元格上方时，会显示批注内容。

3.5　工作表的基本操作

在 Excel 中，为了便于管理，可以把相关的工作表放在一个工作簿中，同一工作簿的不同工作表可以相互操作，以提高工作效率。

说明：一个工作簿理论上可以有无限个工作表，工作表数量受可用内存的限制。

3.5.1　工作表的选择

如果要操作工作表，首先要选择工作表。选择工作表的方法见表 3-3。

表 3-3　选择工作表的方法

选择内容	操作方法
单张工作表	单击工作表标签
相邻的多张工作表	先单击第一张工作表标签，再按住 Shift 键单击最后一张工作表标签
不相邻的多张工作表	先单击第一张工作表标签，再按住 Ctrl 键单击其他工作表标签
所有工作表	在任意一张工作表标签上右击，在弹出的快捷菜单中选择“选定全部工作表”命令

提示：如果看不到工作表标签，可以单击工作簿左下角的标签滚动按钮。

3.5.2　工作表的命名

Excel 默认工作表的名称是 Sheet1、Sheet2、Sheet3……，用户可以为工作表取一些有意义、便于记忆的名字。常用的工作表更名的方法主要有以下两种：

方法一：双击要更名的工作表标签，这时工作表标签会显示灰色底纹，直接输入新名字即可。

方法二：右击要更名的工作表标签，在弹出的快捷菜单中选择“重命名”命令，然后输入新名字。

3.5.3　设置工作表标签颜色

为工作表标签添加背景填充色有助于使其更显眼。在工作表标签上右击，在弹出的快捷菜单中选择“工作表标签颜色”命令，然后选择所需的颜色。

3.5.4 工作表的插入、删除、移动和复制

1. 插入工作表

插入工作表的方法主要有以下三种。

方法一：单击工作簿底部的“插入工作表”加号按钮⊕，即可在当前工作表后面插入一张工作表。

方法二：选择“开始”→“插入”→“插入工作表”命令。

方法三：右击工作表标签，在弹出的快捷菜单中选择“插入”命令，即可在当前工作表的前面插入一张工作表。

提示：如果选定多张工作表，执行插入操作，将插入与选定工作表相同数量的工作表。

2. 删除工作表

选定要删除的工作表，可单击“开始”→“删除”→“删除工作表”命令；或者，右击工作表标签，在弹出的快捷菜单中选择“删除”命令，即可删除选定的工作表。

3. 移动或复制工作表

使用鼠标移动或复制工作表最为快捷。选择工作表标签，并将其拖到想要的位置，释放鼠标，则工作表被移到该位置。如果按住 Ctrl 键的同时拖动工作表标签，则能完成复制工作表的功能。

用户也可以右击工作表标签，在弹出的快捷菜单中选择“移动或复制”命令，弹出“移动或复制工作表”对话框，如图 3-25 所示，如果勾选“建立副本”复选框，完成的是复制工作表的功能，否则完成的是移动工作表的功能。

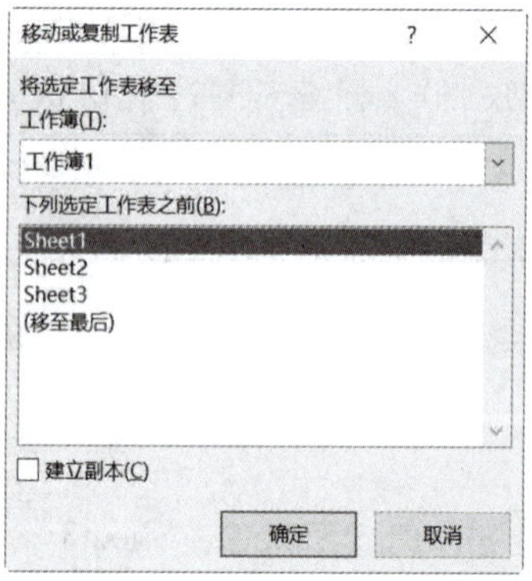

图 3-25 “移动或复制工作表”对话框

3.5.5 工作表格式设置

用户可以利用 Excel 提供的表格样式快速完成工作表的格式化。Excel 2016 提供浅色、中等深浅和深色等三大类、60 套内置表格样式。

（1）选取要设置格式的单元格区域。

（2）单击“开始”→“套用表格格式”按钮，选择需要的表格样式。

用户如果对表格样式不满意，可以使用“开始”选项卡“字体”组中的“边框”⊞▾、

“填充”、“字体”等按钮对表格进行编辑修改。

3.5.6　工作表的隐藏与显示

选择要隐藏的工作表时，单击“开始”选项卡，在“单元格”组中，单击“格式”按钮，在下拉菜单中选择“隐藏和取消隐藏”→“隐藏工作表”命令，这时可以看到选定的工作表从屏幕上消失。若要取消隐藏的工作表，单击“开始”→“格式”→“隐藏和取消隐藏”→“取消隐藏工作表”命令，弹出“取消隐藏”对话框，如图 3-26 所示，对话框列表中显示的是处于隐藏状态的工作表，选择需要取消隐藏的工作表。

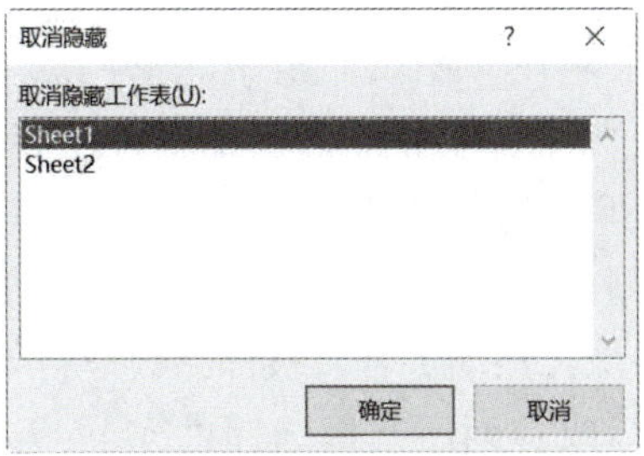

图 3-26　“取消隐藏”对话框

3.5.7　工作表的拆分与冻结

1. 拆分窗口

当工作表很大，工作表的内容不能完全显示在当前窗口中，又需要能同时看到几个位置的内容，可以使用拆分窗口的方法来实现。

（1）选择拆分处的单元格。

（2）单击“视图”选项卡，在“窗口”组中，单击“拆分”按钮拆分，此时，会在选中单元格的上方和左侧出现分割线，把 Excel 工作区拆分成四个窗口，如图 3-27 所示。拆分后底部和右部形成各自的滚动条，每个“水平滚动条”“垂直滚动条”控制对应的两个窗口。

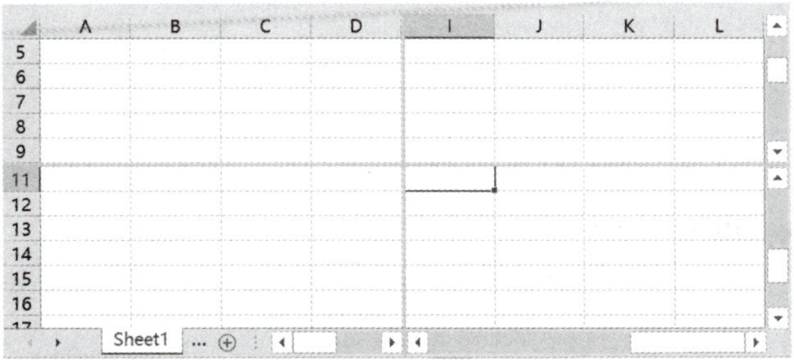

图 3-27　拆分窗口

如果要取消拆分窗口，再次单击“拆分”按钮，或双击两条分割线的交叉点即可；如果想取消某条分割线，在分割线上双击即可。

提示：拆分窗口时，如果选择的目标位置是A1单元格，则以当前窗口的中心为分割点拆分，得到4个窗口；如果选择的目标位置是第一行的某个单元格，则会在单元格的左侧出现分割线，得到水平分割的两个窗口；如果选择的目标位置是第一列的某个单元格，则会在单元格的上方出现分割线，得到垂直分割的两个窗口。

2. 冻结窗口

在使用Excel编辑较长或较宽的工作表时，需要上下或左右来回滚动屏幕查看数据，此时，特别需要将表头锁定，使表头始终位于屏幕上的可视区域，可使用冻结窗口来实现。

冻结窗口的操作方法与拆分窗口很相似。

（1）选择冻结处的单元格。

（2）单击“视图”选项卡，在“窗口”组中，单击“冻结窗格”按钮，出现“冻结窗格”下拉菜单，如图3-28所示，选择“冻结拆分窗格”命令，此时，会在选中单元格的上方和左侧出现冻结线，水平冻结线上方和垂直冻结线左侧的区域在滚动屏幕时被冻结。

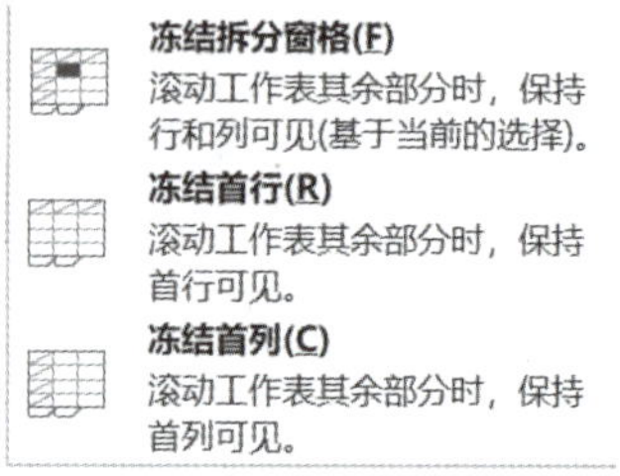

图3-28 “冻结窗格”菜单

如果想冻结工作表的首行或首列，直接选择“冻结首行”或“冻结首列”命令即可。如果要取消冻结，则单击“视图”→“冻结窗格”→“取消冻结窗格”命令即可。

3.5.8 工作表的保护

为了防止误操作或未经授权的用户修改工作表数据，用户可对工作表进行保护。

（1）打开需要保护的工作表。

（2）单击“审阅”选项卡，在“更改”组中，单击“保护工作表”按钮，弹出“保护工作表”对话框，如图3-29所示。

（3）设置密码，勾选允许对此工作表进行的操作，单击“确定”按钮。

这样在工作表中，只有勾选部分的功能可操作，其他的功能就不能操作了。如果要取消工作表的保护，单击“审阅”→“撤销工作表保护”按钮，弹出“撤销工作表保护”对话框，如图3-30所示，输入密码，单击“确定”按钮。

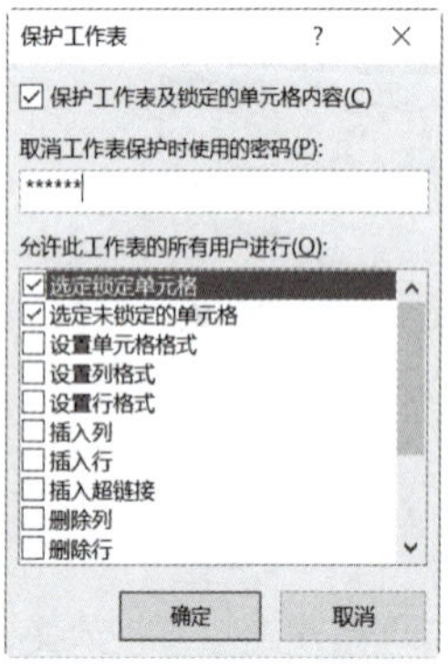

图3-29 “保护工作表”对话框

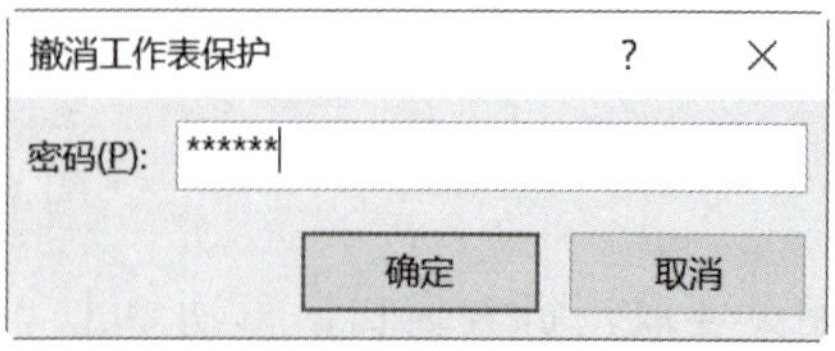

图3-30 “撤销工作表保护”对话框

3.5.9 工作表的打印

1. 页面设置

单击“页面布局”选项卡，在“页面设置”组中，可以使用“页边距”“纸张方向”“纸张大小”等按钮快速设置页面打印参数。

2. 控制打印分页

打印工作表时，Excel 会根据打印纸张的大小自动分页，如果需要人工强制分页，可以插入分页符。

（1）选择需要打印到下一页的行。

（2）单击“页面布局”→“分隔符”→“插入分页符”命令。

3. 设置打印区域

在通常情况下，默认打印的是整个工作表，如果只想打印工作表的部分区域，可以通过设置打印区域来实现。

（1）选择需要打印的区域。

（2）单击“页面布局”→“打印区域”→“设置打印区域”命令。

如果要取消打印区域，单击“页面布局”→“打印区域”→“取消打印区域”命令即可。

4. 安装打印标题

如果需要在每页上打印工作表的表头，需要为工作表安装打印标题。

（1）单击“页面布局”→“打印标题”命令，弹出“页面设置”对话框，如图 3-31 所示。

（2）单击“顶端标题行”或“左端标题列”右侧的折叠对话框按钮，选择需要打印的标题行或标题列。

（3）单击“确定”按钮。

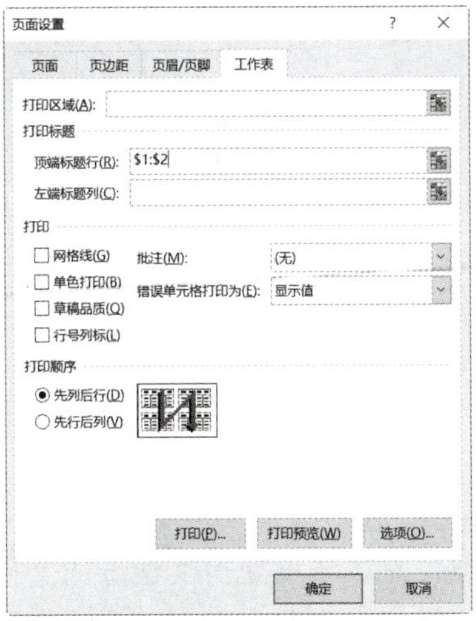

图 3-31 “页面设置”对话框

5. 打印预览

在打印工作表之前，必须先执行打印预览，观察是否能正确打印工作表，如果不满意可及时调整，以节省纸张。单击“文件”→“打印”命令，即可查看工作表打印效果，如图 3-32 所示。

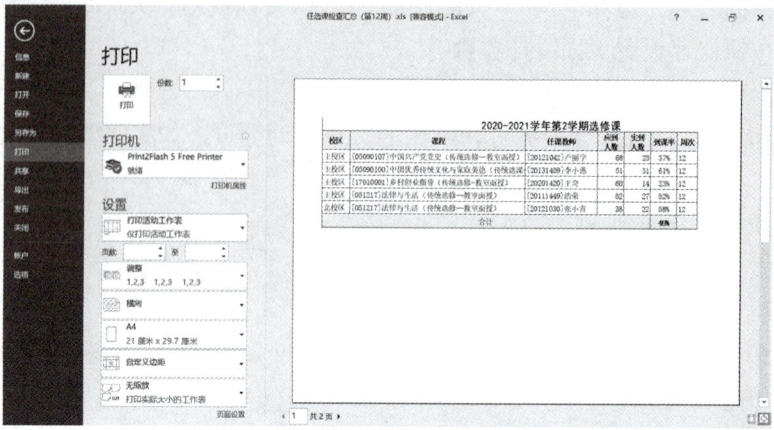

图 3-32 “打印预览”界面

说明：如果工作表太长，系统会自动分页打印；如果工作表太宽，大于打印纸张的可打印宽度范围，工作表的列就会被拆分打印到下一页，造成工作表打印不完整。

技巧：如果工作表打印不完整，可以调整工作表列宽，或设置纸张横向打印，或缩小页边距，确保工作表能完整打印。

6. 打印

在“打印预览”界面中，设置打印份数、打印机型号、打印页数等参数，单击“打印”按钮。

技巧：默认情况下，Excel 只打印当前工作表，如果要打印工作簿中所有的工作表，在“打印预览”界面中，设置“打印整个工作簿”选项即可。

拓展训练

案例 1　制作“全校学生奖学金汇总表”模板文件

任务描述

学期末，学生工作处需要汇总本年度获得奖学金的全校学生相关信息，为尽量减少数据的录入错误，需要制作“全校学生奖学金汇总表”的模板文件。模板文件要求设置数据有效性验证，其中，“性别”“学院”字段提供可选项输入，“学号”字段限制为 12 位文本数字，如果奖学金的“金额”大于或等于 1500 元，为单元格设置浅红色填充底纹。工作表录入部分数据效果如图 3-33 所示。

全校学生奖学金汇总表

序号	学号	姓名	性别	金额	奖学金名称及等级	班级	院系
1	201930211043	颜小蓓	女	1500	校级励志一等	数字媒体191	控制学院
2	201911011013	龙鑫	男	5000	国家励志奖学金	动车191	机辆学院
3	202055122022	刘光	男	1200	校级优秀二等	通信202	电务学院
4	202151311034	杨艳	女	800	校级优秀三等	信号211	电务学院
5	202033111004	张明	男	600	校级励志三等	人工智能201	控制学院
6	202133012014	谢桃	女	600	校级励志三等	大数据212	控制学院
7	202130211041	尹彦	女	1800	校级优秀一等	数字媒体211	控制学院
8	201913201025	杨洁	女	8000	国家奖学金	检修191	机辆学院
9	202140112039	李一成	男	1800	校级优秀一等	数控212	制造学院
10	202040212020	杨超	男	1000	校级励志二等	空调202	制造学院

图 3-33　“全校学生奖学金汇总表”效果图

任务实施

1. 新建 Excel 工作簿

启动 Excel，新建工作簿文件，保存文件，命名为“全校学生奖学金汇总表 .xlsx”。

2. 制作工作表的结构，设置工作表的格式

（1）录入工作表的标题和表头文字。

（2）为工作表设置合适的字体、行高和列宽，所有单元格居中对齐，添加表格边框线，工作表结构效果如图 3-34 所示。

全校学生奖学金汇总表

序号	学号	姓名	性别	金额	奖学金名称及等级	班级	院系

图 3-34　“全校学生奖学金汇总表”结构效果图

（3）选中“学号”字段所在的第 B 列并右击，在快捷菜单中选择“设置单元格格式”命令，弹出“设置单元格格式”对话框，选择“数字”选项卡，设置“文本”属性。

3. 设置数据验证

（1）选中 B3 单元格，按 Ctrl+Shift+ ↓（下光标键）组合键，选中 B 列中 B3 及以下所有单元格。

（2）单击“数据”→“数据验证”按钮，弹出“数据验证”对话框，如图 3-35 所示，

设置验证条件为“文本长度”“等于”“12”，单击“确定”按钮。

（3）选中 D3 单元格，按 Ctrl+Shift+ ↓（下光标键）组合键，选中 D 列中 D3 及以下所有单元格。

（4）单击“数据”→“数据验证”按钮，弹出“数据验证”对话框，如图 3-36 所示，设置验证条件为“序列”“介于”“男，女”，单击“确定”按钮。

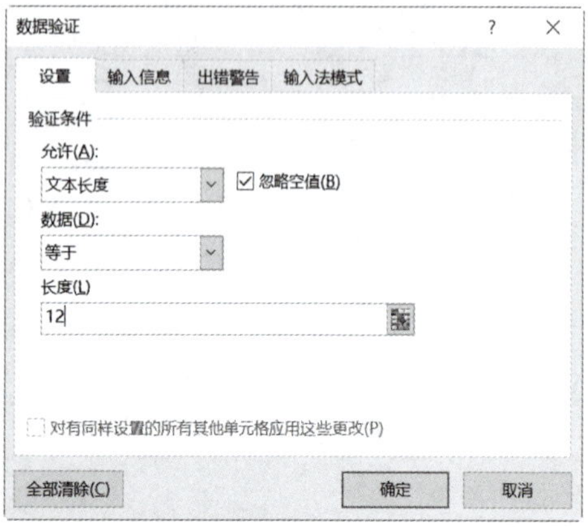

图 3-35 “数据验证”对话框（学号）

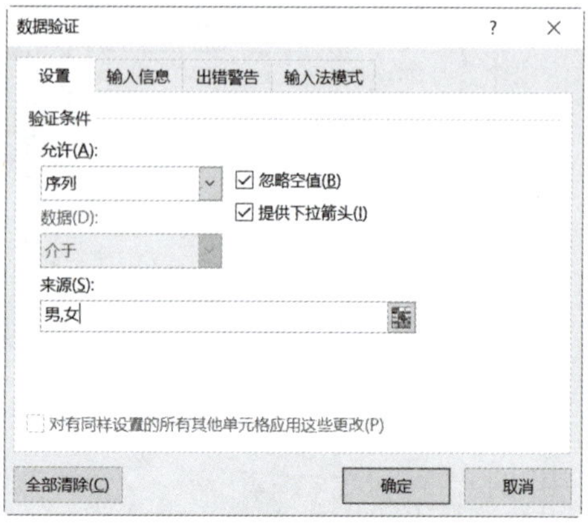

图 3-36 “数据验证”对话框（性别）

注意：“来源”可选项“男”和“女”之间必须用英文半角逗号字符分隔。

（5）采用“性别”字段数据验证的方法，设置“院系”字段的验证条件为“序列”“介于”“电务学院，控制学院，机辆学院，制造学院”。

4. 设置条件格式

（1）选中 E3 单元格，按 Ctrl+Shift+ ↓（下光标键）组合键，选中 E 列中 E3 及以下所有单元格。

（2）单击“开始”→“条件格式”→“突出显示单元格规则”→“其他规则”命令，弹出“新建格式规则”对话框，如图 3-37 所示，设置条件格式为“单元格值”“大于或等于”“1500”。

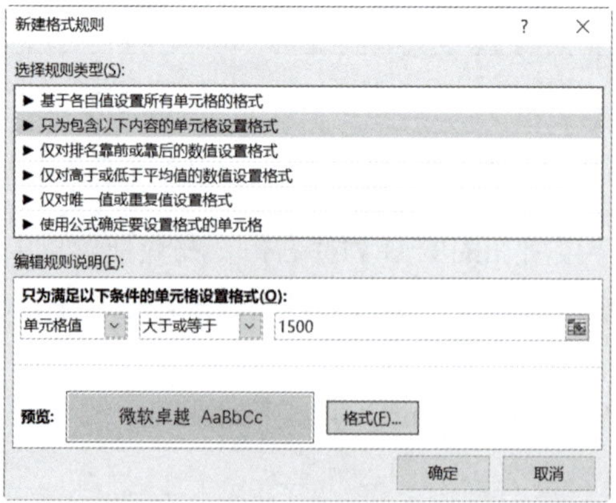

图 3-37 “新建格式规则”对话框

（3）单击“格式”按钮，弹出“设置单元格格式”对话框，选择浅红色，单击“确定”按钮。

5. 制作完成，保存文件

任务 2 学生成绩计算与统计

任务情境

期末考试结束，信息学院软件专业需要对学生考试成绩进行计算和汇总统计。为了评选学习标兵，需要对学生成绩进行汇总统计排名；为了给成绩优良的同学操行加分，需要筛选出平均分高于 85 分（含 85 分）的同学；班主任还需要获得每个班的各科平均成绩。学生成绩汇总统计效果如图 3-38 所示。

信息学院软件专业期末考试成绩表

学号	姓名	班级	C#语言	高数	英语	计算机	邓论	总分	平均分
0422101	祝新建	软件181	93	87	88	95	95	458	91.60
0422102	赵建民	软件181	93	96	78	69	88	424	84.80
0422103	张志奎	软件181	80	87	83	57	95	402	80.40
0422104	张莹翡	软件181	41	47	54	48	65	255	51.00
0422105	张可心	软件181	86	85	94	79	84	428	85.60
0422106	张金宝	软件181	87	88	85	83	91	434	86.80
0422107	张大全	软件181	84	92	76	93	87	432	86.40
0422108	张　佳	软件181	95	76	91	94	84	440	88.00
0422109	叶杏梅	软件181	75	97	84	74	75	405	81.00
0422110	杨亚飞	软件181	80	79	91	85	93	428	85.60
0422111	杨小凤	软件181	78	96	84	92	78	428	85.60
0422112	杨　薇	软件181	52	66	59	57	71	305	61.00
0422113	许前进	软件181	57	66	63	64	50	300	60.00
0422114	徐圣杰	软件181	90	89	82	87	86	434	86.80
各科平均分			80	84	81	81	82		
最高分			98	98	95	97	95		
最低分			41	47	54	46	50		
参考人数			39	40	40	40	40		
专业总人数			40						

图 3-38 “学生成绩汇总统计表”效果图（部分）

任务目标

学生成绩计算与统计

通过在线学习，掌握 Excel 公式、函数的概念与功能，会使用公式和函数进行数据计算，掌握数据排序、数据筛选、数据分类汇总和数据透视表的使用方法，能够使用数据分析工具对工作表数据进行统计分析。

扫描二维码，观看“学生成绩计算与统计”教学视频，学习 Excel 数据计算与统计分析处理相关知识与技能。

任务实施

1. 打开素材文件

双击“学生成绩表 - 素材 .xlsx”文件图标，打开素材文件，文件另存为“学生成绩表 .xlsx”。

2. 使用公式计算

（1）选中 I3 单元格，输入等号“=”，单击 D3 单元格，输入加号“+”，单击 E3 单元格，输入加号“+”，单击 F3 单元格，输入加号“+”，单击 G3 单元格，输入加号“+”，输入“H3”，最后单击编辑栏上的“输入”按钮✓。I3 单元格编辑栏显示的公式如图 3-39 所示。

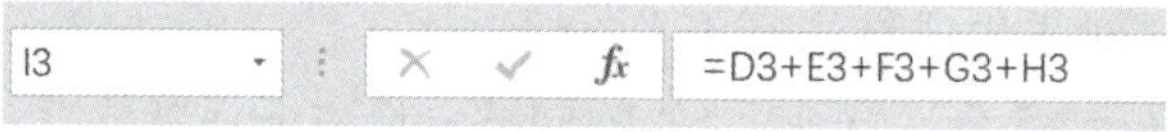

图 3-39　编辑栏公式

注意：Excel 数据计算输入的符号都必须是英文半角字符。

（2）选中 I3 单元格，鼠标移动到右下角的填充柄，当鼠标指针变形为十字形“+”时，快速双击鼠标，此时，I4:I42 单元格区域自动填充“总分”计算公式。

（3）选中 J3 单元格，输入公式“=I3/5”，最后按 Enter 键。

（4）采用 I3 单元格公式自动填充复制的方法，将 J3 单元格的公式自动填充到 J4:J42 单元格区域。

（5）选中 I26 单元格，编辑修改“总分”计算公式为“=E26+F26+G26+H26”；选中 J26 单元格，编辑修改“平均分”计算公式为“==I26/4”。

3. 运用函数计算

（1）选中 D44 单元格，单击“开始”选项卡，在“编辑”组中，单击“自动求和”右侧的下拉按钮Σ自动求和，选择“平均值”函数。

（2）拖动鼠标选择 D3:D42 单元格区域，最后按 Enter 键。D44 单元格中的函数为“=AVERAGE(D3:D42)”。

（3）用同样的方法，在 D45 单元格中输入函数“=MAX(D3:D42)”；在 D46 单元格中输入函数“=MIN(D4:D42)”；在 D47 单元格中输入函数“=COUNT(D3:D42)”；在 D48 单元格中输入函数“=COUNTA(B3:B42)”。

（4）选中 D44:D47 单元格区域，鼠标移到选中区域的填充柄，拖动填充柄，在 E44:H47 单元格区域自动填充函数。

（5）设置“各科平均分”单元格区域 D44:H44 数字格式为“整数”形式。

（6）保存文件，命名为“学生成绩表（计算）- 效果文件 .xlsx”。

4. 成绩排序

（1）单击 I 列（总分列）任意一个单元格，单击“开始”→“排序和筛选”→“降序”命令，此时，成绩表按总分从高到低的顺序排序。

（2）保存文件，命名为“学生成绩表（排序）- 效果文件 .xlsx”。

5. 筛选成绩优良的学生记录

（1）单击成绩表中任意一个单元格，单击“开始”→“排序和筛选”→“筛选”命令，此时，成绩表表头标题行的每个字段右下角出现筛选按钮▾。

（2）单击“平均分”字段上的筛选按钮，弹出“筛选”下拉菜单，如图 3-40 所示。

（3）单击“数字筛选”→“大于或等于”命令，弹出“自定义自动筛选方式”对话框，如图 3-41 所示，输入“85”，单击“确定”按钮。

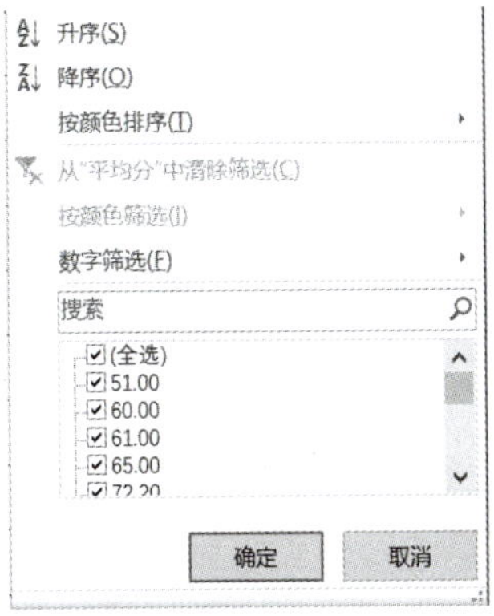

图 3-40 “筛选”下拉菜单

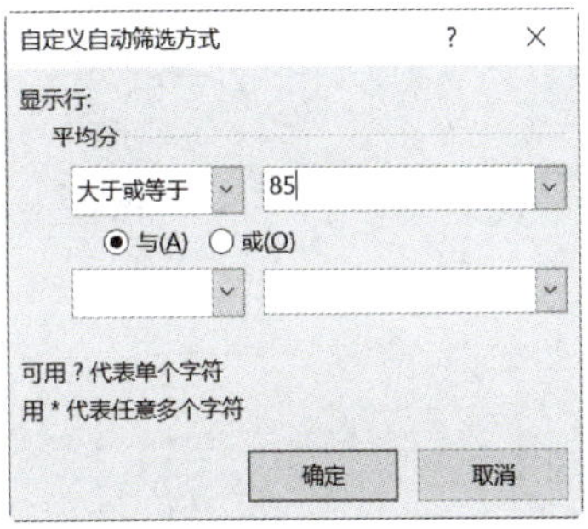

图 3-41 “自定义自动筛选方式”对话框

（4）保存文件，命名为“学生成绩表（筛选）- 效果文件 .xlsx”。

6. 分类汇总各科平均分

（1）打开“学生成绩表（计算）- 效果文件 .xlsx”文件。

（2）单击 C 列（班级列）任意一个单元格，单击“开始”→“排序和筛选”→“升序”命令，此时，班级按编号顺序从小到大的排列。

（3）单击成绩表中任意一个单元格，单击“数据”→“分类汇总”命令，弹出“分类汇总”对话框，如图 3-42 所示，设置“班级”为分类字段，汇总方式为“平均值”，汇总项选择“C# 语言”“高数”“英语”“计算机”“邓论”和“平均分”，单击“确定”按钮。

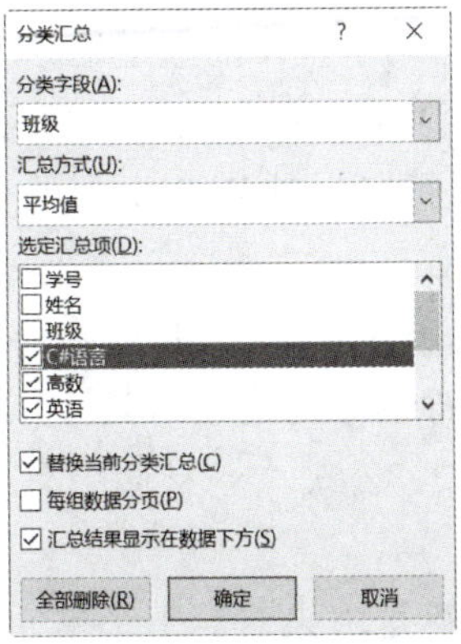

图 3-42 “分类汇总”对话框

（4）单击工作表窗口左上角的层次按钮 2 ，显示汇总结果，如图 3-43 所示。

	A	B	C	D	E	F	G	H	I	J
1	信息学院软件专业期末考试成绩表									
2	学号	姓名	班级	C#语言	高数	英语	计算机	邓论	总分	平均分
23			软件181 平均值	78.4	83.15	80.05	77.55	82.1		80.25
44			软件182 平均值	82.05	84.40	82.65	83.65	82.85		83.16
45			总计平均值	80.18	83.78	81.35	80.60	82.48		81.70

图 3-43　汇总结果

（5）保存文件，命名为“学生成绩表（分类汇总）- 效果文件 .xlsx”。

7. 完成汇总统计

知识链接

3.6　公式与函数

Excel 最强大的功能是数据的计算和统计分析处理。使用公式与函数进行数据计算是 Excel 数据处理中最重要的功能。

3.6.1　公式的使用

在 Excel 中，公式由参与运算的常量、单元格的引用、函数、运算符和名称构成。

以下均为公式示例：

=A1+B2

=100+200

=PI()*A2^2

1. 公式中的运算符

公式中运算符包括算术运算符、比较运算符、文本运算符和引用运算符。

（1）算术运算符。算术运算符用于基本的数学运算。算术运算符包括：

+（加）-（减）*（乘）/（除）%（百分号）^（乘幂）

（2）比较运算符。比较运算符可以比较两个数的关系并产生逻辑值，逻辑值只有 TRUE 和 FALSE。比较运算符包括：

>（大于）>=（大于等于）=（等于）<（小于）<=（小于等于）<>（不等于）

（3）文本运算符。文本运算符也称为连接运算符，只有“&”，作用是将两个字符串连接起来，组成一个字符串。例如，公式“=" 社会主义 "&" 核心价值观 "”的结果为“社会主义核心价值观”。

（4）引用运算符。引用运算符是用来对若干个单元格区域进行合并、联合或交叉选择的运算符。引用运算符包括区域运算符（:）、联合运算符（,）和交叉运算符（空格）。

引用运算符的功能见表 3-4。

表 3-4　引用运算符的功能

运算符	名称	功能	示例
:	区域运算符	对两个引用之间（包括两个引用在内）的所有区域的单元格进行引用	A5:C10 表示以 A5 为左上单元格，C10 为右下单元格的区域
,	联合运算符	将多个引用合并为一个引用	SUM(B5:B10,D5:D10) 表示对 B5:B10 单元格区域和 D5:D10 单元格区域进行 SUM（求和）运算
空格	交叉运算符	对两个引用共有的单元格的引用	A1:D10 C5:E15 表示 A1:D10 区域和 C5:E15 区域的交叉（重叠）部分，即为 C5:D10

2. 公式的输入

例如，在 C2 单元格中输入公式“=PI()*A2^2”，操作方法如下。

方法一：使用键盘和鼠标输入。

（1）单击需要输入公式的单元格 C2。

（2）输入等号“=”。

（3）输入函数和运算符“PI()*”。

（4）单击 A2 单元格。

（5）输入运算符和常数“^2”。

（6）按 Enter 键。

方法二：使用键盘输入。

（1）单击需要输入公式的单元格 C2。

（2）在单元格或编辑栏中直接输入公式“=PI()*A2^2”。

（3）按 Enter 键。

注意：Excel 公式始终以等号开头，运算符必须在英文半角状态下输入。

公式输入完成后，单元格 C2 中显示的是公式的计算结果，编辑栏中显示输入的公式“=PI()*A2^2”。

3.6.2　单元格的引用

在公式中，参与运算的数据基本都是单元格里的数据。单元格数据在公式中以单元格的引用来表示，Excel 通过单元格的引用指明数据的位置。Excel 单元格的引用分为相对引用、绝对引用和混合引用三种方式。

1. 相对引用

在公式中，单元格地址前不加任何符号，这种引用方式称为相对引用，如 A1、C5 等。默认情况下，单元格引用是相对引用，输入公式时单击单元格，在公式中所插入的单元格地址就是相对引用。

当把一个含有相对引用单元格地址的公式从某一个单元格（源地址）复制到另一个

单元格（目标地址）时，公式中的单元格地址会随之改变，使它相对于目标单元格的位置关系与原公式中的地址相对于源单元格的位置关系保持不变。

例如，把源地址 C1 单元格中的公式“=A1+B1”复制到目标地址 E3 单元格中，源地址 C1 单元格和目标地址 E3 单元格的位置关系是：向右移动两列，向下移动两行，源地址和目标地址的位置关系如图 3-44 所示；在目标地址 E3 单元格中，公式的单元格引用也要保持这种位置关系，即 A1 和 B1 向右移动两列，向下移动两行，A1 变为 C3，B1 变为 D3，目标地址 E3 单元格中的公式变为“=C3+D3”。

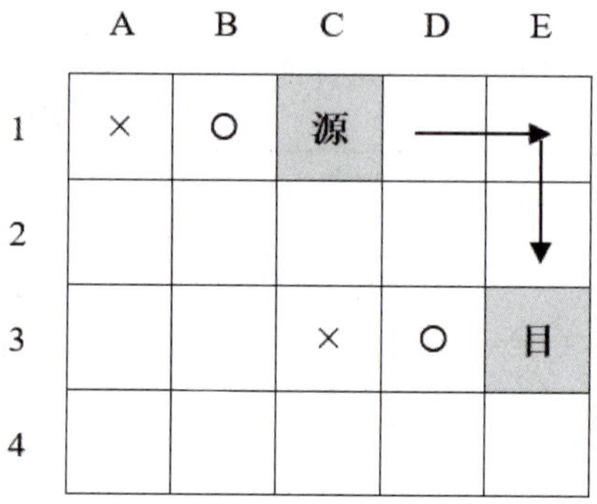

图 3-44　源地址与目标地址位置关系图

2. 绝对引用

绝对引用是指把公式复制到新位置时，公式中的单元格地址保持不变。绝对引用需要在单元格地址的行号和列号前各加一个美元符“$”，如 $D$6 表示对 D6 单元格的绝对引用。

例如，把源地址 D1 单元格中的公式“=$A$1+100”复制到目标地址 E1 单元格中，公式不会发生任何变化，仍然是“=$A$1+100”，公式中的绝对引用固定不变。

技巧：在输入公式时，可以直接输入“$”符号表示绝对引用，也可以按功能键 F4 快速给选中的地址加上“$”符号。

3. 混合引用

混合引用是指在复制公式时，只保持行地址或只保持列地址不变。混合引用只在单元格地址的行号或列号前加“$”，如 $F5 表示对 F5 单元格列的绝对引用，行的相对引用，复制该公式时，列标不变，行号会随着目标地址的变化而变化；C$10 表示对 C10 单元格列的相对引用，行的绝对引用，复制该公式时，行号不变，列标会随着目标地址的变化而变化。

4. 工作表和工作簿的引用

如果要引用同一工作簿中其他工作表中的单元格，应在单元格引用前加上工作表名称和一个感叹号，如 sheet2!B3 表示引用同一工作簿 sheet2 工作表中的 B3 单元格。

如果需要引用其他工作簿的单元格，则应在工作表名称前再加上方括号括起来的工作簿名称。如 [book]sheet1!A2 表示引用 book 工作簿中 sheet1 工作表中的 A2 单元格。

3.6.3 函数的使用

为了满足各种数据处理的要求，Excel 提供了大量函数供用户使用。函数是系统预先编制好的用于数值计算和数据处理的公式，使用函数可以简化或缩短工作表中的公式，使数据处理更加方便快捷。

1. 函数的格式

函数由函数名和一对圆括号括起来的若干参数组成其格式如下：

函数名（函数参数）

其中，函数名是一个字符串，大多数函数名是对应英文单词的缩写。函数可以使用多个参数，参数之间使用英文逗号分隔，参数的类型和位置必须满足函数语法的要求，否则将返回错误信息。

2. 函数的输入

在 Excel 中，函数可以直接输入，也可以使用“插入函数”按钮进行输入。

（1）直接输入函数。如果用户对函数很熟悉，可采用直接输入法。首先单击要输入函数的单元格，再依次输入函数各项符号，按 Enter 键或单击“输入确认”按钮 ✓ 完成输入。

（2）使用“插入函数”按钮。

1）单击要输入函数的单元格。

2）单击“公式”→“插入函数”按钮，弹出“插入函数”对话框，如图 3-45 所示。

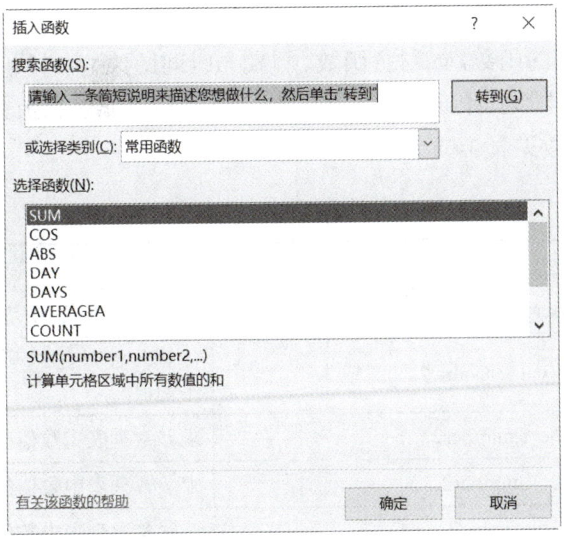

图 3-45 “插入函数”对话框

3）选择函数类别，选择需要的函数，单击“确定”按钮。

4）弹出“函数参数”对话框，如图 3-46 所示。

5）单击参数 Number1 右侧的“折叠对话框”按钮，拖动鼠标选中需要的单元格区域。

6）采用同样的方法完成参数的输入，最后单击“确定”按钮完成函数的输入。

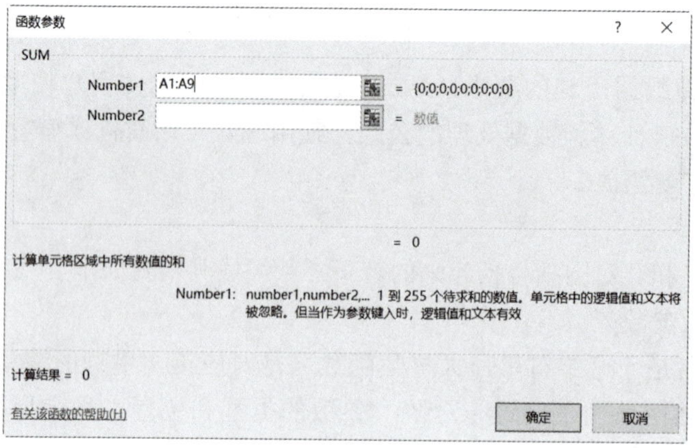

图 3-46 “函数参数”对话框

（3）使用“常用函数”按钮。

1）单击要输入函数的单元格。

2）单击“开始”→“自动求和”按钮Σ自动求和 · 右侧的下拉按钮，在下拉菜单中选择需要的函数。

3）拖动鼠标选择单元格区域。

4）最后按 Enter 键或单击“输入确认”按钮✓完成输入。

3.6.4 常用函数

Excel 提供了丰富的函数，如财务函数、日期与时间函数、数学与三角函数、统计函数、查找与引用函数、多维数据集函数、文本函数、逻辑函数、信息函数等 13 大类，用户可以直接调用。常用函数见表 3-5。

表 3-5 常用函数

函数名	格式	功能
SUM	SUM(number1,number2,…)	计算参数列表中所有数值的和
AVERAGE	AVERAGE(value1,value2,...)	计算参数列表中所有数值的平均值（算术平均值）
MAX	MAX(number1,number2,...)	求参数列表中数值的最大值
MIN	MIN(number1,number2,...)	求参数列表中数值的最小值
COUNT	COUNT(value1,value2,...)	返回参数列表中数值单元格的个数
COUNTA	COUNTA(value1,value2,...)	返回参数列表中非空值的单元格的个数
COUNTIF	COUNTIF(range,criteria)	计算区域中满足给定条件的单元格的个数
IF	IF(logical_test, value_if_true, value_if_false)	检查是否满足条件，根据逻辑测试的真假值返回不同的结果
SUMIF	SUMIF(range,criteria,sum_range)	对满足条件的单元格求和
RANK	RANK(number,ref,order)	返回一个数字在数字列表中的排位

3.7　数据排序

在进行数据分析处理时，常常需要对数据进行排序。Excel 数据表通常是由带标题的一组工作表数据行组成的一个二维数据表，又称为工作表数据库。数据表的列相当于数据库中的“字段”，数据表中的每一行相当于数据库中的一条记录。

排序就是按某个字段值的大小来排列记录，如果按从大到小的方式排序，称为降序；反之则称为升序；排序字段称为排序关键字。Excel 排序可以选择数值、单元格颜色、字体颜色和单元格图标四种排序依据。排序是按照指定的顺序重新排列工作表的行，但并不会改变行的内容。

1. 简单排序

简单排序只有一个排序关键字。

（1）单击排序关键字所在列的任一单元格。

（2）单击“开始”→“排序和筛选”按钮，选择“升序”或“降序”命令。

2. 复杂排序

简单排序时，如果值相同，需要再指定其他排序关键字来确定记录的位置。如果有两个或两个以上排序关键字，则称为复杂排序。

（1）单击数据区域任意一个单元格。

（2）单击“数据”→“排序”按钮，弹出“排序”对话框，如图 3-47 所示。

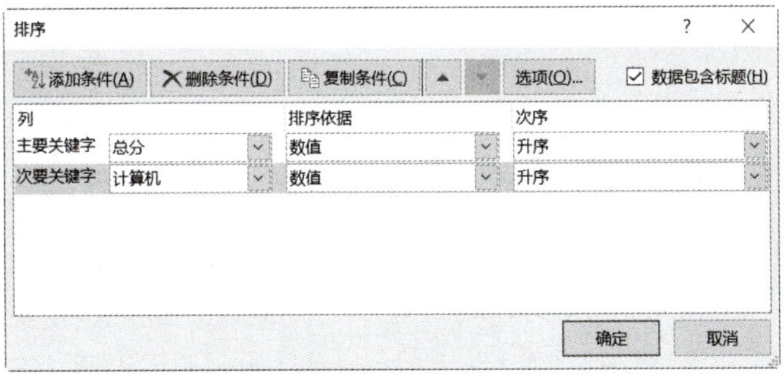

图 3-47　“排序”对话框

（3）在“排序”对话框中，根据需要设置“主要关键字”“排序依据”和“次序”。

（4）单击“添加条件”按钮，可添加“次要关键字”。

（5）单击“确定”按钮。

3.8　数据筛选

在对数据进行分析时，如果需要从全部数据中挑选出符合条件的部分数据，可采用 Excel 数据筛选功能显示符合条件的记录，暂时隐藏不满足条件的记录。数据筛选包括自动筛选和高级筛选。

1. 自动筛选

自动筛选是一种简单而快速的筛选方法，操作步骤如下：

（1）单击数据区域任意一个单元格。

（2）单击“数据”→“筛选”按钮，进入自动筛选状态，表头标题行的每个字段右下角出现筛选按钮▼。

（3）单击需要建立筛选条件的字段右下角的筛选按钮，弹出“筛选”下拉菜单，菜单中有一些条件选项：升序、降序、按颜色排列、数字筛选（文本筛选、日期筛选……）、全选和不同结果值选项。

说明：

1）单击“升序”或“降序”可使表中数据记录按照选定列的升序或降序排列。

2）“筛选”下拉菜单显示的筛选名称与列字段的数据类型有关，如果该字段是数值型数据，下拉菜单显示的是“数字筛选”，如果是文本型数据，下拉菜单则显示“文本筛选”。

（4）单击“数字筛选”菜单（假设列字段是数值型数据），弹出“筛选选项”菜单，如图 3-48 所示，选择需要的筛选条件。

说明：根据不同的数据类型，“筛选选项”菜单有不同的筛选选项。

（5）若用户想自定义筛选条件，选择“自定义筛选”，弹出“自定义自动筛选方式”对话框，如图 3-49 所示。

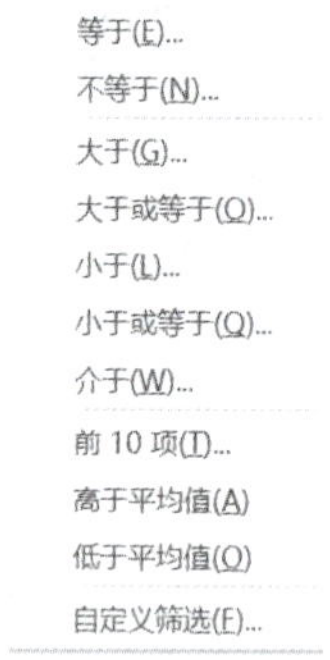

图 3-48 “筛选选项”菜单

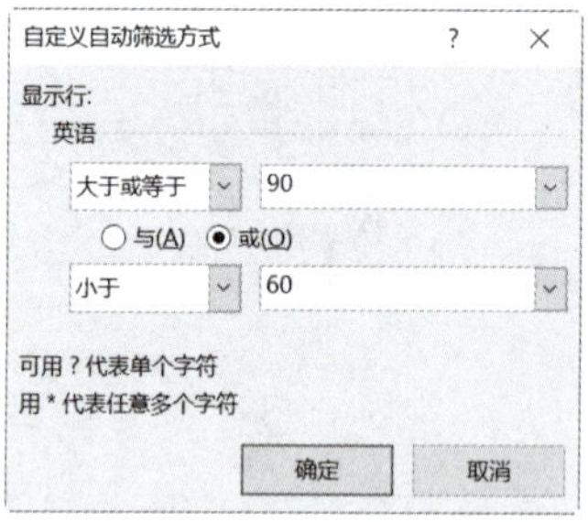

图 3-49 “自定义自动筛选方式”对话框

在“自定义自动筛选方式”对话框中，可以建立两个筛选条件，用户需要设置这两个筛选条件之间的逻辑关系，如果是“与”的关系，则能把同时满足两个条件的数据记录筛选出来；如果是“或”的关系，则表示只要满足其中一个条件即可。

如果筛选条件涉及多个列数据，只需分别在这些列字段上建立相应的筛选条件，这些条件之间是“与”的关系。

如果要退出自动筛选状态，再次单击“数据”→“筛选”按钮，则可取消自动筛选，恢复到原来的数据状态。

2. 高级筛选

高级筛选允许设置更为复杂的筛选条件，例如在一个列字段建立多个筛选条件，或在多个列字段上建立多个筛选条件。完成高级筛选有两个步骤：一是设置筛选条件，二是进行高级筛选。

高级筛选条件设置的方法：

（1）先在工作表某个空白区域建立一个条件区域，用来设置筛选条件。

（2）在条件区域首行中输入的字段名必须与数据表中的字段名相同。

（3）条件区域首行字段名下至少有一行输入要满足的条件表达式。

（4）同一行中的各条件之间是“与”的关系，即需要同时满足的条件。

（5）不同行中的各条件之间是“或”的关系，即只需要满足其中一个条件即可。

例如，信息学院软件专业要选拔学生参加职业技能竞赛，需要筛选“高数 >=90”“计算机 >=90”或者“C# 语言 >=90”的学生。操作步骤如下：

（1）在工作表中的空白区域建立筛选条件，如图 3-50 所示。

信息学院软件专业期末考试成绩表

学号	姓名	班级	C#语言	高数	英语	计算机	邓论	总分	平均分
0422101	祝新建	软件181	93	87	88	95	95	458	91.60
0422102	赵建民	软件181	93	96	78	69	88	424	84.80
0422103	张志奎	软件181	80	87	83	57	95	402	80.40
0422104	张莹莉	软件182	80	47	54	48	65	294	58.80
0422105	张可心	软件181	86	85	94	79	84	428	85.60

高数	C#语言	计算机
>=90	>=90	
>=90		>=90

图 3-50　建立筛选条件

（2）单击成绩表数据区域任意一个单元格。

（3）单击“数据”→“高级”按钮 高级，弹出“高级筛选”对话框，如图 3-51 所示。

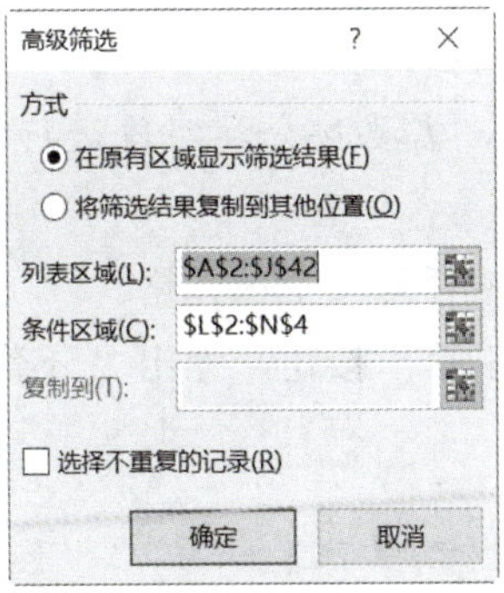

图 3-51 “高级筛选”对话框

（4）在“列表区域”输入框中，Excel 会自动写入待筛选数据区域的地址。如果自动识别错误，用户可以重新选择正确的区域。

（5）在“条件区域”输入框中输入筛选条件所在的区域。

（6）单击“确定”按钮。

对于筛选字段值相同的记录，如果不需要重复显示，可以勾选“选择不重复的记录”。筛选后的数据默认在原有区域显示，用户也可以选择“将筛选结果复制到其他位置”，此时，“复制到”输入框有效，输入目标地址即可。

若要取消“高级筛选”，单击“数据”→“清除”按钮清除，数据表即可恢复原来的状态。

3.9 分类汇总

分类汇总是一种常用的数据分析工具，在数据统计中很常用。分类汇总就是把数据按类别进行统计，汇总出需要的数据。分类汇总可以满足多种数据整理需求。例如，在如图 3-52 所示的图书销售表中，需要汇总每个书店的图书销售量。

2021年文鑫出版公司图书销售情况表			
书店名称	书籍名称	类别	销售数量（本）
文化书店	中学物理辅导	课外读物	4300
文化书店	中学化学辅导	课外读物	4000
西门书店	中学数学辅导	课外读物	4380
文化书店	十万个为什么	少儿读物	6850
文化书店	丁丁历险记	少儿读物	5840
文化书店	儿童乐园	少儿读物	6640
西门书店	中学语文辅导	课外读物	4160
中原书店	中学物理辅导	课外读物	5300
中原书店	中学化学辅导	课外读物	4800
中原书店	中学数学辅导	课外读物	5180
中原书店	中学语文辅导	课外读物	4660
西门书店	十万个为什么	少儿读物	6120
西门书店	丁丁历险记	少儿读物	6340
中原书店	丁丁历险记	少儿读物	6240
中原书店	儿童乐园	少儿读物	7140
文化书店	健康周刊	生活百科	2860
西门书店	医学知识	生活百科	5830

图 3-52 图书销售表

分类汇总操作步骤如下。

（1）对“书店名称”字段进行排序。

注意：执行分类汇总操作前，需要按分类字段进行排序，排序方式可根据需要选择升序或是降序。

（2）单击图书销售表数据区域任意一个单元格。

（3）单击“数据”→“分类汇总”按钮，弹出“分类汇总”对话框，如图 3-53 所示。

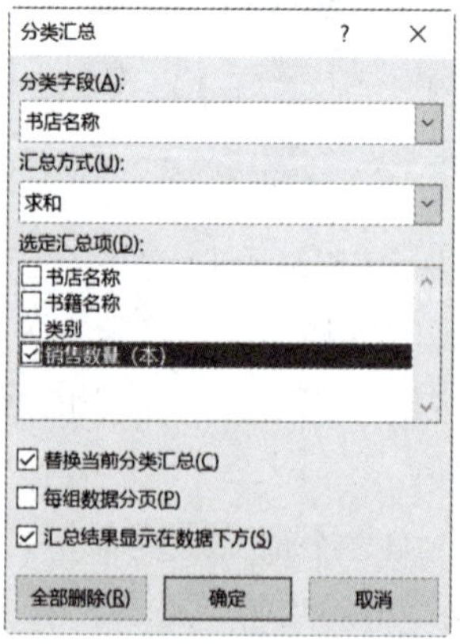

图 3-53 “分类汇总”对话框

（4）在“分类汇总”对话框中，根据需要设置“分类字段”“汇总方式”和“选定汇总项”。各项内容说明如下：

分类字段：在下拉列表中选择需要进行分类的字段。

汇总方法：Excel 中“汇总方式”十分灵活，包括求和、计数、平均值、最大值、最小值等，可以满足用户多方面的需要。

选定汇总项：在列表框中勾选需要汇总的字段，可以是一个或多个。

（5）单击“确定”按钮。

在分类汇总表的左上角有“分级显示符号”按钮，可以折叠分级显示。单击按钮，显示总体汇总结果，不显示详细数据；单击按钮，显示总体汇总结果和分类汇总结果；单击按钮，显示全部数据和汇总结果。另外，单击汇总表左侧的“展开”按钮，也可以显示明细数据；单击“折叠”按钮，可以隐藏数据。

如果想取消分类汇总结果，单击“数据”→“分类汇总”按钮，在弹出的“分类汇总”对话框中单击“全部删除”按钮，即可将工作表恢复到原来的状态。

3.10　数据透视表

数据透视表是一种简单、实用的数据分析工具，可以同时实现数据的筛选、分类、汇总等功能。使用“数据透视表”可以快速汇总大量数据，并提供数据的交互查看方式，可以动态地改变版面布置，以便按照不同方式分析数据，也可以重新安排行、列和页字段。每一次改变版面布置时，数据透视表会立即按照新的布置重新计算数据。另外，如果原始数据发生更改，还可以更新数据透视表。

例如，在图 3-52 所示的图书销售表中，需要汇总每个书店、每本书和每一类读物的图书销售量。创建数据透视表的操作步骤如下：

（1）单击图书销售表数据区域中任意一个单元格。

（2）单击“插入”→“数据透视表”按钮，弹出“创建数据透视表”对话框，如图 3-54 所示。

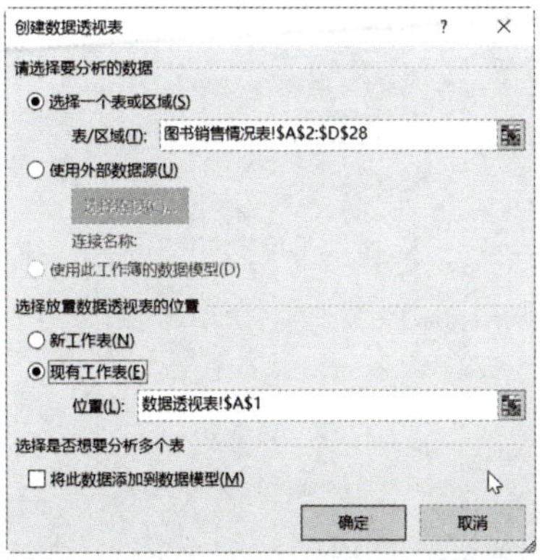

图 3-54　“创建数据透视表”对话框

（3）在“创建数据透视表”对话框中，设置分析的数据区域为图书销售表的整个数据区域，将创建的数据透视表放在“数据透视表”工作表的 A1 单元格。

（4）单击“确定”按钮，进入数据透视表的布局界面，如图 3-55 所示。

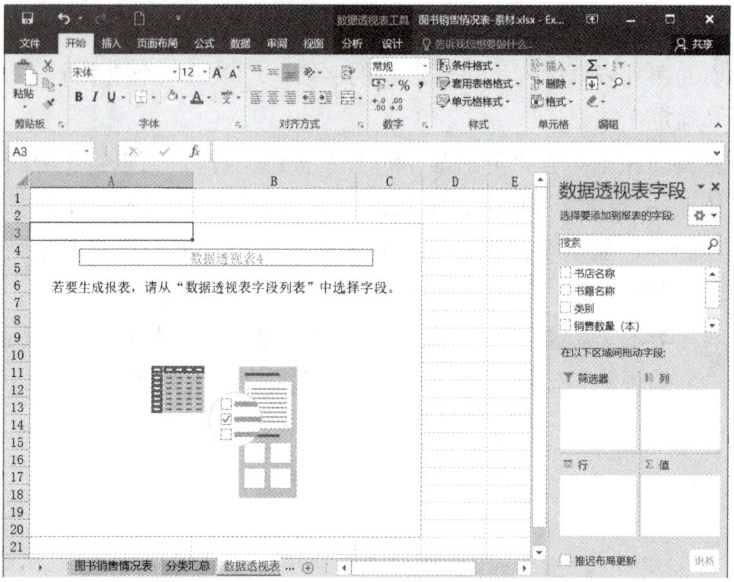

图 3-55　数据透视表布局界面

（5）在“数据透视表字段”窗格中，拖动“书店名称”至“筛选器”列表框，拖动“书籍名称”至“行”列表框，拖动“类别”至“列”列表框，拖动“销售数量（本）”至“值”列表框，在窗口左侧出现数据透视表，如图 3-56 所示。

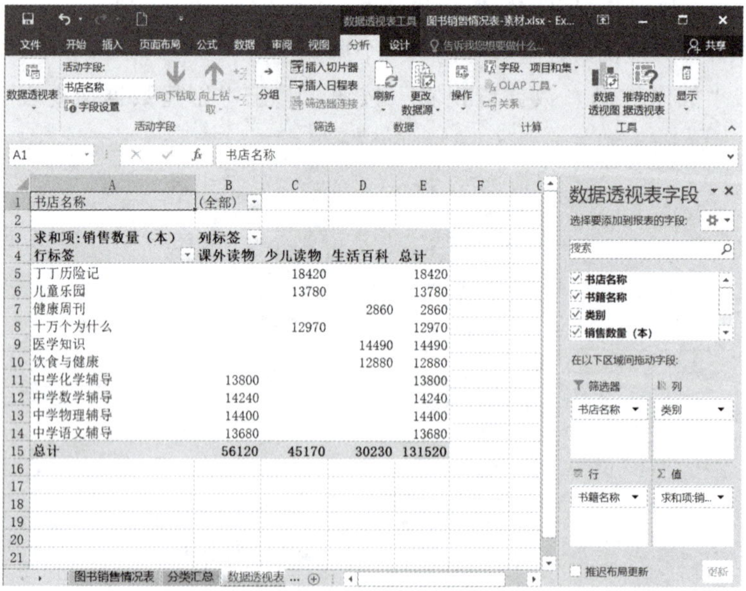

图 3-56　数据透视表

说明：单击“值”列表框中的汇总选项，在弹出的下拉菜单中选择“值字段设置”命令，在“计算类型”列表中有求和、计数、平均值等汇总方式供用户选择。

（6）单击“数据透视表 / 设计”选项卡，单击“报表布局”→“以表格形式显示”命令，此时，数据透视表“行标签”和“列标签”显示字段名。

（7）单击“确定”按钮。

在创建好的数据透视表中，单击“书店名称”右侧的下拉按钮，选择书店可以查看每个书店的销售量；单击“书籍名称”和“类别”的下拉按钮，可以选择查看每一本书、每一种书籍类别的销售量。

如果要删除数据透视表，单击数据透视表任意一个单元格，单击“数据透视表 / 分析”选项卡，单击“选择”→“整个数据透视表”命令，则整个数据透视表被选中，按 Delete 键即可删除整个数据透视表。

拓展训练

案例 2　学生成绩表排名和评定等级

任务描述

信息学院软件专业需要对学生考试成绩进行等级评定和排名，要求在“等级”字段显示等级，在“排名”字段上显示专业排名。等级评定标准是：“平均分 >=90”为“优秀”，“75=< 平均分 <90”为“良好”，“60=< 平均分 <75”为“及格”，“平均分 <60”为“不及格”。成绩表最终效果如图 3-57 所示。

	A	B	C	D	E	F	G	H	I	J	K	L
1	信息学院软件专业期末考试成绩表											
2	学号	姓名	班级	C#语言	高数	英语	计算机	邓论	总分	平均分	等级	排名
3	0422101	祝新建	软件181	93	87	88	95	95	458	91.60	优秀	2
4	0422102	赵建民	软件181	93	96	78	60	88	424	84.80	良好	20
5	0422103	张志奎	软件181	80	87	83	57	95	402	80.40	良好	27
6	0422104	张莹翡	软件181	41	47	54	48	65	255	51.00	不及格	40
7	0422105	张可心	软件181	86	85	94	79	84	428	85.60	良好	14
8	0422106	张金宝	软件181	87	88	85	83	91	434	86.80	良好	10
9	0422107	张大全	软件181	84	92	76	93	87	432	86.40	良好	12
10	0422108	张　佳	软件181	95	76	91	94	84	440	88.00	良好	7
11	0422109	叶杏梅	软件181	75	97	84	74	75	405	81.00	良好	25
12	0422110	杨亚飞	软件181	80	79	91	85	93	428	85.60	良好	14
13	0422111	杨小凤	软件181	78	96	84	92	78	428	85.60	良好	14
14	0422112	杨　薇	软件181	52	66	59	57	71	305	61.00	及格	38
15	0422113	许前进	软件181	57	66	63	64	50	300	60.00	及格	39
16	0422114	徐圣杰	软件181	90	89	82	87	86	434	86.80	良好	10
17	0422115	王玉琴	软件181	88	96	85	76	83	428	85.60	良好	14
18	0422116	王佳伟	软件181	72	81	78	76	83	390	78.00	良好	31
19	0422117	王　蓉	软件181	97	90	93	95	90	465	93.00	优秀	1
20	0422118	王　红	软件181	79	82	73	46	81	361	72.20	及格	35

图 3-57　学生成绩表效果图（部分）

任务实施

1. 打开素材文件

打开“学生成绩表（计算）- 素材 .xlsx”素材文件，文件另存为“学生成绩表（排名和等级）- 效果文件 .xlsx”。

2. 评定成绩等级

单击“等级”列的 K3 单元格，输入函数“=IF(J3>=90," 优秀 ",IF(J3>=75," 良好 ",IF(J3>=60," 及格 "," 不及格 ")))”。

说明：使用 IF 函数的嵌套形式完成成绩评定。首先判断“平均分 >=90”是否成立，如果是 TRUE，评定“优秀”，不成立则说明“平均分 <90”；然后使用 IF 函数的嵌套，判断“平均分 >=75”是否成立，如果是 TRUE，评定“良好”，不成立则说明“平均分 <75”；再使用 IF 函数的嵌套，判断“平均分 >=60”是否成立，如果是 TRUE，评定“及格”，不成立则说明“平均分 <60”，评定“不及格”。

注意：成绩等级名称作为文本字符型数据，在函数中需要使用英文半角双引号括起来。

3. 填写成绩排名

单击“排名”列的 L3 单元格，输入函数“=RANK(I3,$I$3:$I$42,0)”。

说明：使用 RANK 函数完成成绩排名。按“总分”字段排序，总分数据区域是 I3:I42，RANK 函数返回一个排名值，即 I3 单元格数据在 I3:I42 数据区域的名次，排序方式 0 表示升序，1 表示降序，参数 0 也可以缺省。因为“总分”列中其他单元格排序也是对数据区域 I3:I42 进行的，排名的数据区域固定不变，所以，在函数中使用绝对地址 $I$3:$I$42。

4. 复制函数

选中 K3:L3 单元格区域，鼠标移到选中区域的填充柄，当鼠标指针变形为十字形“+”时双击，在 K4:L42 单元格区域自动填充函数，完成成绩等级评定和填写名次。

5. 保存文件

任务 3 制作公司销售收入图表

任务情境

年末，华源集团公司要召开销售经营总结分析会，经营部秘书小婷需要制作公司销售收入图表，供销售主管汇报使用，图表效果如图 3-58 所示。

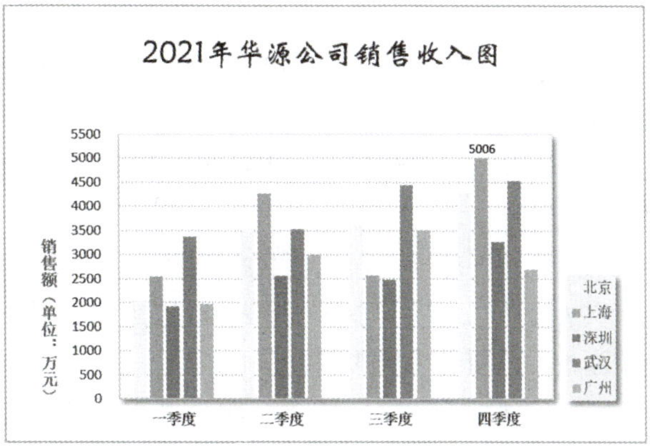

图 3-58 华源公司销售收入图

任务目标

通过在线学习，了解图表类型及特点，能根据实际需求选择合适的图表类型；掌握图表的创建及编辑修改的方法，会美化图表。

扫描二维码，观看“制作公司销售收入图表”教学视频，学习图表制作相关知识与技能。

制作公司销售收入图表

任务实施

1. 打开素材文件

打开“华源公司销售收入表 - 素材 .xlsx”素材文件，文件另存为“华源公司销售收入表图表 - 效果文件 .xlsx”。

2. 创建图表

（1）选择 B3:F8 单元格区域。

（2）单击“插入”选项卡，在“图表”组中，单击“柱形图”按钮，选择“二维簇状柱形图”类型，即可创建如图 3-59 所示的柱形图表。

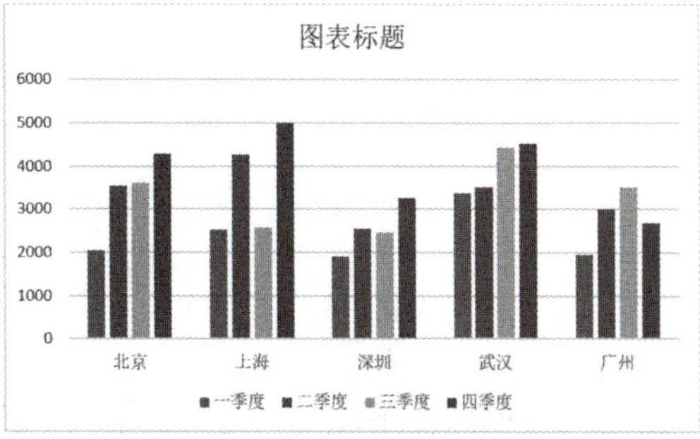

图 3-59 创建柱形图表

3. 编辑图表

（1）把鼠标移到图表上的空白区域，当鼠标指针变形为十字形箭头时，向右拖动鼠标，把图表移到合适的位置。

（2）选中图表，把鼠标移到图表四角任意一个控制点，当鼠标指针变形为倾斜箭头时，拖动鼠标，适当调整图表的大小。

（3）单击“图表工具 / 设计”选项卡，在“数据”组中，单击“切换行 / 列”按钮。

（4）单击“图表工具 / 设计”选项卡，在“图表布局”组中，单击“快速布局”按钮，弹出“图表布局”类型面板，选择“布局 9”。

（5）单击图表上的“图表标题”，修改图表标题为“2021 年华源公司销售收入图”；单击 *X* 轴方向上的“坐标轴标题”，按 Delete 键删除。

（6）双击 *Y* 轴方向上的“坐标轴标题”，在 Excel 窗口右侧弹出“设置坐标轴格式”菜单面板，单击“大小与属性”按钮，弹出“对齐方式”菜单，单击“文字方向”列表框右侧的下拉按钮，选择“竖排”方式，输入坐标轴标题“销售额（单位：万元）”。

（7）双击 *Y* 轴上的刻度，弹出“设置坐标轴格式”菜单面板，设置坐标轴刻度“最大值”为“5500”，“主要刻度”为“500”，如图 3-60 所示。

（8）单击“上海”分公司“四季度”柱形条选中，右击，弹出“数据系列”快捷菜单，如图 3-61 所示，选择“添加数据标签”→“添加数据标签”命令。

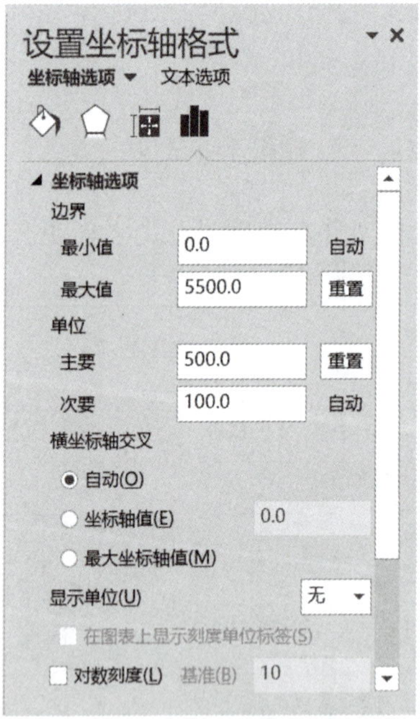

图 3-60 设置坐标轴刻度

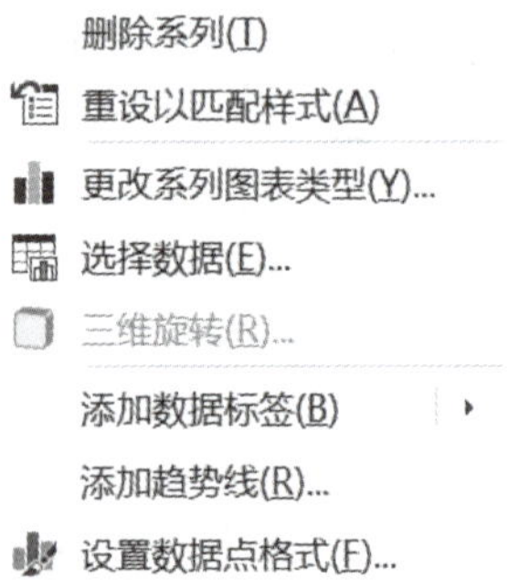

图 3-61 “数据系列”快捷菜单

4. 设置图表格式

（1）在图表上单击“北京”系列柱形条。

（2）单击“图表工具 / 格式”选项卡，在“形状样式”组中，单击“形状填充”按钮形状填充，选择“淡黄色”填充；单击“上海”系列柱形条，填充“绿色”；按同样的方法，为其他城市填充颜色。

5. 制作完成，保存文件

知识链接

3.11 图表类型及特点

图表是一种重要的数据展现形式，使用图表表达数据信息，可以更形象、更直观地揭示数据之间的关系，反映数据的变化规律和发展趋势，展现客观事实。

Excel 图表类型较为丰富，其中，最常见的图表类型是柱形图、条形图、饼图、圆环图、折线图、雷达图六种，如图 3-62 所示。

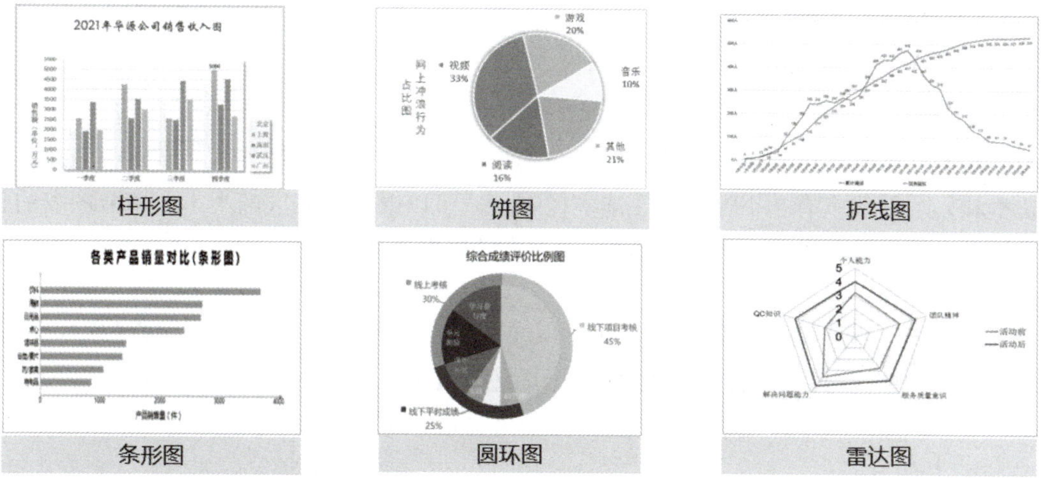

图 3-62 常见图表类型

不同的图表类型具有不同的特点和应用场景。常用图表类型及功能特点见表 3-6。

表 3-6 常用图表类型及功能特点

图表名称	功能特点
柱形图	数据对比，强调数据量大小的差异。例如：产品销量、员工人数
条形图	功能与柱形图相同，是横放的柱形图。适合系列名称较长的图表
饼图 / 圆环图	数据成分、占比分析。例如：产品合格率、员工学历比例
折线图	数据变化波动规律、发展趋势。例如：疫情变化、价格走势
雷达图	从宏观多维的角度体现数据对比效果，例如：用户满意度、培训效果

3.12 图表的组成

图表一般由图表区、绘图区、图表标题、坐标轴、坐标轴标题、网格线、数据系列、数据标签、图例等元素组成，如图 3-63 所示。

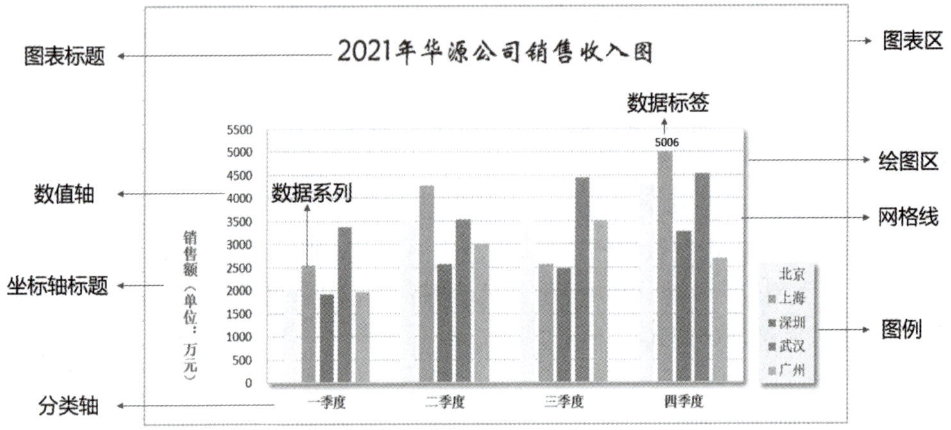

图 3-63 图表的组成

1. 图表区

图表区就是指图表的全部范围。用户选中图表区时，将在最外层显示整个图表区的边框线，边框线上有 8 个控制点。选中控制点，可以改变图表区的大小，调节图表的长宽比例。选中图表区还可以对所有的图表元素统一设置文字字体、大小等格式。

2. 绘图区

绘图区是指数据用图形表示的区域，也就是数据系列的图形区域，位于图表区的中间。用户选中绘图区时，将会显示绘图区边框，边框线上也有 8 个可用于调整绘图区大小的控制点。

3. 标题

标题包括图表标题和坐标轴标题，标题是对图表主题、相关图表元素的文字说明。

4. 坐标轴

坐标轴是绘图区最外侧的直线，常见的坐标轴有垂直方向的数值轴和水平方向的分类轴。数值轴用作度量图形的值，分类轴用于提供不同对象的比较基础。分类轴的分类项可以是来源于数据表的行标题或列标题，也可以自定义。

5. 网格线

网格线是数值轴的扩展，它用于帮助用户在视觉上更方便地确定数据点的数值。网格线有主要网格线和次要网格线。

6. 数据系列

数据系列由数据点构成，每个数据点对应数据源中一个单元格的值，而数据系列对应数据源中一行或一列数据。数据系列中的每个值的图形分布在不同分类项中，数据系列在绘图区中表现为不同颜色的点、线、面等图形。

7. 数据标签

数据标签用来标识数据点的值、系列名称和类别名称等信息，用户也可以指定标签内容。

8. 图例

图例用于说明图表中每种颜色所代表的数据系列，其本质就是数据表中的行标题或列标题。对于图表中的形状，用户需要通过分类项与图例项两者才能辨别其真正含义，正如数据表每个单元格中数值的含义需要由行标题和列标题共同决定。

3.13 创建图表

创建图表的一般步骤如下：

（1）选择图表数据区域。

说明： 图表数据区域可以是连续的区域，也可以是不连续的区域。可以按 Ctrl 键选择不连续的数据区域。

（2）单击“插入”菜单，在“图表”组中，选择“推荐的图表”或“图表类型”，即可在当前工作表中建立相应的图表。

提示： 默认的新建图表嵌入在数据表所在的工作表中。如果想建立独立的图表，首先选中图表，单击“图表工具 / 设计”选项卡，在“位置”组中，单击“移动图表”按钮，弹出“移动图表”对话框，如图 3-64 所示，选择图表放置位置，图表可以移动到其他工作表或单独存储在图表工作表中。

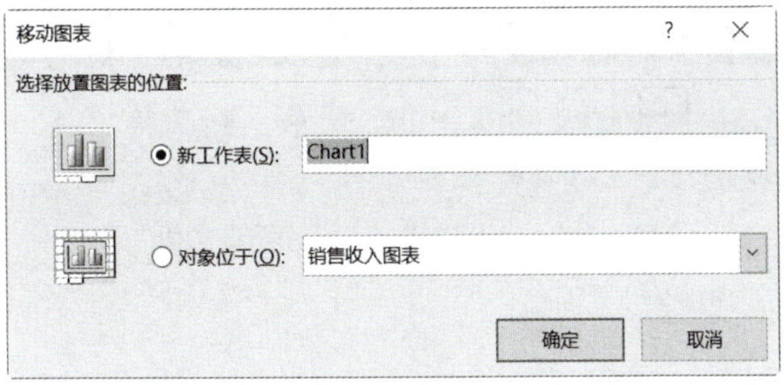

图 3-64 “移动图表”对话框

3.14 编辑图表

1. 移动图表

把鼠标移到图表上的空白区域，当鼠标指针变形为十字形箭头时，拖动鼠标，把图表移到合适的位置。

2. 调整图表大小

选中图表，把鼠标移到图表控制点，当鼠标指针变形为双向箭头时，拖动鼠标调整图表的大小。

如果要精确设置图表的大小，单击“图表工具 / 格式”选项卡，在“大小”组中输入图表尺寸即可 。

3. 图表元素的编辑

在 Excel 中插入的图表，一般使用内置的默认样式，如果用户要做个性化的设置，就需要进一步对图表进行修饰和处理。对图表的修饰和处理就是对图表元素在形状、颜色、文字等各方面进行个性化的格式设置，以达到图表功能和美化的平衡。图表元素编辑修改的方法有三种。

方法一：要修改某个图表元素，直接双击该对象，在 Excel 窗口右侧弹出相应的图表元素格式菜单面板，即可设置图表元素的相关参数。

方法二：在要修改的图表元素上右击，在弹出的快捷菜单中选择相应的设置图表元素格式命令或图表元素相关命令，即可对图表元素进行编辑修改。

方法三：选中图表，使用“图表工具 / 设计”或“格式”选项卡上的工具按钮，如图 3-65 和图 3-66 所示，可完成对图表元素的编辑修改。

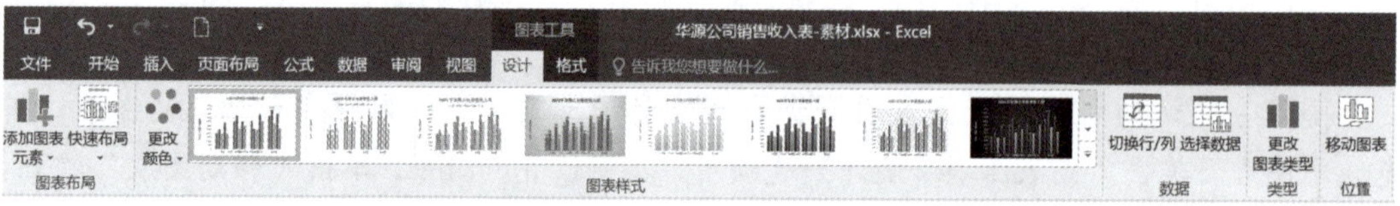

图 3-65 “图表工具 / 设计”选项卡

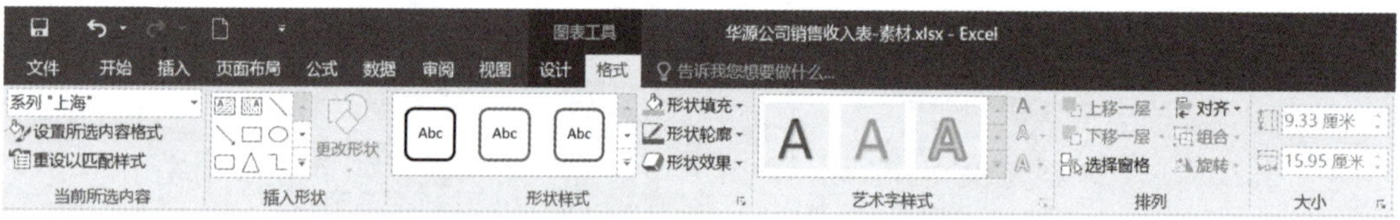

图 3-66 “图表工具 / 格式”选项卡

拓展训练

案例 3 制作花卉销售动态图

任务描述

青禾公司采购部准备制定明年的花卉采购计划，需要对近五年最畅销的花卉销售情况制作销售动态图，以便更直观地分析花卉销量走势，花卉销售动态图如图 3-67 所示。

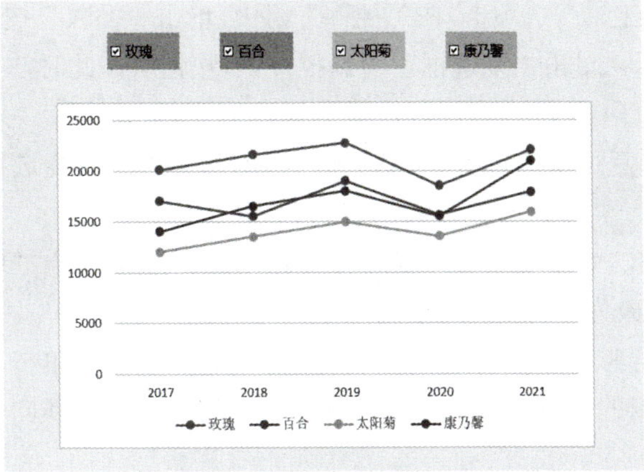

图 3-67 花卉销售动态图

任务实施

1. 打开素材文件

打开“青禾公司花卉销售表 - 素材 .xlsx”文件，另存为“青禾公司花卉销售动态图 - 效果文件 .xlsx”。

2. 制作动态图复选框

（1）在 Excel 功能区的空白区域右击，选择“自定义功能区”命令，弹出“Excel 选项”对话框，如图 3-68 所示，勾选“开发工具”选项。

图 3-68 “Excel 选项”对话框

（2）单击“开发工具”选项卡，在“控件”组中，单击“插入”按钮，弹出“表单控件”面板，如图 3-69 所示，单击“复选框（窗口控件）”按钮☑，此时，光标指针变形为“+”字形。

（3）在需要绘制复选框的位置拖动鼠标，绘制适当大小的复选框，输入复选框名称“玫瑰”。

（4）按住 Ctrl 键，单击“玫瑰”复选框，拖动鼠标复制三个“玫瑰”复选框，把三个复选框名称依次更改为“百合”“太阳菊”和“康乃馨”。

（5）按住 Ctrl 键，逐个单击四个复选框，确保它们都被选中。单击“绘图工具 / 格式”→“对齐”按钮，在弹出的“对齐”菜单中选择“顶端对齐”和“横向分布”命令，均匀布局复选框。

（6）选中 A9:E9 单元格区域，单击“合并后居中”按钮，输入“复选框状态控制区”；在 A10 单元格中输入“状态”。

（7）右击“玫瑰”复选框，选择“设置控件格式”命令，弹出“设置对象格式”对话框，如图 3-70 所示，单击“单元格链接”右侧折叠按钮，选择 B10 单元格。

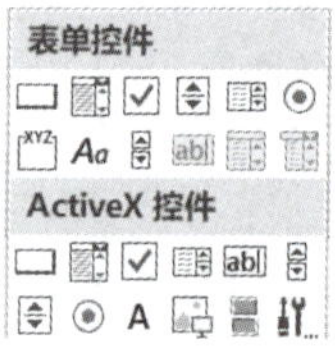

图 3-69 “表单控件”面板

图 3-70 “设置对象格式”对话框

（8）采用相同的方法，依次为“百合”“太阳菊”和“康乃馨”复选框设置“单元格链接”为 C10、D10 和 E10。

（9）为四个复选框填充颜色，从左到右依次为浅蓝、浅粉、浅绿和浅紫色。

3. 制作图表数据源

（1）选中 A12:E12 单元格区域，单击“合并后居中”按钮，输入“图表数据源”。

（2）复制“四大花卉销售表”标题列至 A13:A18，复制标题行至 B13:E13。

（3）选中 B14 单元格，输入函数“=IF(B$10,B3,NA())”。

说明：复选框有两种状态，勾选时返回 TRUE，未选中时返回 FALSE；四种花卉的复选框状态放置在 B10:E10 中。IF 函数的功能是，如果勾选复选框，返回销售表数据值，没有勾选则返回出错值 #N/A。

（4）选中 B14 单元格，向下拖动填充柄至 B18；选中 B14:B18 单元格区域，向右拖动填充柄至 E18。

4. 创建动态图表

（1）选中 B13:E18 单元格区域，单击“插入”→“折线图”按钮，选择“带数据标记的折线图”，创建折线图。

（2）右击图表区，弹出快捷菜单，选择“选择数据”命令，弹出“选择数据源”对话框，如图 3-71 所示。

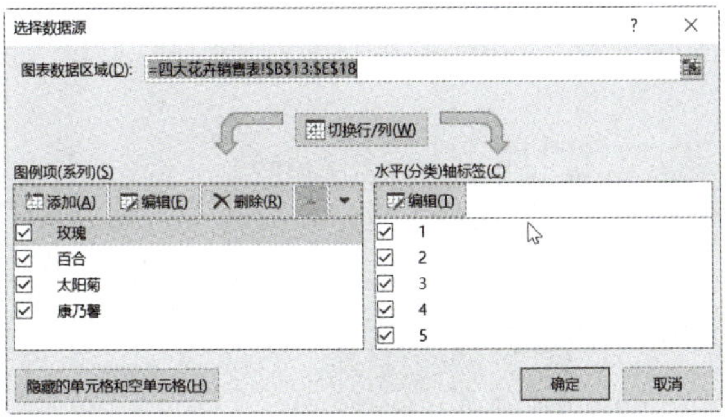

图 3-71 “选择数据源”对话框

（3）单击“编辑”按钮，弹出“轴标签”对话框，如图 3-72 所示，选择“轴标签区域”为 A14:A18。

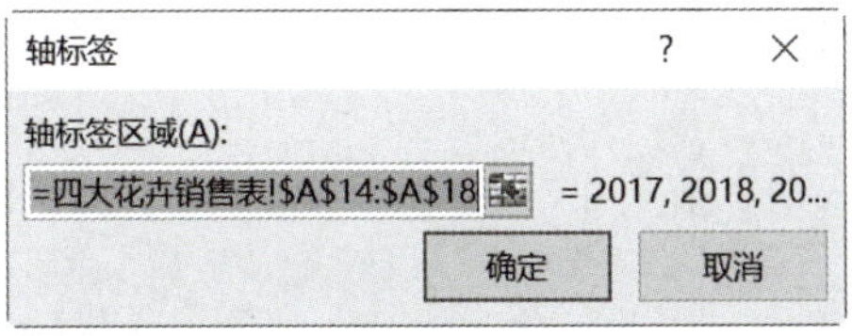

图 3-72 “轴标签”对话框

（4）删除“图表标题”，适当调整图表大小，把图表移到复选框下面。

（5）勾选复选框，测试动态图表。

5. 制作完成，保存文件

综合实践

任务描述

利用“学生成绩表（排名和等级）- 素材 .xlsx”文件，在“统计表”工作表中统计“优秀”“良好”“及格”和“不及格”四个评价等级的学生人数，使用统计人数制作学生成绩分布比例图，并对图表进行美化处理。

参考效果

学生成绩统计表如图 3-73 所示，学生成绩分布比例图如图 3-74 所示。

学生成绩评价统计表

等级	优秀	良好	及格	不及格	合计
人数	4	30	5	1	40

图 3-73　学生成绩统计表

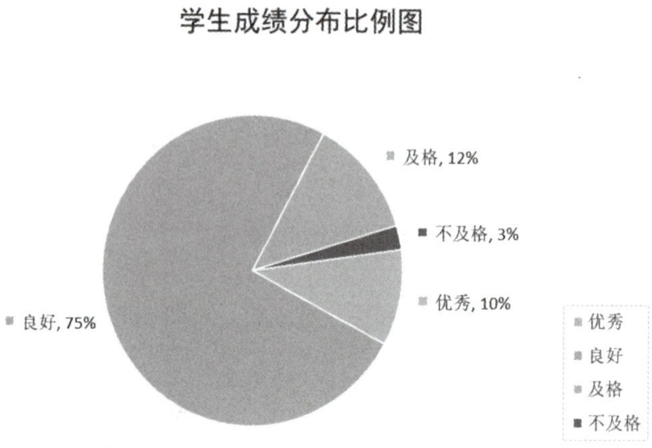

图 3-74　学生成绩分布比例图

在线测试

扫描二维码，完成本模块的在线测试。

模块 3　Excel 表格处理试题及答案

模块四

PowerPoint 演示文稿制作

PowerPoint 是 Microsoft Office 办公软件的重要组件之一，是一款具有强大多媒体功能的演示文稿制作软件。它可以制作图像、动画、声音、视频等多媒体对象，可以使作品更加生动，给人留下更为深刻的印象。演示文稿已成为人们工作生活的重要组成部分，被广泛应用在工作汇报、企业宣传、产品推介、项目竞标、学术报告、论文答辩、教学课件等正式工作场合，也可用于个人相册、节日贺卡等娱乐休闲场合。

任务清单

序号	学习任务
1	任务 1　制作个性化求职简历
2	任务 2　制作学校宣传册
3	任务 3　制作旅游产品推介 PPT

任务 1 制作个性化求职简历

任务情境

在面临毕业之际，何璐同学为了向用人单位更好地介绍自己的基本信息与特长，制作了一份求职简历 PPT，效果如图 4-1 所示。

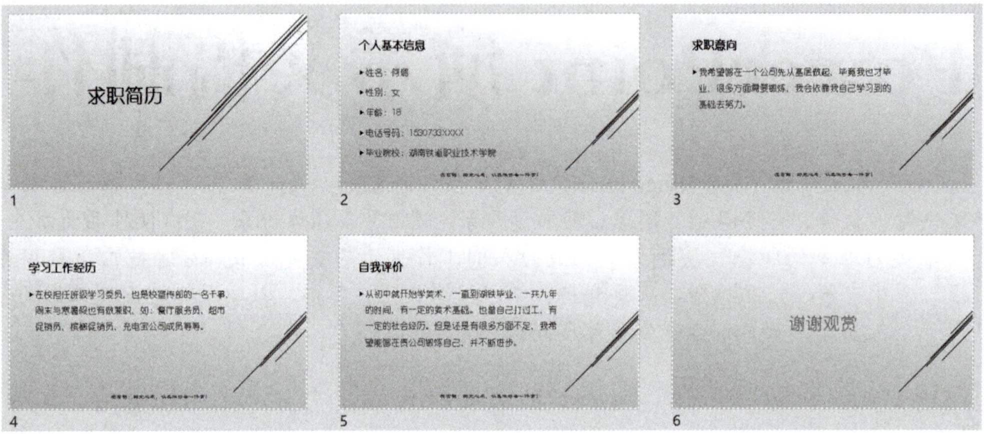

图 4-1 “求职简历”效果图

任务目标

通过在线学习，理解演示文稿设计制作理念，能以美学视角赏析优秀 PPT，掌握演示文稿文件的基本操作，能够使用主题快速美化演示文稿，使用母版高效编辑演示文稿，使用模板创建个性化的演示文稿。

制作
个性化求职简历

扫描二维码，观看“制作个性化求职简历”教学视频，学习演示文稿的创建、编辑与美化相关知识与技能。

任务实施

1. 启动 PowerPoint，新建演示文稿文件

（1）在桌面上找到 PowerPoint 2016 图标，双击启动 PowerPoint 2016。

（2）单击窗口右侧“空白演示文稿”选项，新建名为“演示文稿 1”的演示文稿文件。

（3）在“文件”选项卡，选择“另存为”的“浏览”命令打开对话框，选择保存位置“D:\”，输入保存文件名“个性化求职简历 .pptx”，单击“保存”按钮。

2. 制作封面幻灯片

在幻灯片标题占位符处单击，输入标题文字“求职简历”，如图 4-2 所示。

图 4-2　封面幻灯片

3. 制作个人基本信息等幻灯片

（1）单击“开始”选项卡“幻灯片”组的“新建幻灯片”按钮，弹出幻灯片版式下拉菜单，如图 4-3 所示。选择“标题和内容”按钮，新建幻灯片。

（2）在标题占位符中输入标题文字“个人基本信息”。在文本占位符中输入姓名、性别等基本信息，如图 4-4 所示。

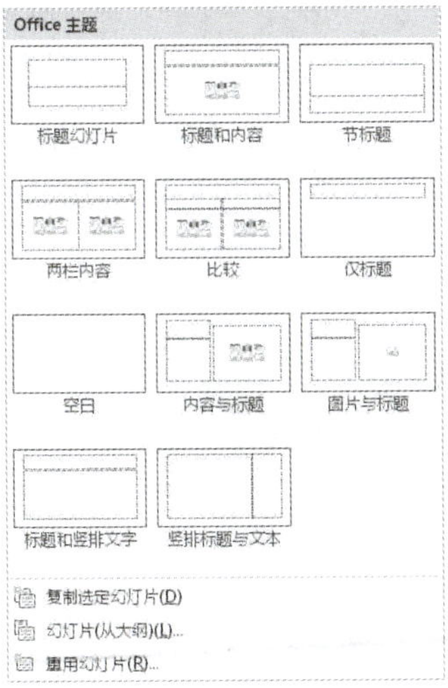

图 4-3　幻灯片版式下拉菜单

图 4-4　“个人基本信息”幻灯片

（3）制作“求职意向”“学习工作经历”等幻灯片，如图 4-5 所示。

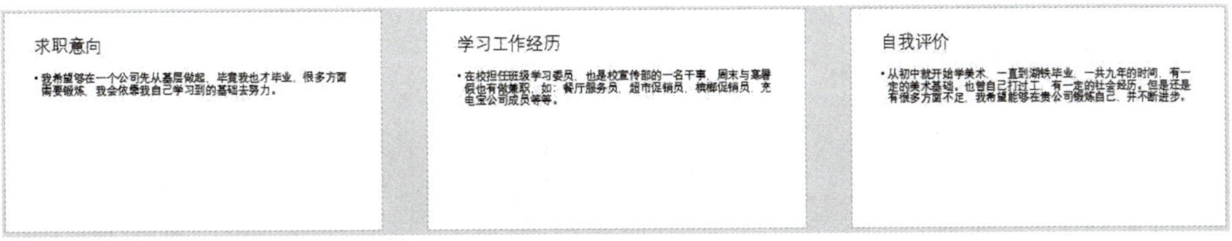

图 4-5　“求职意向”等幻灯片

4. 制作封底幻灯片

（1）单击“插入”→“幻灯片”→“新建幻灯片”按钮，在弹出的幻灯片版式下拉菜单中，选择“空白”版式，新建幻灯片。

（2）在“插入”选项卡“文本”组单击“艺术字”按钮，如图 4-6 所示。

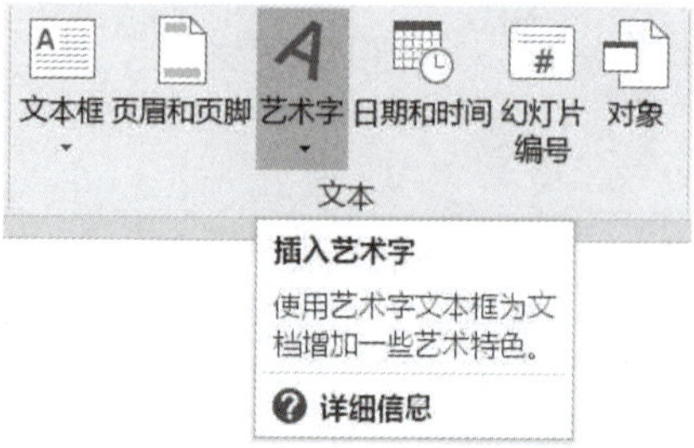

图 4-6 “插入”选项卡“文本”组

（3）在下拉列表中选择样式“填充 - 金色，着色，软棱台”，如图 4-7 所示，输入文字“谢谢观赏”。

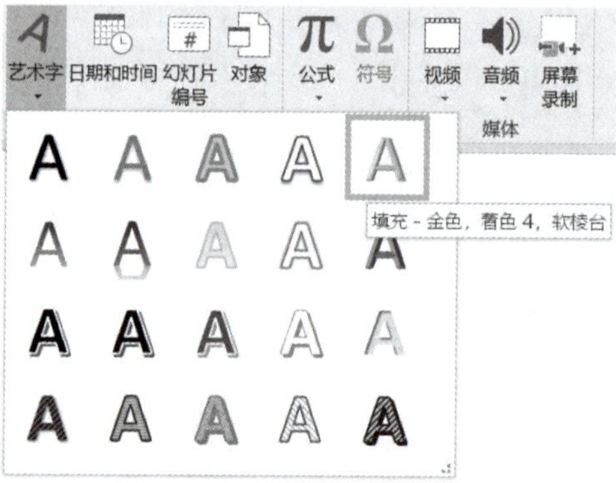

图 4-7 选择艺术字样式

（4）在状态栏单击“幻灯片浏览”按钮，查看演示文稿的所有幻灯片，如图 4-8 所示。

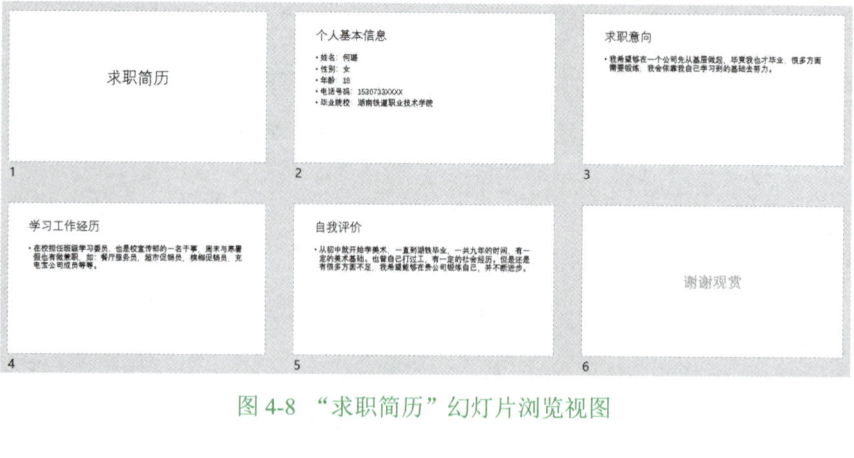

图 4-8 “求职简历”幻灯片浏览视图

5. 应用设计主题

（1）在“设计”选项卡“主题”组单击“其他”按钮，在弹出的下拉列表中选择“切片”主题并应用，如图 4-9 所示。

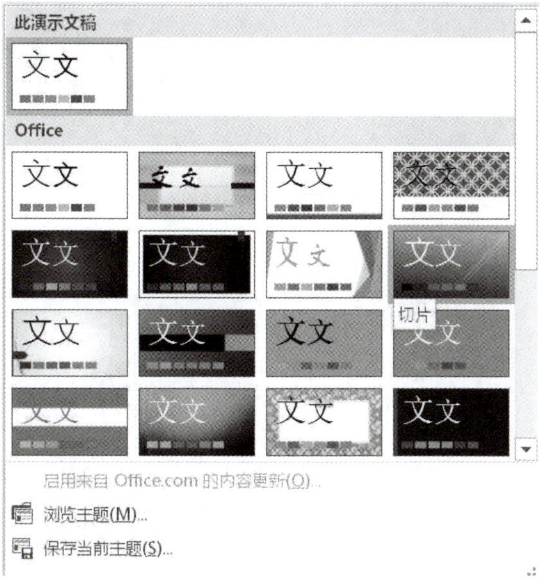

图 4-9　应用“切片”主题

（2）在“设计”选项卡“变体”组单击“其他”按钮，在弹出的下拉列表中选择“背景样式”中的“样式 6”，修改主题背景样式，如图 4-10 所示。

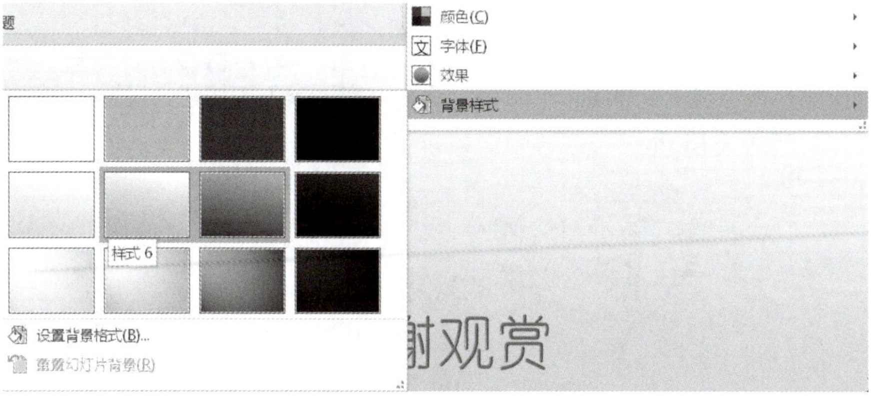

图 4-10　修改主题背景样式

6. 使用幻灯片母版修改字体、段落属性

（1）在“视图”选项卡“母版视图”组单击“幻灯片母版”按钮，在左侧缩览图中选择顶层幻灯片，如图 4-11 所示。

（2）选中工作区中的文本占位符，在“开始”选项卡“段落”组中单击“行距”，设置行距为 1.5，如图 4-12 所示。

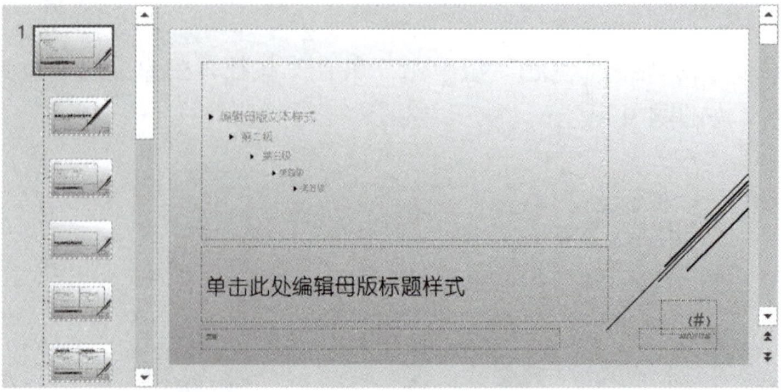

图 4-11　幻灯片母版

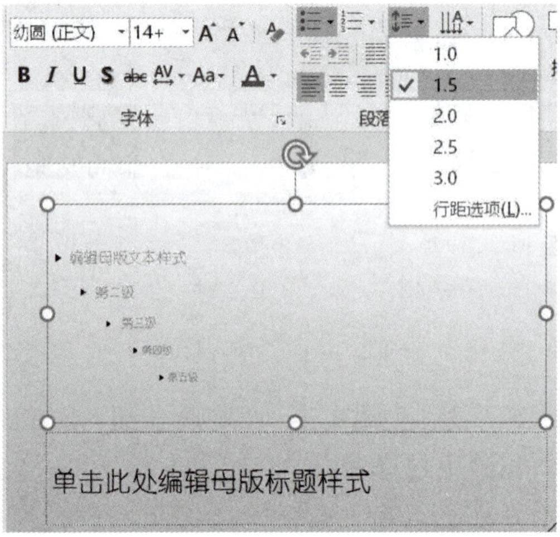

图 4-12　调整行距

（3）在“开始”选项卡“字体”组中，单击“字体颜色”按钮，设置文字颜色为“深蓝，文字 2”，如图 4-13 所示。

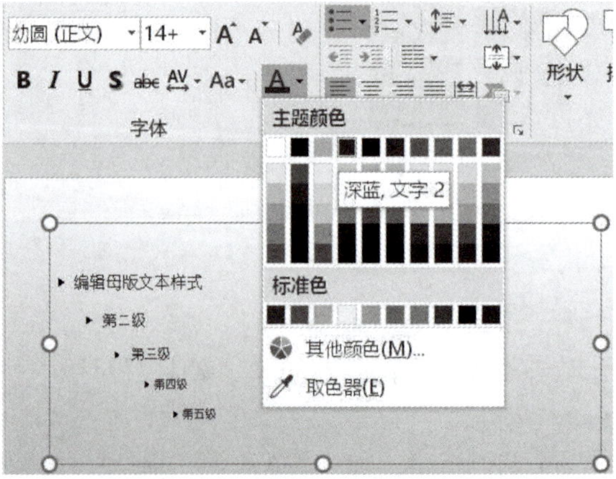

图 4-13　修改文字颜色

（4）选中第一行文字“编辑母版文本样式”，在“开始”选项卡的“字体”组中，单击“字号”下拉列表，设置文字字号为 28。

（5）选中工作区中标题占位符，在“开始”选项卡的“字体”组中，单击“加粗”按钮，将标题加粗。调整标题占位符和文本占位符位置，如图 4-14 所示。

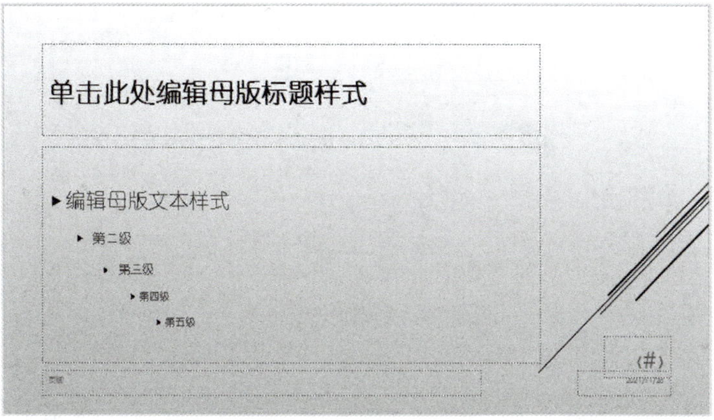

图 4-14　调整占位符位置

（6）在左侧缩览图中选择“标题幻灯片 版式”幻灯片。选中工作区中标题占位符，设置标题文字字号为 60，字体样式为加粗，对齐方式为居中，如图 4-15 所示。

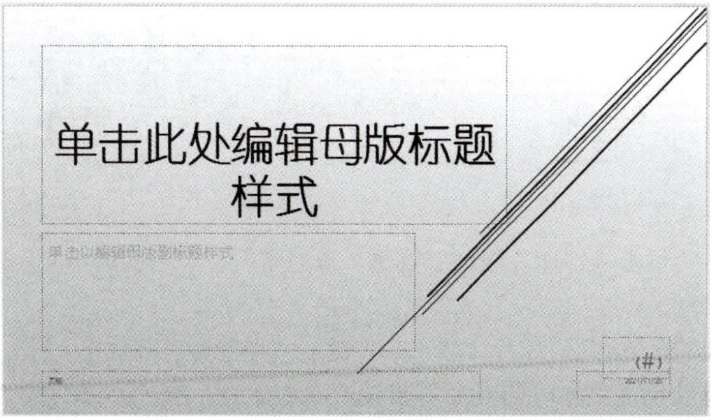

图 4-15　修改标题文字格式

（7）在左侧缩览图中选择“标题和内容 版式”幻灯片。选中工作区中的文本占位符，在“开始”选项卡“段落”组中单击“对齐文本”按钮，选择“顶端对齐”，如图 4-16 所示。

7. 插入座右铭

（1）在“标题和内容 版式”幻灯片中，单击“插入”选项卡“文本”组中的“文本框”按钮，选择“横排文本框”，在幻灯片底部单击插入文本框，输入座右铭文字“座右铭：阳光心态，认真做好每一件事！”。

（2）修改文本框中文字颜色为“深蓝，文字 2”，字体为隶书，如图 4-17 所示。

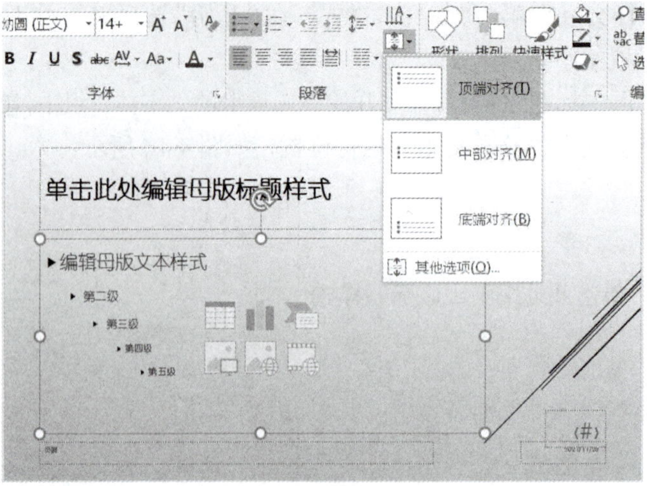

图 4-16　修改文本格式

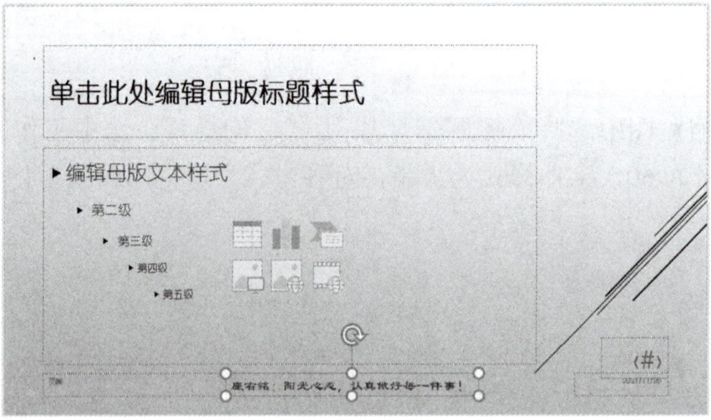

图 4-17　添加座右铭

（3）在状态栏单击“幻灯片浏览”按钮，查看修改母版后的演示文稿。

8．放映演示文稿

按 F5 键从头开始放映幻灯片，按“→”键或空格键可以播放下一张幻灯片。

提示：在母版视图中可以插入文本框、形状和图片，制作个性化的主题。母版中的对象还可以设置动画，在幻灯片放映时先播放母版动画，再播放幻灯片内对象动画。

知识链接

4.1　PowerPoint 演示文稿设计理念

演示文稿有不同的使用场合，在构思设计时应站在相应的角度规划考虑。例如作为演示辅助的 PPT，可以使用好的图片刺激听众的思维，让听众跟上演讲者思路；作为会场播放的 PPT，应该设计精美的动画、背景音乐来强调播放效果；作为页面阅读的 PPT，要认真选择封面、版式、文字风格，用各种图表来说话。

制作 PPT 时首先应进行情景分析，然后做好结构设计，最后提炼美化。

情景分析要了解为什么要做演示，了解听众的年龄、岗位等，分析听众的理解力、兴趣点、配合度等，并根据演示场合决定 PPT 的风格，根据听众类型决定逻辑。

结构设计要依据大纲进行构思。完善大纲可以先写出演示或汇报的目标；分析听众感兴趣的叙述结构；写出 PPT 的核心要点，展开思维导图；为核心要点寻找子要点和论据材料，细化思维导图。大纲完成后，把它转化为 PPT 的小标题页，把现有素材对应到页面上，构思表达页面主题的合适形式，结合素材和构思设计页面并美化页面。提炼观点时，文字必须易懂、简洁、用词适当。

4.2 PowerPoint 2016 工作窗口与视图

4.2.1 工作窗口

启动 PowerPoint 2016 后，出现如图 4-18 所示的工作窗口。PowerPoint 2016 工作窗口主要由标题栏、快速访问工具栏、功能区、工作区和状态栏组成。

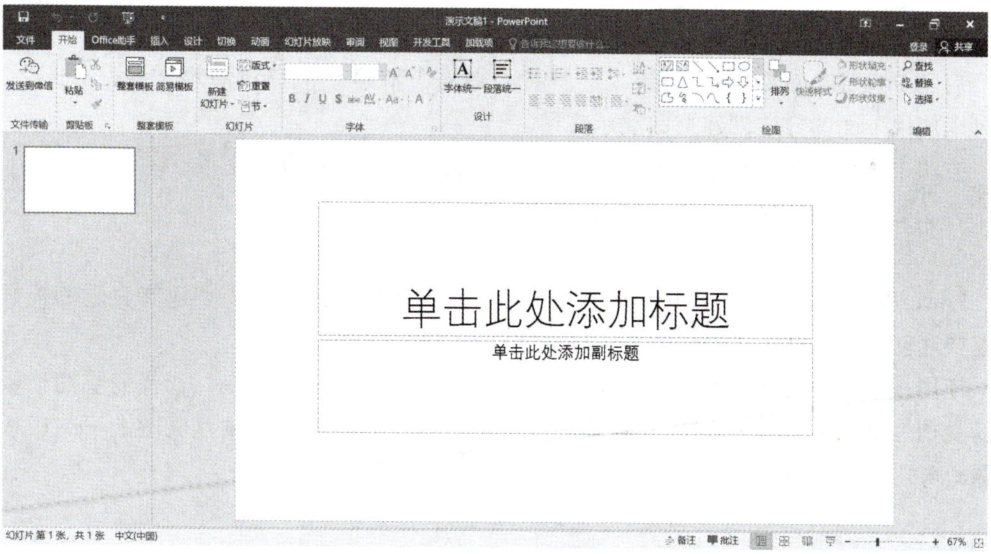

图 4-18 PowerPoint 2016 工作窗口

4.2.2 文稿视图

PowerPoint 2016 提供了五种视图方式。用户可以单击工作窗口底部的“视图切换按钮”切换到相应的视图，也可以单击“视图”选项卡，选择“演示文稿视图”组中相应的视图按钮进行视图切换，如图 4-19 所示。

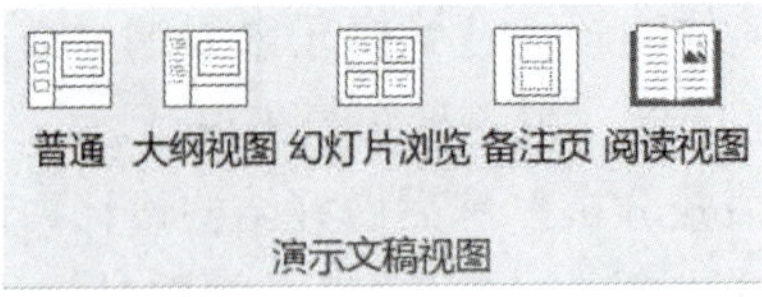

图 4-19　五种视图方式

（1）普通视图是主要的编辑视图，可用于撰写和设计演示文稿。

（2）大纲视图便于用户编辑占位符中的文字。

（3）幻灯片浏览视图主要用于查看缩略图形式的幻灯片。在创建演示文稿以及准备打印演示文稿时，可以通过此视图对演示文稿的顺序进行排列和组织。

（4）备注页视图可以用于编辑当前幻灯片的备注稿，便于打印分发。

（5）阅读视图将演示文稿作为适应窗口大小的幻灯片放映查看。

单击工作窗口右下角的幻灯片放映按钮，可放映演示文稿。幻灯片全屏放映时，可以看到图形、计时、视频、动画效果和切换效果在实际演示中的具体效果。

4.3　PowerPoint 演示文稿基本操作

4.3.1　新建演示文稿

1. 创建空白演示文稿

启动 PowerPoint 2016，选择“空白演示文稿”新建一个空白演示文稿。除此之外，还可以使用下面的方法创建空白演示文稿。

方法 1：单击快速访问工具栏“新建”按钮，创建空白演示文稿。

方法 2：按 Ctrl+N 键，创建空白演示文稿。

2. 使用模板创建演示文稿

PowerPoint 2016 内置了很多模板和主题，用户可以根据实际需要选择合适的模板或主题快速创建演示文稿，不仅美观，而且大大地提高工作效率。

使用模板或主题创建演示文稿，单击“文件”→“新建”命令，选择需要的模板创建新文档。如果用户未找到需要的模板或主题，通过联机搜索，从互联网上下载模板或主题即可。

4.3.2　保存演示文稿

演示文稿制作完成后，单击快速启动工具栏上的“保存”按钮，或单击“文件”→“保存”命令即可保存，也可以通过按 Ctrl+S 键保存文档。如果需要改变保存过的文件名称或保存地址，选择“文件”→“另存为”命令即可。

4.3.3　演示文稿格式转换

保存演示文稿时，可以根据用户需要转换成不同格式的文件。单击“文件”→“导出”

命令，出现“导出”界面，选择“创建 PDF/XPS 文档”命令，可以将 PPTX 演示文稿转换成 PDF 格式；选择“创建视频”命令，可以将 PPTX 演示文稿转换成 MP4 格式；如果选择“更改文件类型”命令，可以选择将演示文稿转换为放映文件、图片文件、低版本的演示文稿文件等格式，如图 4-20 所示。

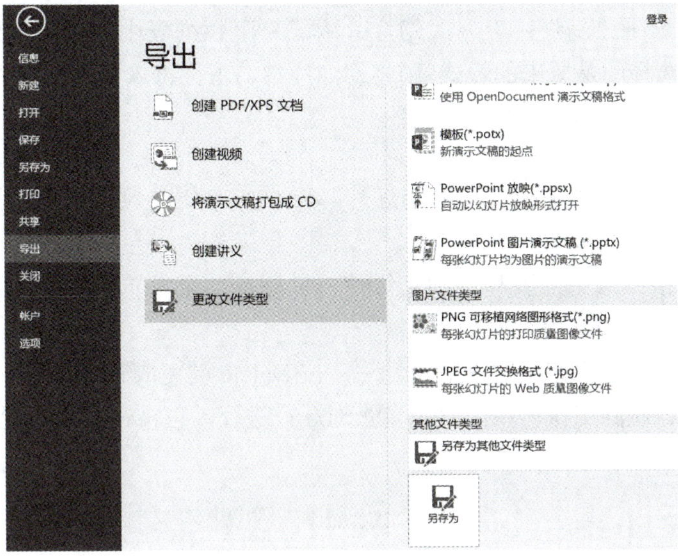

图 4-20　“导出”界面

4.4　PowerPoint 演示文稿制作

4.4.1　添加幻灯片

演示文稿是由若干张幻灯片组成的。新建的演示文稿默认有一张标题版式的幻灯片，上面有标题占位符与副标题占位符，单击占位符即可输入标题与副标题文字，如图 4-21 所示。

图 4-21　标题幻灯片

在“开始”→“幻灯片”组单击“新建幻灯片”按钮，弹出幻灯片版式下拉菜单，选择需要的版式，即可插入指定版式的新幻灯片。

单击窗口左侧缩览图窗格中需插入幻灯片位置，按 Enter 键，插入新幻灯片，版式与上一张幻灯片相同。单击标题版式幻灯片后，按 Enter 键，默认插入“标题和内容”版式幻灯片。

单击“开始”→“幻灯片”→“幻灯片版式”下拉列表中的版式，可以修改当前幻灯片版式。如果选择的是原来的版式，则将幻灯片中的占位符恢复为默认大小及默认位置。

4.4.2 复制、移动、删除幻灯片

在缩览图窗格中选中需要复制的幻灯片，按 Ctrl+C 键复制，在缩览图窗格中单击定位粘贴位置，按 Ctrl+V 键完成粘贴。

在缩览图窗格中选中需要移动的幻灯片，鼠标拖动至缩览图窗格中的合适位置，松开鼠标完成移动。

在缩览图窗格中选中需要删除的幻灯片，按 Delete 键完成删除。

复制、移动、删除工作可以同时对多张幻灯片进行，也常常在浏览视图中进行。

4.5 幻灯片放映

演示文稿制作完成后，在“幻灯片放映”→“开始放映灯片”组单击“从头开始”按钮，即从第一张幻灯片开始播放，如图 4-22 所示。

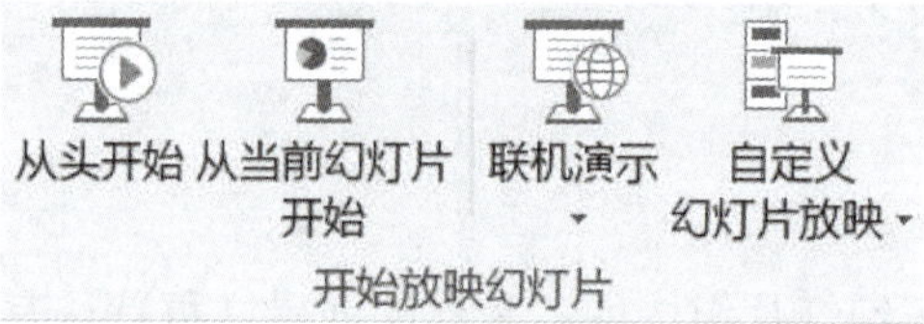

图 4-22　开始放映幻灯片

除此之外，还可以使用下面的方法从头开始放映。

方法 1：单击快速访问工具栏“从头开始”按钮。

方法 2：按 F5 键。

在演示文稿制作过程中，为了查看当前幻灯片放映效果，可以选择从当前幻灯片开始放映，方法如下：

方法 1：单击状态栏“幻灯片放映”按钮。

方法 2：在“幻灯片放映”→“开始放映灯片”组单击“从当前幻灯片开始”按钮。

放映过程中，可以按 Esc 键随时终止幻灯片的放映。

幻灯片放映时，可以按 F1 键，弹出“幻灯片放映帮助”窗口，该窗口提供了一些快捷键，供放映时使用，如图 4-23 所示。

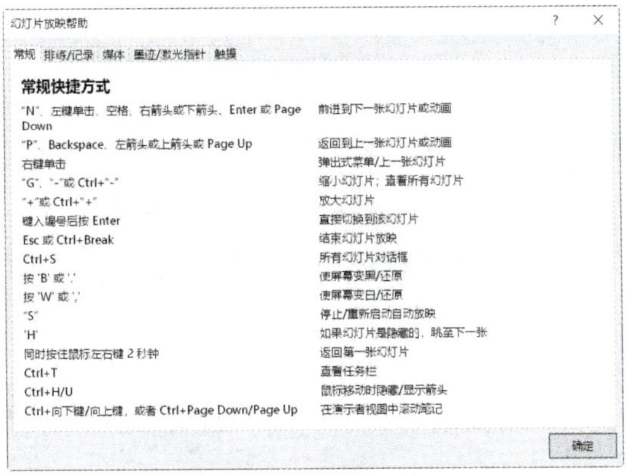

图 4-23　幻灯片放映帮助

4.6　应用主题

使用主题可以给幻灯片设置颜色、字体、背景和效果等内容，统一幻灯片风格，达到快速美化演示文稿的效果。

在“设计”选项卡“主题”组选择某一主题，即可将该主题应用于 PPT，如图 4-24 所示。

图 4-24　“设计”选项卡

“变体”组中可以对主题的颜色、字体、效果、背景样式等进行调整。

单击“自定义”组的“幻灯片大小”按钮，可以调整幻灯片方向为横向或纵向，调整幻灯片大小为宽屏、横幅或自定义大小，如图 4-25 所示。

单击“自定义”组的“设置背景格式”按钮，在打开的窗格中，可以设置幻灯片背景的填充方案。在需要时可以隐藏背景图像，如图 4-26 所示。

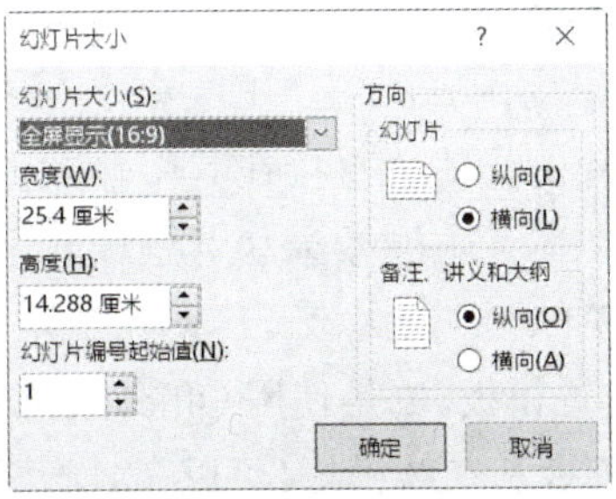

图 4-25　“幻灯片大小”对话框

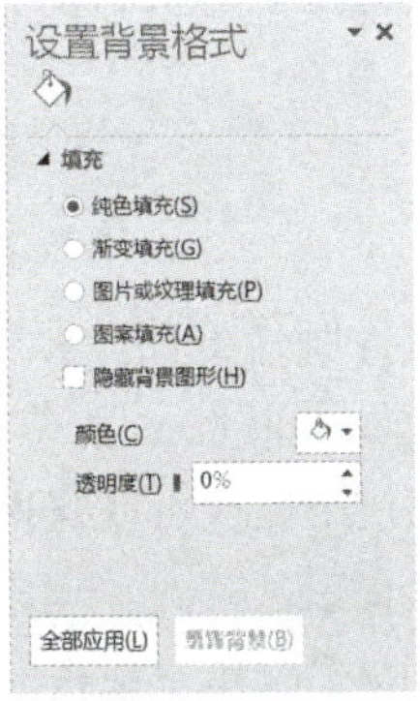

图 4-26　“设置背景格式”窗格

4.7 使用母版

幻灯片母版是幻灯片层次结构中的顶层幻灯片，用于存储演示文稿的主题和幻灯片版式信息，包括背景、颜色、字体、效果、占位符大小和位置。

修改幻灯片母版，可以对演示文稿中的每张幻灯片进行统一的样式更改，从而达到高效编辑演示文稿的目的。

在“视图”选项卡“母版视图”组单击“幻灯片母版”按钮，进入母版视图。通常修改第一张幻灯片来对幻灯片样式进行统一更改，如图 4-27 所示。

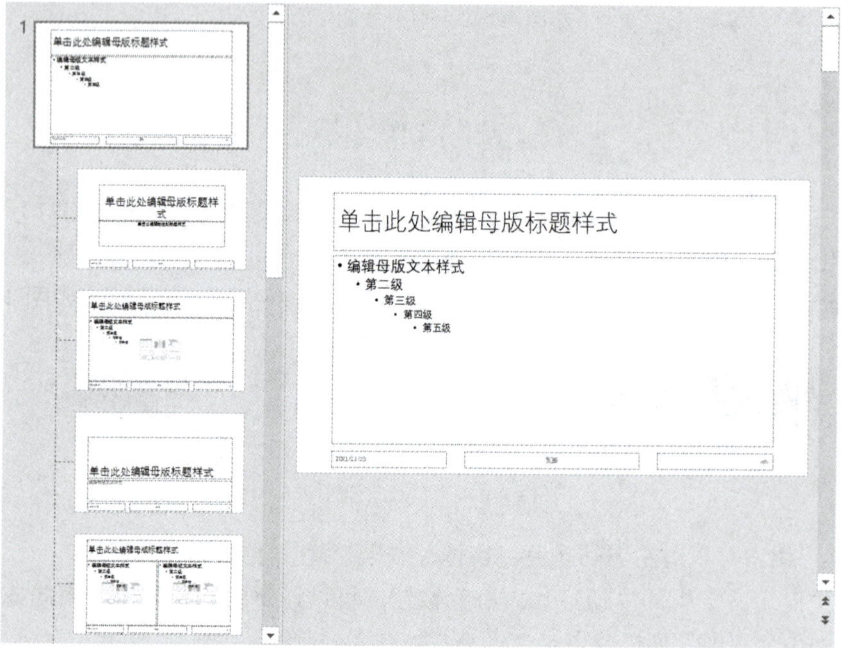

图 4-27　母版视图

从幻灯片母版视图中退出，可以在“幻灯片母版”选项卡“关闭”组单击“关闭母版视图”按钮，也可以通过单击状态栏的普通视图或其他视图按钮退出。

4.8 使用模板

模板是设计制作好的一张幻灯片或一组幻灯片的样式，直接在其中输入内容即可制作幻灯片。模板可以包含版式、主题颜色、主题字体、主题效果和背景样式，还可以包含内容，因此使用模板可以快速创建专业水准的 PPT。

模板获取有三种方式。一是使用 PowerPoint 内置模板，二是使用 Office.com 在线模板，三是通过其他方式收集下载资源模板。其中，内置模板和在线模板，可以在“新建演示文稿”界面的顶部搜索框查找，如图 4-28 所示。下载的模板，直接打开就可使用。

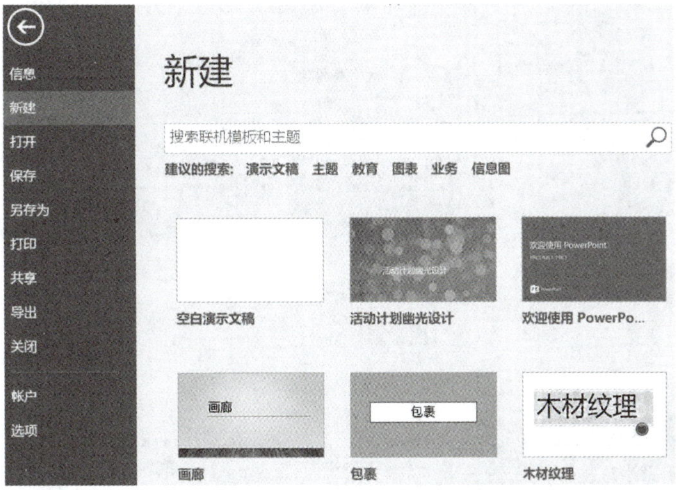

图 4-28　“新建演示文稿”界面

4.9　优秀 PPT 作品标准

演示文稿又称 PPT。PPT 制作不仅是一门技术，还是逻辑、美学、演讲的学问。PPT 是用于表达观点或传递信息的，所以使用场合不同，幻灯片制作的要求是不同的。但是一份好的 PPT 作品都应该具备以下三个特征：美观的界面、简洁的内容信息、生动直观的展示效果。

把握好界面设计要素，有助于界面的美观。界面设计包括四要素，即色彩搭配、版式设计、字体设计、多媒体素材。色彩搭配风格要统一，突出幻灯片主题。版式设计要注意界面布局的协调美观。字体风格要适合幻灯片，文字级别清晰。多媒体素材装饰美化幻灯片，丰富幻灯片内容。

拓展训练

案例 1　Word 变脸 PPT

任务描述

（1）在 Word 中打开文件“读书要得法 - 素材 .docx”，如图 4-29 所示。

（2）设置大纲级别并关闭 Word 文件。

（3）在 PowerPoint 中打开 Word 文件“读书要得法 - 素材 .docx”。

（4）调整版式，保存演示文稿为“读书要得法 .pptx”。变脸效果如图 4-30 所示。

图 4-29　Word 文档

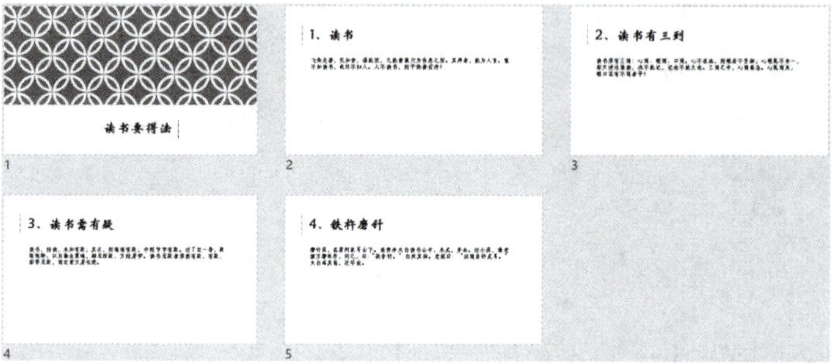

图 4-30　变脸效果

任务实施

1. 打开 Word 文件，设置大纲级别

（1）打开 Word 文件“读书要得法 - 素材 .docx”，显示导航窗格，如图 4-31 所示。

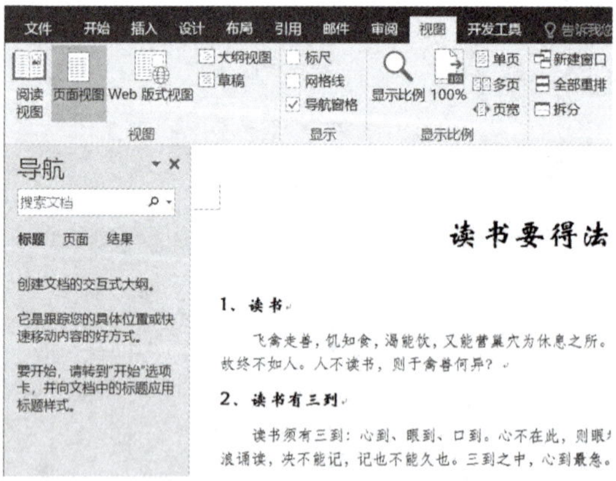

图 4-31　显示导航窗格

（2）调整大纲级别。将作为每张幻灯片标题的文字设为一级标题，将作为每张幻灯片内容的文字设为二级或其他级别标题，如图 4-32 所示。

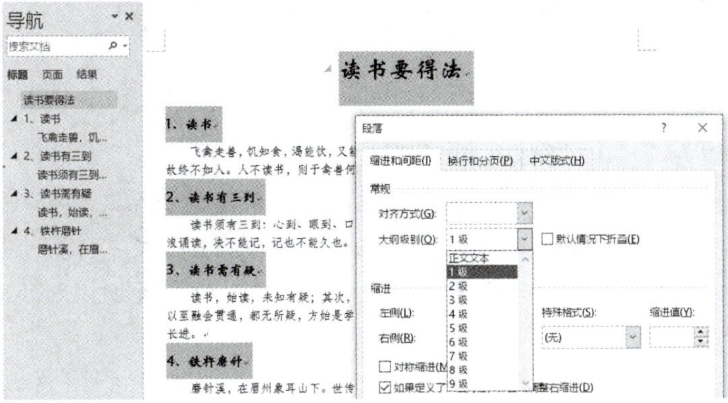

图 4-32　调整大纲级别

（3）保存并关闭文件。

2. 在 PowerPoint 中打开 Word 文件

（1）启动 PowerPoint 2016，打开“读书要得法 - 素材 .docx”，如图 4-33 所示。

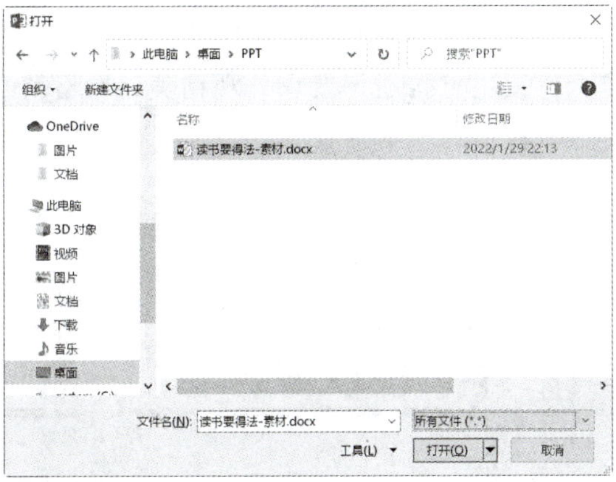

图 4-33　在 PowerPoint 中打开 Word 文件

（2）PowerPoint 自动新建“演示文稿 1”，按照文档大纲生成相应幻灯片，如图 4-34 所示。

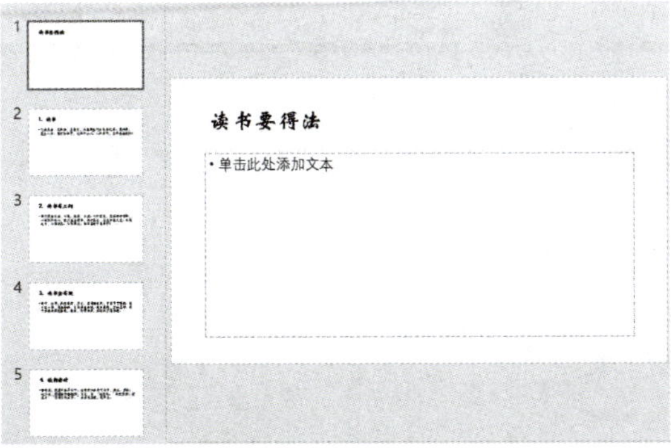

图 4-34　演示文稿 1

（3）修改封面幻灯片版式为“标题幻灯片”。

（4）应用设计主题“积分”。

3. 保存演示文稿

保存演示文稿为“读书要得法 .pptx”。

提示：在 PowerPoint 中打开 Word 文档时，自动新建的演示文稿会按照 Word 文档大纲级别 1 级的文字生成相应张数的幻灯片。在幻灯片中，1 级文字转换为每张幻灯片的标题，2 级与 2 级以下的文字转换为每张幻灯片中的文本，没有大纲级别的文字不会转换到演示文稿中。

任务 2　制作学校宣传册

任务情境

又进入了各高校招生的时期，为了更好地让毕业生及家长们了解学校的各项资源与优势，需要为学校制作一份招生宣传册，要求外观精美、风格统一，布局协调美观，效果如图 4-35 所示。

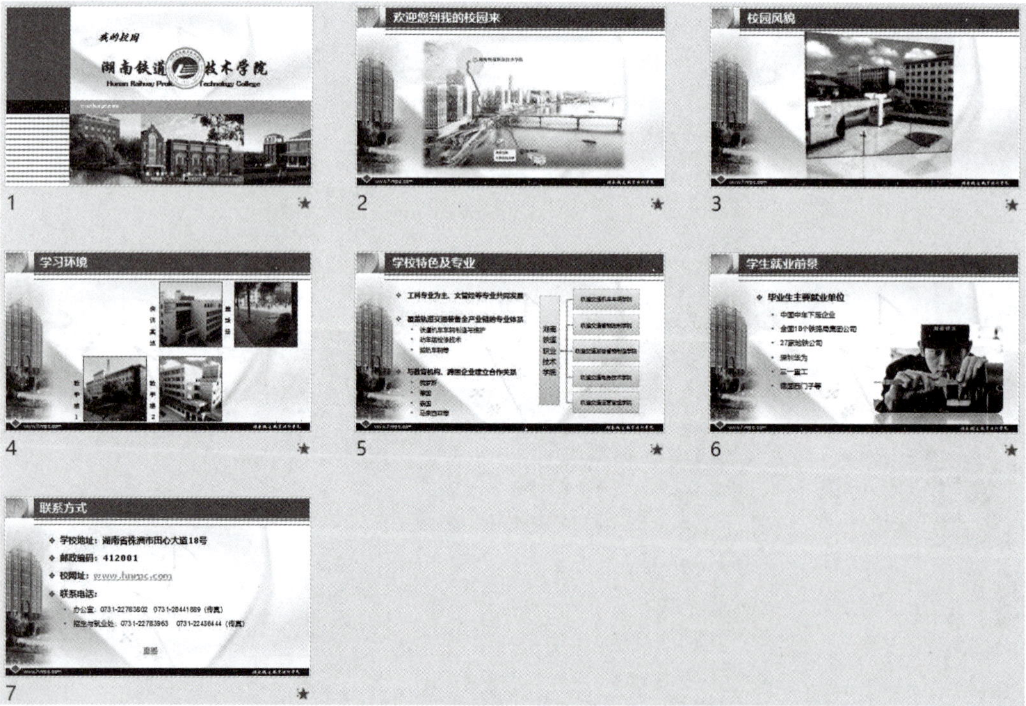

图 4-35　校园宣传册效果图

任务目标

通过在线学习，掌握优化 PPT 内容的主要方法，使用自选图形工具、SmartArt 图形工具绘制简单图形，使用图片、视频、声音、动画等多媒体素材丰富演示文稿内容、美化演示文稿界面。

制作学校宣传册

扫描二维码，观看“制作学校宣传册”教学视频，学习图形绘制、多媒体素材使用及 PPT 优化相关知识与技能。

任务实施

1. 幻灯片构思设计

为了招生宣传，应制作含有学校校门或特色建筑的封面、方便学生和家长了解宣传册内容的目录、表示宣传册结束的封底。宣传册内页应该包含学生及家长希望了解的学校简介、校园风光、招生信息、联系方式等内容。为加强印象，内页上可以添加学校的校名或校徽。

2. 准备 PPT 素材

准备 PPT 需要的文字、表格、图片、音乐等素材。

3. 创建新演示文稿文件“我的校园 .pptx”，并应用主题

（1）新建演示文稿文件“我的校园 .pptx”。

（2）单击“设计”选项卡“主题”组“其他”按钮，在下拉列表中选择“浏览主题”命令，在弹出的“选择主题或主题文档”对话框中选择模板“template 校园 .potx”，如图 4-36 所示。

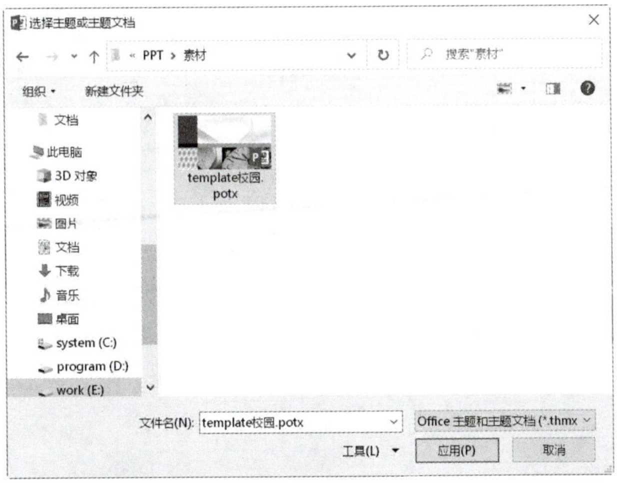

图 4-36 应用主题

（3）在“视图”选项卡“母版视图”组单击“幻灯片母版”按钮，进入幻灯片母版视图。确认左侧窗格定位在“标题幻灯片版式”，单击“插入”→“图像”→“图片”按钮，在

弹出的“插入图片”对话框中，选择图片“新校区 .jpg”，将其插入幻灯片。调整图片位置，如图 4-37 所示。

图 4-37　更换标题幻灯片图片

（4）在左侧窗格单击“标题和内容版式”，在幻灯片左下角插入文本框，输入文本“www.hnrpc.com”。在幻灯片右下角插入图片“校名 .gif”。

4. 插入幻灯片内页

（1）单击“幻灯片母版”选项卡的“关闭母版视图”按钮。

（2）插入新幻灯片，依次为“欢迎您到我的校园来”“校园风貌”“学习环境”“学校特色及专业”“学生就业前景”和“联系方式”六张幻灯片。在幻灯片标题及文本占位符内输入文本。单击“视图”选项卡的“大纲视图”按钮，左侧窗格切换为显示大纲内容，大纲内容如图 4-38 所示。

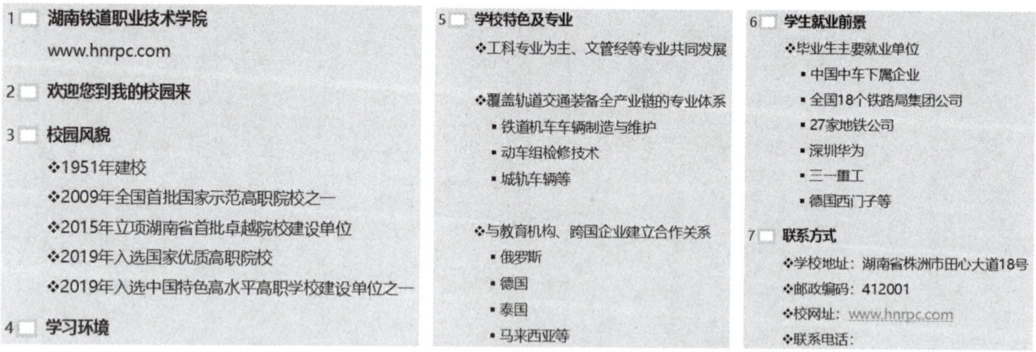

图 4-38　“我的校园”大纲

5. 封面插入校徽

（1）单击“插入”选项卡“文本”组的“文本框”按钮，在幻灯片中单击插入横排文本框，输入文本“我的校园”，设置字体格式为华文楷体、24 磅、加粗、倾斜，并调整文本框位置。

（2）插入文本框，输入文本“Hunan Railway Professional Technology College”，设置字体格式为 MS PGothic、18 磅、加粗、深蓝，文字 2，并调整文本框位置。

（3）单击“插入”选项卡“图像”功能区“图片”按钮，选择图片“校徽 .gif”。单击“图片工具 / 格式”选项卡“大小”组右下角“大小和位置”按钮，修改缩放比例为 28%，移动图片到恰当的位置，如图 4-39 所示。

图 4-39 封面幻灯片

6. 制作第二张幻灯片

（1）定位到第二张幻灯片，单击“插入”选项卡“图像”组的“图片”按钮，在弹出的“插入图片”对话框中选择“地图 .jpg”，单击“插入”按钮，插入图片。

（2）在“图片工具 / 格式”选项卡“图片样式”组的“快速样式”中，选择“柔化边缘矩形”样式，如图 4-40 所示。

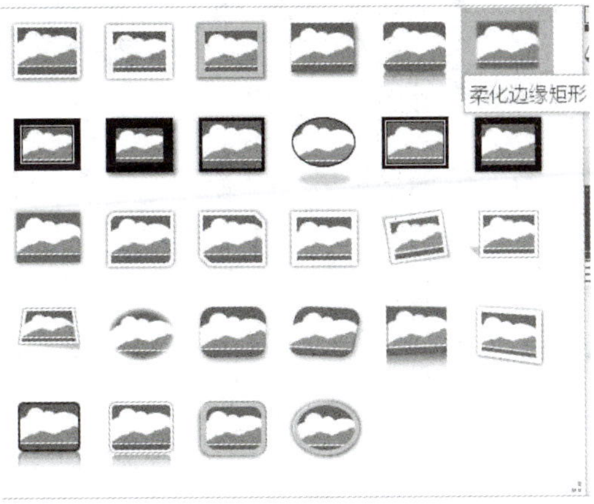

图 4-40 “柔化边缘矩形”样式

（3）插入图片“公交车 .gif”。单击“图片工具 / 格式”选项卡“大小”组右下角的“大小和位置”按钮，修改缩放比例为 11%。移动图片到合适的位置，如图 4-41 所示。

图 4-41　插入公交车图片

7. 制作第三张幻灯片

定位到第三张幻灯片，插入图片“校门 .gif”，修改缩放比例为 118%。移动图片到合适的位置，在“图片工具 / 格式”→“图片样式”→“快速样式”中，选择“影像右透视”样式，效果如图 4-42 所示。

图 4-42　插入校门图片

8. 制作第四张幻灯片

（1）定位到第四张幻灯片。单击幻灯片中文本占位符中的“插入 SmartArt 图形”按钮，如图 4-43 所示。

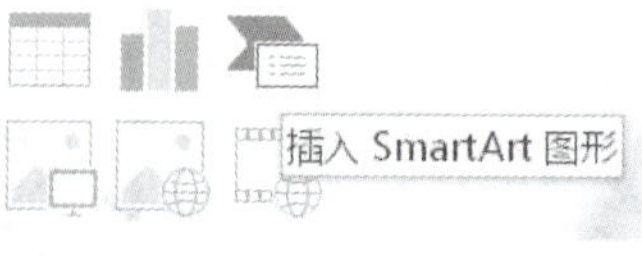

图 4-43　“插入 SmartArt 图形”按钮

（2）在打开的“插入 SmartArt 图形”对话框中单击左侧“图片”类别，在右侧选择“图片重点块”图形，单击“确定”按钮插入，如图 4-44 所示。

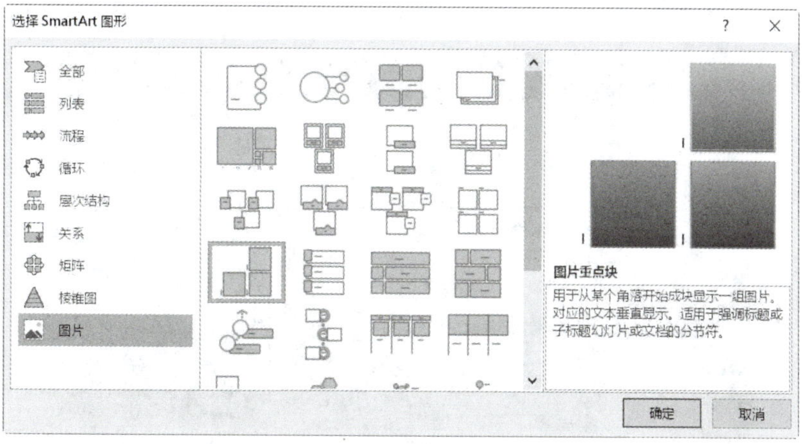

图 4-44　选择“图片重点块”图形

（3）在 SmartArt 图形的“在此处键入文字”区域输入文本“教学楼 1”，在键盘上敲击 Enter 键增加项目，依次输入文字“教学楼 2”“实训基地”“篮球场”。选中所有文字，在“开始”→“字体”功能区中，设置字体格式为华文中宋，字号为 14 磅。在“开始”→“段落”→“文字方向”中，设置“所有文字旋转 90°”。

（4）在 SmartArt 图形区域中依次单击图片按钮，插入相应图片。单击 SmartArt 图形外框，调整图形大小与位置，如图 4-45 所示。

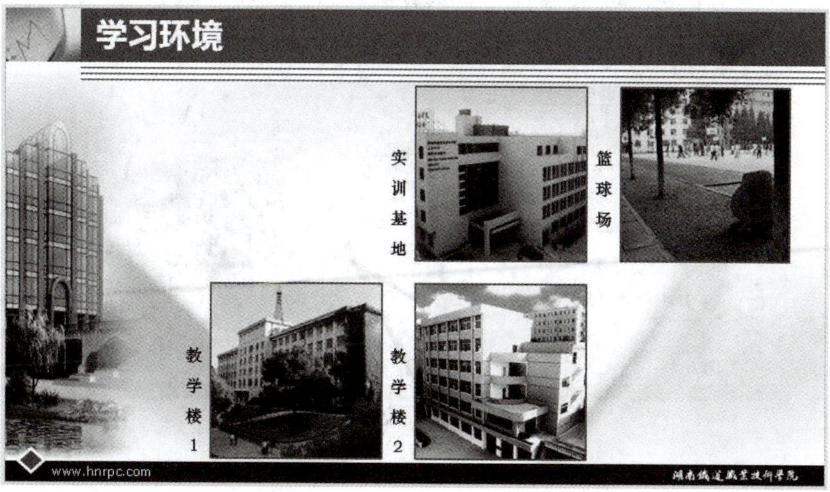

图 4-45　第四张幻灯片

9. 制作第五张幻灯片

（1）定位到第五张幻灯片。单击“开始”→“幻灯片”→“版式”下拉按钮，选择“两栏内容”版式。

（2）单击文本占位符中的“插入 SmartArt 图形”按钮，选择“层次结构”的“水平多层层次结构”图形。在“SmartArt 工具 / 设计”选项卡的“SmartArt 样式”组“快速样式”中选择“细微效果”，输入文本，结果如图 4-46 所示。

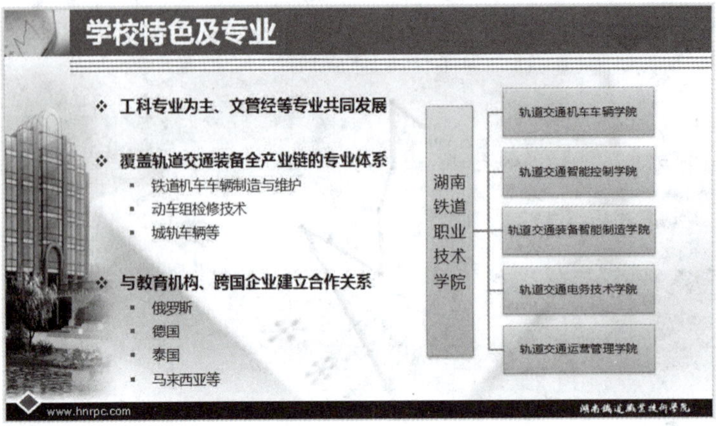

图 4-46　第五张幻灯片

10. 制作第六张幻灯片

（1）定位到第六张幻灯片，修改幻灯片版式为“两栏内容”。

（2）单击“插入”→“图像”→“图片”按钮，插入图片“学生 .jpg”，修改图片缩放比例为 230%。在“图片工具 / 格式”→“图片样式”→“快速样式”中，选择“映像圆角矩形”样式。调整图片到合适位置，如图 4-47 所示。

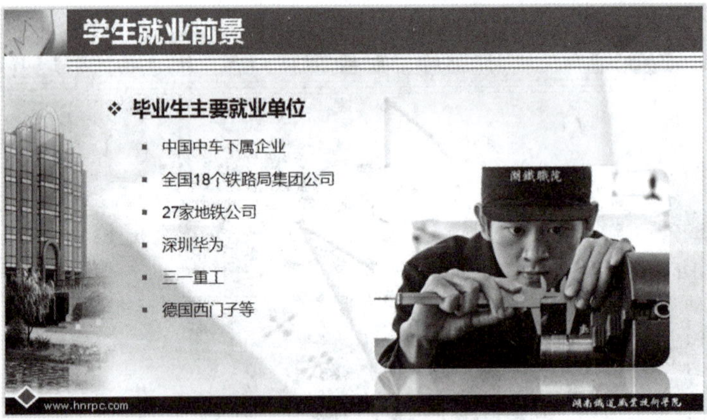

图 4-47　第六张幻灯片

11. 制作第七张幻灯片

（1）定位到第七张幻灯片。

（2）选择文本框“www.hnrpc.com”并右击，在弹出的快捷菜单中选择“超链接”命令，如图 4-48 所示。在弹出的“插入超链接”对话框的“地址”中输入文本“http://www.hnrpc.com/”，单击“确定”按钮。

图 4-48　快捷菜单

12. 添加背景音乐

（1）定位到第一张幻灯片。

（2）在“插入”选项卡“媒体”组“音频”下拉列表中单击“PC 上的音频”按钮，在弹出的“插入音频”对话框中选择“bgm.mp3”音频，单击“插入”按钮插入音乐。

（3）在“音频工具 / 播放”选项卡的“音频选项”组中设置音频自动播放，并勾选“跨幻灯片播放”“循环播放，直到停止”“放映时隐藏”，如图 4-49 所示。

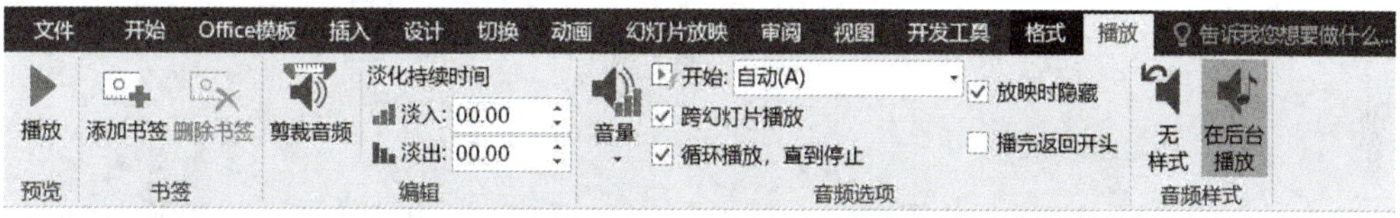

图 4-49　音频播放设置

13. 放映演示文稿

完成幻灯片制作，放映幻灯片观看播放效果。

提示：幻灯片中插入音乐后，默认的音乐图标可以通过右键的快捷菜单进行更换。如果将图标放置在幻灯片外，幻灯片放映时，音乐图标将不会显示在幻灯片上。

知识链接

4.10　优化 PPT 内容

演示文稿中文本使用常见的问题有三个（图 4-50）：问题一，幻灯片内容放置太满；问题二，幻灯片颜色过多，眼花缭乱；问题三，文字的色彩或背景使用不当，辨识不清。

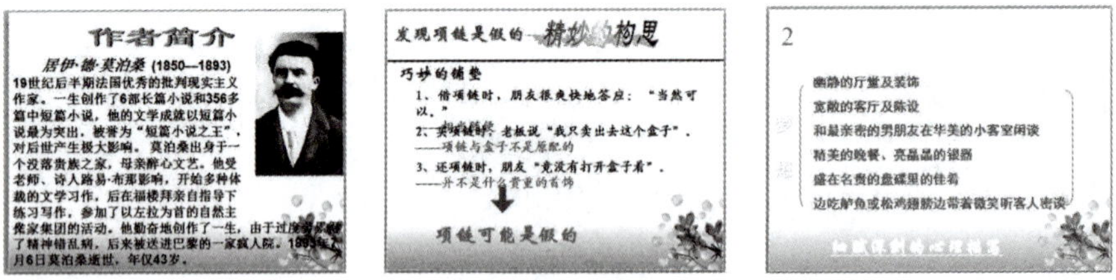

图 4-50　文本使用常见问题

并不是幻灯片中的信息越多，就越容易让人记住，因此必须尽量让幻灯片看起来简洁。优化演示文稿内容主要有以下几种方法：

（1）文字标题化——精简内容，提炼关键信息。

（2）文字图表化——使用图形、思维导图、表格表达文字信息内容。

（3）使用更多的幻灯片。

（4）使用自定义动画，控制文字内容按不同时间段或时间点显示。

精简文字可以使用三大武器：

（1）锤子（拆）——分析文字逻辑关系后拆分段落。

（2）放大镜（找）——查找关键字、词，概括段落大意。

（3）剪刀（删）——提炼信息。建议删除不必要的文字或标点符号：表原因，如因为、由于、基于；解释用，如是、冒号、括号、引号、破折号；重复文字、辅助文字，如动词、介词、助词、连词、叹词；铺垫文字，如正文前没有实际意义的文字。

4.11　PowerPoint 对象的插入

4.11.1　插入图片

在“插入”选项卡“图像”组单击“图片”按钮，弹出插入图片对话框，如图 4-51 所示，选择图片插入幻灯片。

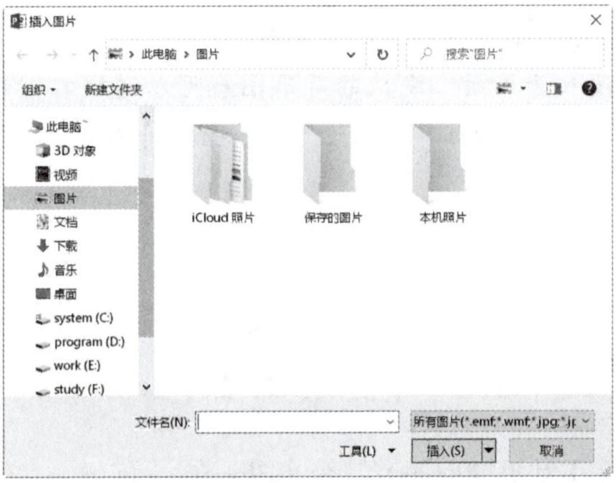

图 4-51　“插入图片”对话框

4.11.2　插入 SmartArt 图形

SmartArt 图形是信息和观点的视觉表示形式。用户可以从多种不同布局中选择创建 SmartArt 图形，从而快速、轻松、有效地利用图形传达信息，创建具有设计师水准的插图。

在“插入”选项卡“插图”组单击“SmartArt”按钮，弹出“选择 SmartArt 图形”对话框，如图 4-52 所示，选择图形插入幻灯片。

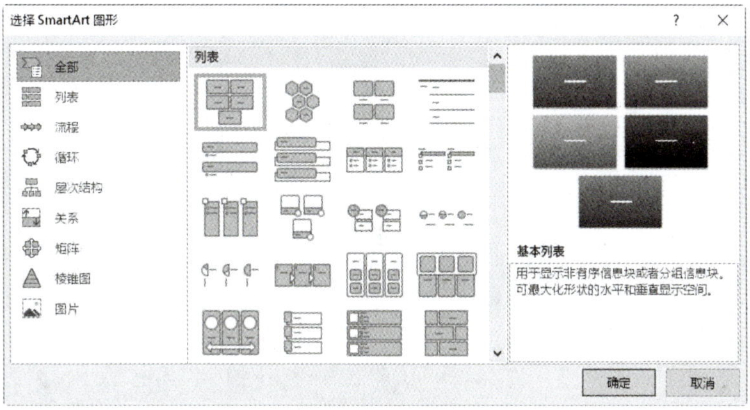

图 4-52　“选择 SmartArt 图形”对话框

插入 SmartArt 图形后，在“SmartArt 工具 / 设计”选项卡中可以添加形状、调整版式、更改颜色、挑选 SmartArt 样式。

4.11.3　插入音频、视频

1. 插入音频

在“插入”选项卡“媒体”组的“音频”下拉列表中单击“PC 上的音频”按钮，弹出“插入音频”对话框，如图 4-53 所示，选择音频插入幻灯片。

插入音频后，在“音频工具 / 播放”选项卡“音频选项”组中设置音频播放选项。

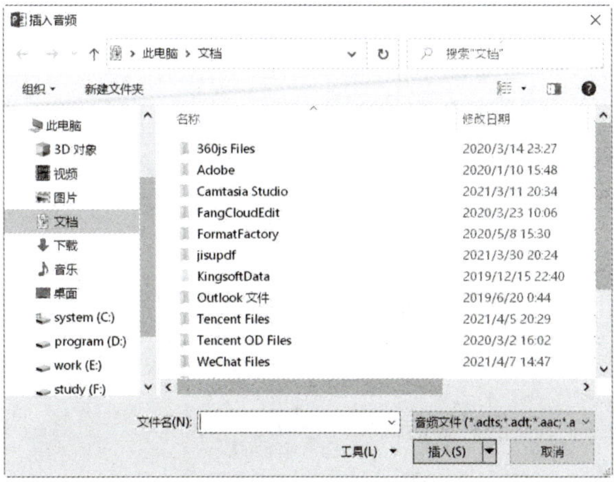

图 4-53　“插入音频”对话框

2. 插入视频

在“插入”选项卡“媒体”组单击“PC 上的视频”按钮，弹出“插入视频文件”对话框，如图 4-54 所示，选择视频插入幻灯片。

插入视频后，在“视频工具 / 播放”选项卡“视频选项”组中设置视频播放选项。

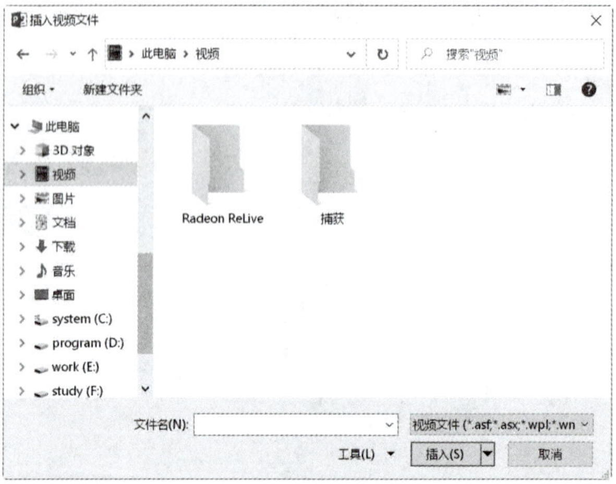

图 4-54 “插入视频文件”对话框

4.11.4 插入自选图形

在“插入”选项卡“插图”组单击“形状”按钮，弹出的下拉列表中包括线条、矩形、基本形状、箭头总汇、公式形状、星与旗帜、标注、动作按钮等形状类别，如图 4-55 所示。选择形状，在幻灯片上按住鼠标拖动即可绘制相应形状。

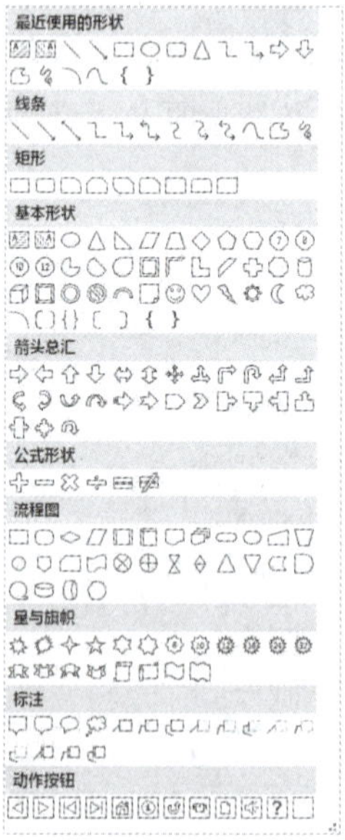

图 4-55 “形状”下拉列表

拓展训练

案例 2 优化“校训”幻灯片

任务描述

优化前幻灯片如图 4-56 所示，优化后效果如图 4-57 所示。本案例通过拆分段落，查找关键词、关键句，提炼文字，概括大意，删除不需要的文字，文字标题化处理等方法精简文字信息，并利用图形优化 PPT 界面，使演示文稿的表达内容简洁易读，界面更加美观，达到功能性与艺术性的结合。本案例主要任务为绘制组合图形。

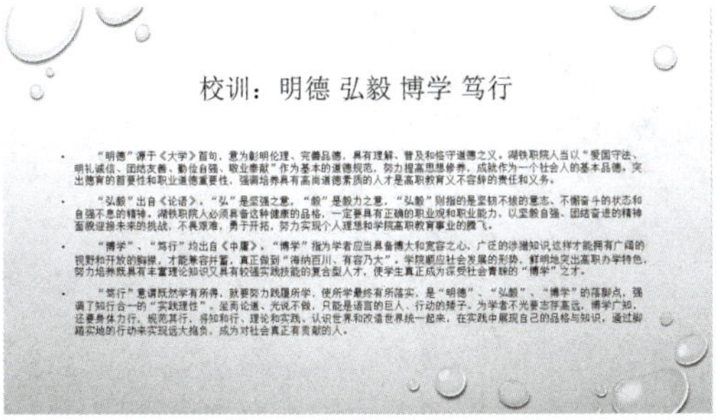

图 4-56 优化前幻灯片效果

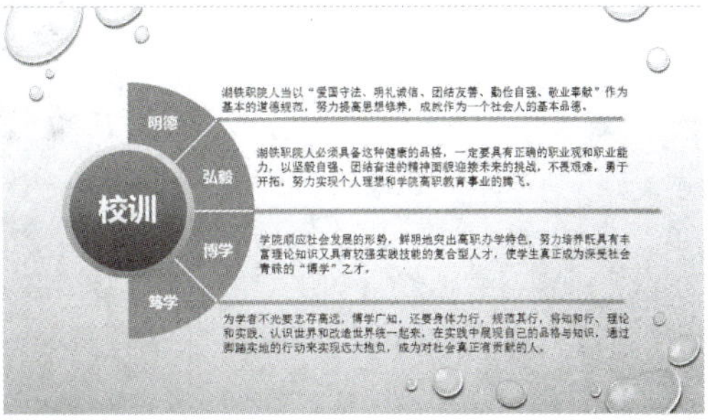

图 4-57 优化后幻灯片效果

任务实施

1. 新建演示文稿文件“绘制自选形状图形 .pptx”

2. 修改幻灯片版式

在“开始”选项卡“幻灯片”组单击“版式”按钮，在弹出的“Office 主题”中选择“空白”版式。

3. 分析图形组成

（1）需绘制的组合图形如图 4-58 所示。

（2）分析组合图形组成：方案 1——蓝色圆形、灰色圆环、4 个蓝色小扇形；方案 2——蓝色圆形、灰色圆形、蓝色半圆、3 根白色直线。

（3）挑选绘制方案：方案 2。

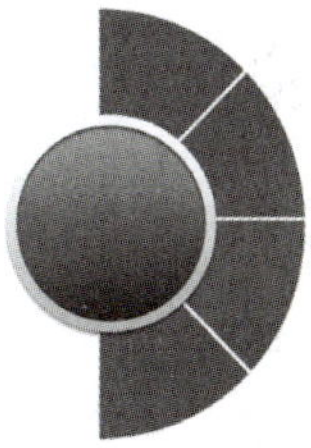

图 4-58 组合图形效果

4. 绘制两个圆形

（1）单击“插入”→“形状”按钮，在下拉列表中选择“基本形状”中的“椭圆”，按住 Shift 键并拖动鼠标左键，在幻灯片上绘制圆形。

（2）按 Ctrl+C 键复制绘制好的圆形，按 Ctrl+V 键粘贴得到第二个圆形。

（3）在“绘图工具 / 格式”选项卡“形状样式”组单击“形状填充”按钮，在弹出的下拉列表中选择“白色，背景 1，深色 5%”。再次单击“形状填充”按钮，在弹出的下拉列表中单击“渐变”命令中的“线性向上”按钮，如图 4-59 所示。

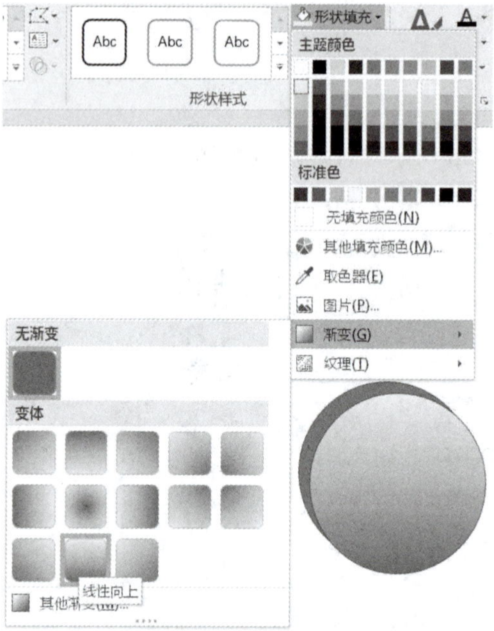

图 4-59　渐变填充圆形

（4）在“绘图工具 / 格式”选项卡“形状样式”组单击“形状轮廓”按钮，在弹出的下拉列表中单击“无轮廓”按钮。

（5）按住 Shift 键的同时，拖动圆形右下角控点，适当放大灰色圆形。

（6）在“绘图工具 / 格式”选项卡“排列”组单击“下移一层”按钮，如图 4-60 所示。

（7）选中蓝色圆形，设置形状填充为“渐变”的“线性向上”，形状轮廓为“无轮廓”。

5. 绘制饼形

（1）单击“插入”→“形状”按钮，在下拉列表中选择“基本形状”中的“饼形”，如图 4-61 所示。按住 Shift 键并拖动鼠标左键，在幻灯片上绘制饼形。

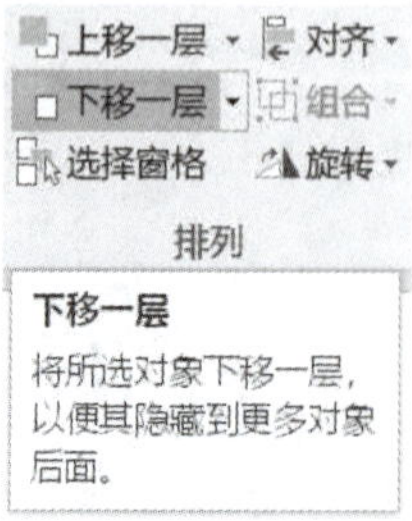

图 4-60　灰色圆形下移一层

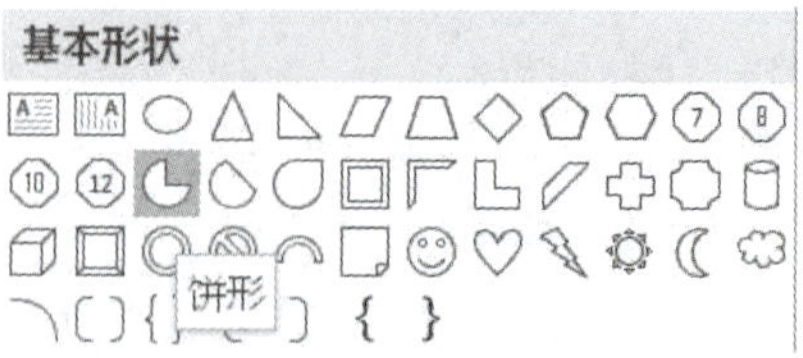

图 4-61　插入饼形

（2）拖动饼形上的黄色控点，将饼形调整为半圆，如图 4-62 所示。单击“绘图工具 / 格式”→“旋转对象”，选择“水平翻转”命令，如图 4-63 所示。

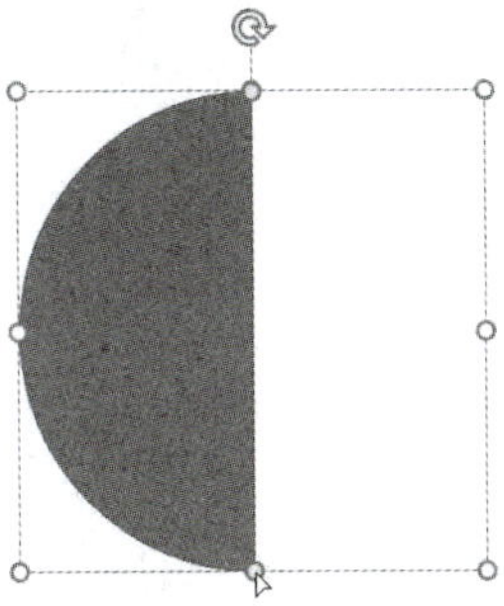

图 4-62 调整饼形为半圆

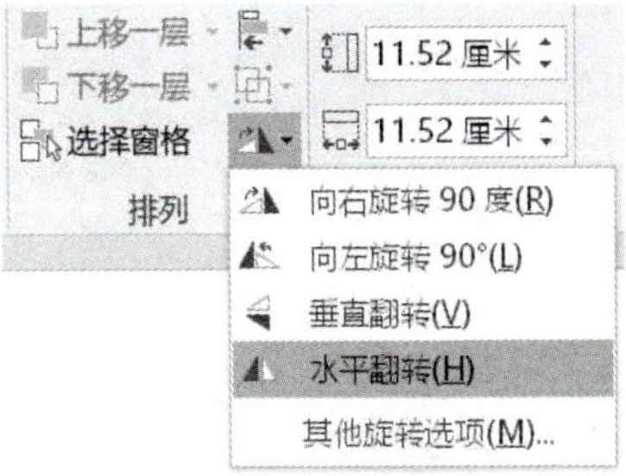

图 4-63 水平翻转饼形

（3）设置形状轮廓为“无轮廓”。在饼形上右击，在弹出的快捷菜单中单击“置于底层”中的“置于底层”按钮。

（4）选中饼形和两个圆形，单击“绘图工具 / 格式”→“对齐”按钮，在弹出的下拉列表中选择“水平居中”按钮。再次单击“对齐”按钮，在弹出的下拉列表中选择“垂直居中”按钮，如图 4-64 所示。

6. 绘制 3 根直线

（1）单击“插入”→“形状”按钮，在下拉列表中选择“线条”中的“直线”，按住 Shift 键并拖动鼠标左键，在幻灯片上绘制一根从圆心到饼形边缘的直线。

（2）单击“绘图工具 / 格式”→“形状轮廓”按钮，在下拉列表中选择颜色“白色，背景 1”。再次单击“形状轮廓”按钮，在下拉列表中选择“粗细”中的“2.25 磅”。

（3）复制 2 根直线。选择其中的一根线条，单击“绘图工具 / 格式”→“排列”→“旋转”按钮，在弹出的下拉列表中选择“其他旋转选项”按钮，在打开的窗格中设置“旋转”角度为 45°，另一根线条设置“旋转”角度为 -45，如图 4-65 所示。

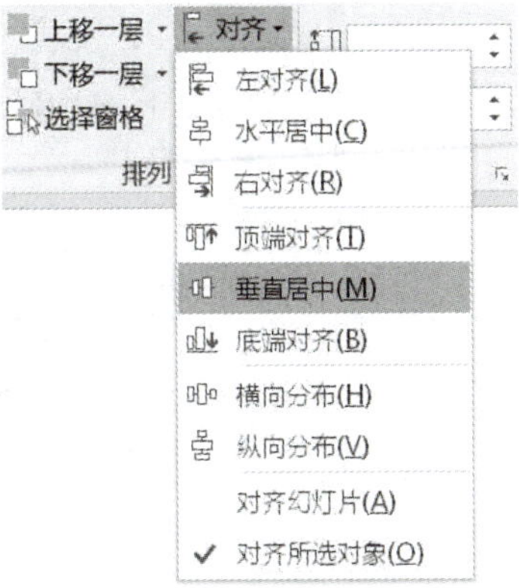

图 4-64 对齐图形

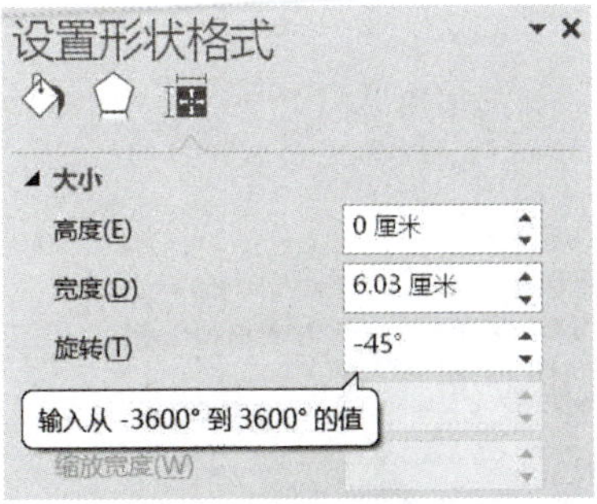

图 4-65 旋转直线

（4）将线条移动到相应位置，并调整好叠放次序。

7. 组合图形

使用鼠标左键框选所有插入对象并右击，在打开的快捷菜单中单击“组合”中的“组合”按钮，完成图形的组合，如图 4-66 所示。

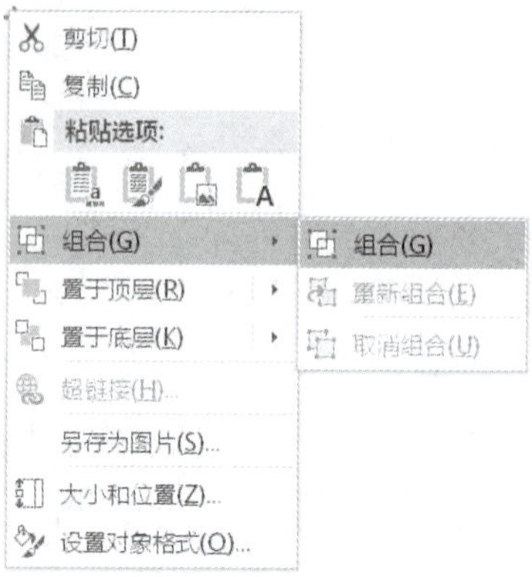

图 4-66　组合插入图形

提示：在绘制圆形时，直接拖动鼠标可绘制出椭圆。按住 Shift 键的同时拖动鼠标，可以绘制圆形。如果要绘制多个圆形，则右击“椭圆”形状，选择“锁定绘图模式”即可。不再绘制圆形时，按 Esc 键取消锁定。

案例 3　优化“教学方法”幻灯片

任务描述

使用自选形状绘制图形需要一定的方法和技巧，不仅要绘制图形，还需要调整形状、大小、角度、颜色、效果，并进行组合设计，费时费力。使用 SmartArt 图形可以轻松简单地绘制图形，既专业又美观。

优化前幻灯片如图 4-67 所示，使用 SmartArt 优化幻灯片后效果如图 4-68 所示。

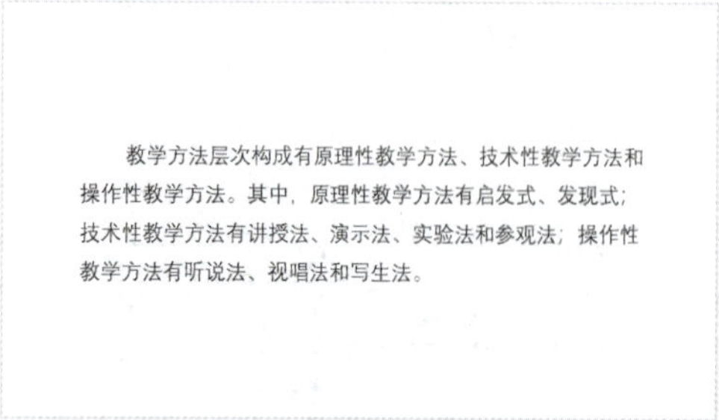

图 4-67　优化前幻灯片效果

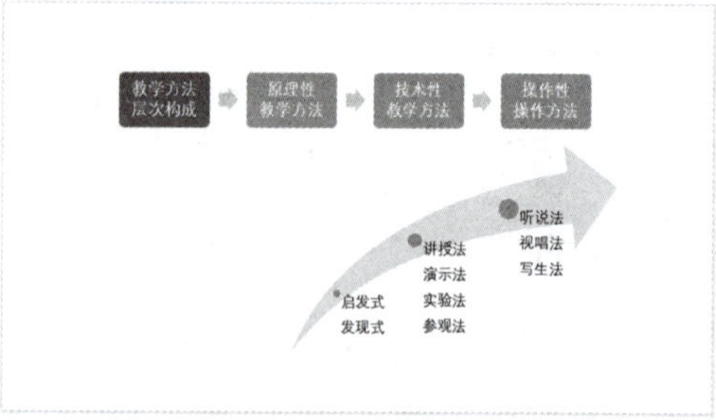

图 4-68　优化后幻灯片效果

任务实施

1. 打开 PPT 文件“教学方法 - 素材 .pptx”

2. 新建幻灯片

插入新幻灯片，并修改为“空白”版式。

3. 插入 SmartArt 图形“基本流程”

单击“插入”→“SmartArt”按钮，在打开的对话框中单击左侧的“流程”类别，选择右侧的“基本流程”图形，单击“确定”按钮插入图形，如图 4-69 所示。

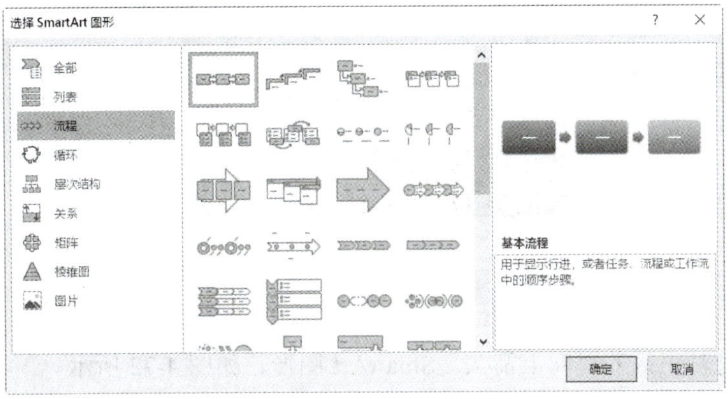

图 4-69　插入“基本流程”图形

4. 在图形中录入文字

（1）单击图形左侧的按钮，在打开的文字录入框中输入文字“教学方法”，按 Shift+Enter 键换行，输入第二行文字“层次构成”，如图 4-70 所示。

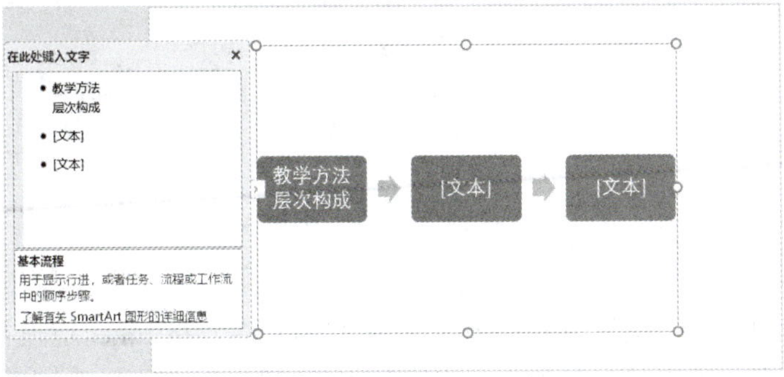

图 4-70　输入两行文字

（2）定位于第二个项目符号处，录入两行文字“原理性”“教学方法”。

（3）定位于第三个项目符号处，录入两行文字“技术性”“教学方法”。

（4）按 Enter 键添加形状，录入两行文字“操作性”“教学方法”。

（5）关闭左侧文字录入框。

5. 修改图形样式

（1）单击选中 SmartArt 图形中第一个圆角矩形，单击“SmartArt 工具 / 格式”选项卡，打开“形状样式”组的“形状填充”下拉列表，选择深红色。

（2）单击选中 SmartArt 图形中第一个箭头，设置“形状填充”为橙色，如图 4-71 所示。

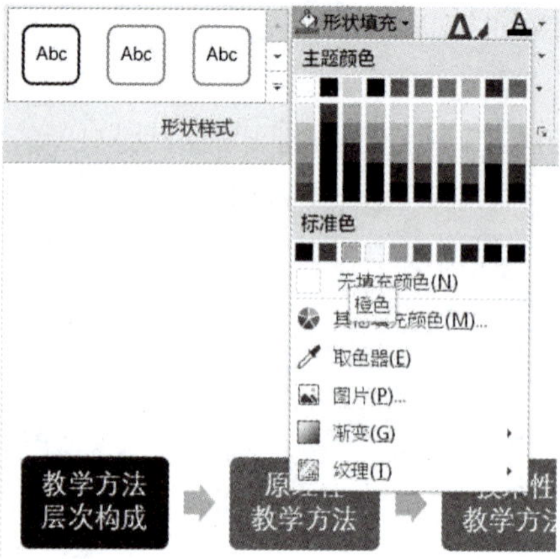

图 4-71 修改箭头填充颜色

6. 插入“向上箭头”SmartArt 图形

（1）在幻灯片中插入“向上箭头”SmartArt 图形，如图 4-72 所示。

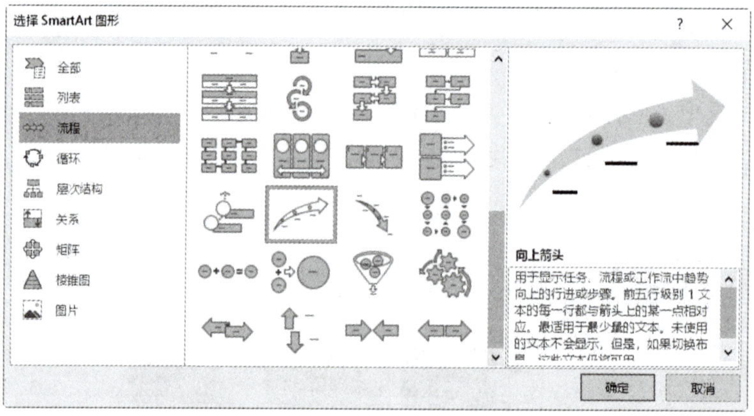

图 4-72 插入“向上箭头”图形

（2）在图形的第一个项目符号处录入文字“启发式”，按 Enter 键换行，录入第二行文字“发现式”。第二个项目符号处录入四行文字“讲授法”“演示法”“实验法”“参观法”。第三个项目符号处录入三行文字“听说法”“视唱法”“写生法”。

（3）调整两个 SmartArt 图形的高度。

提示：通过“SmartArt 工具 / 设计”选项卡，可以方便地对 SmartArt 图形进行修改版式、更改颜色、修改样式等操作。通过“SmartArt 工具 / 设计”选项卡的“重置”组，可以将 SmartArt 图形转换为文本或组合图形。

案例 4 图像处理

任务描述

图像的处理在 PPT 中非常关键，它直接影响大家对 PPT 的第一印象。图像的形状可以在图片样式中选择，也可以通过裁剪或填充改变。

任务实施

1. 打开演示文稿文件“图像处理 - 素材 .pptx”

2. 将图像裁剪为形状

（1）选中第一张幻灯片，插入图像文件“石板滩 .jpg”，单击“图片工具 / 格式”→“裁剪”选项按钮，在“裁剪为形状”中选择“等腰三角形”，如图 4-73 所示。

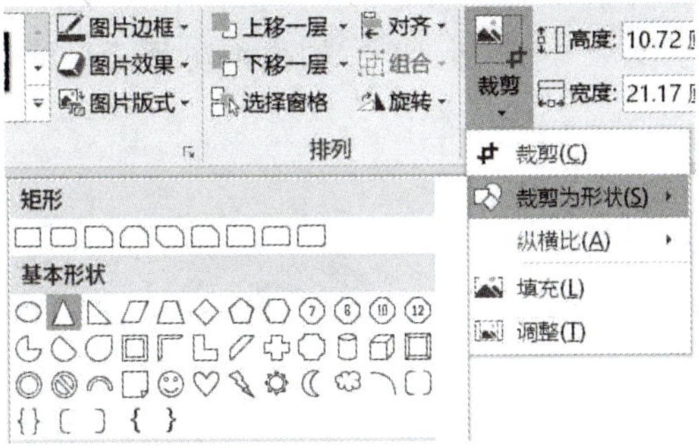

图 4-73 裁剪为“等腰三角形”

（2）调整裁剪后三角形的大小和位置，效果如图 4-74 所示。

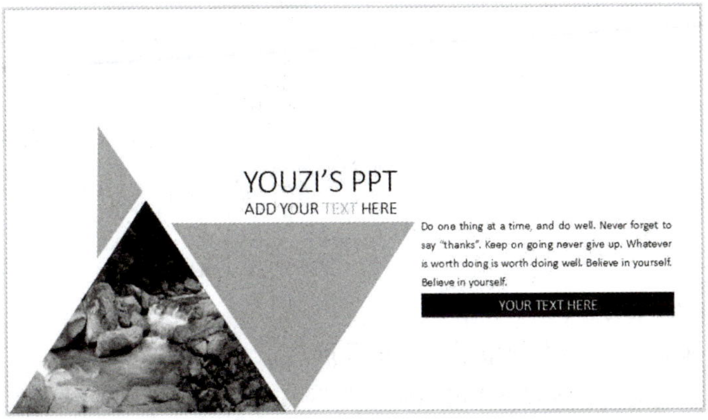

图 4-74 图像调整后效果

3. 图像填充三角形

（1）插入形状“等腰三角形”，设置为无轮廓，垂直翻转并调整大小和位置，如图 4-75 所示。

图 4-75　绘制等腰三角形

（2）右击该形状，选择命令“设置形状格式”，打开“设置图片格式”窗格。

（3）在窗格的“填充”里选中“图片或纹理填充”，单击“文件”按钮，选择图像文件“落水源瀑布 1.jpg”，取消“与形状一起旋转”勾选，如图 4-76 所示。填充后结果如图 4-77 所示。

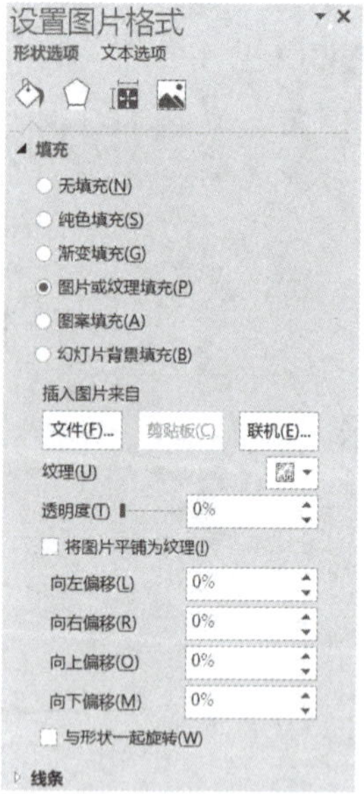

图 4-76　图像填充设置

图 4-77　图像填充三角形

4. 图像填充四边形

（1）在第二张幻灯片上绘制矩形，并置于底层，如图 4-78 所示。

（2）单击“绘图工具 / 格式→“编辑形状”下拉列表中的“编辑顶点”，如图 4-79 所示。拖动形状右下角控点调整四边形，填充图像文件“七姑仙 .jpg”，如图 4-80 所示。

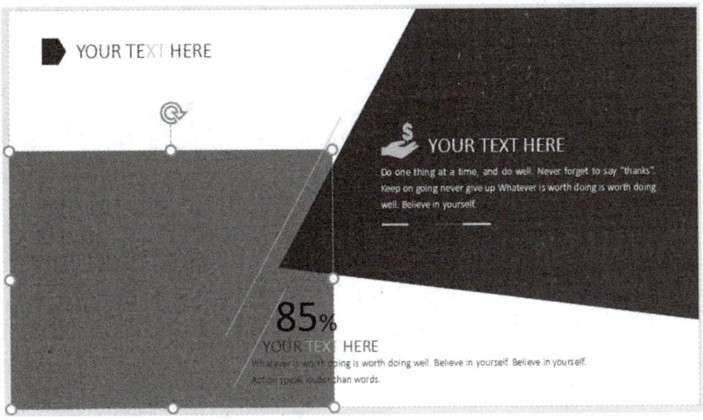

图 4-78　绘制矩形

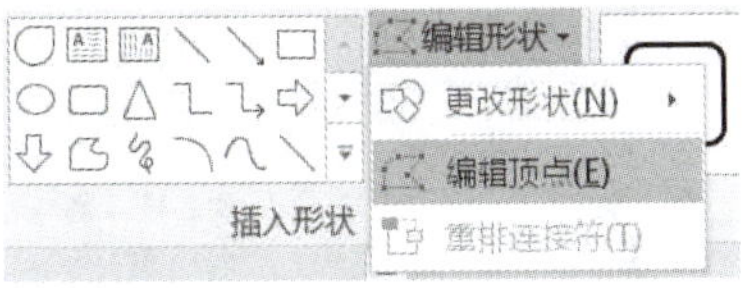

图 4-79　编辑形状顶点

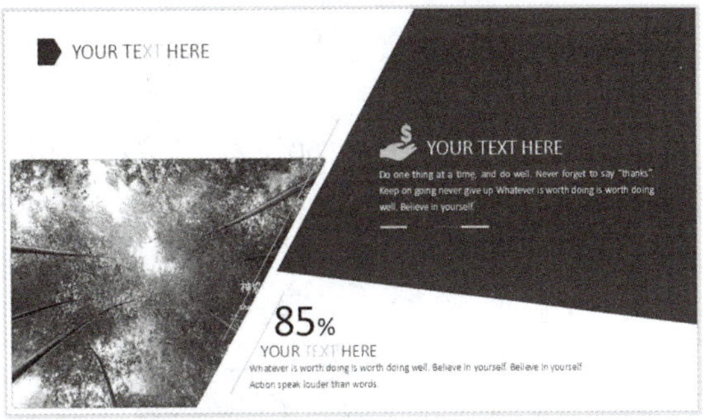

图 4-80　图像填充四边形

5. 图像填充组合图形

（1）在第三张幻灯片中插入多个平行四边形，设置为无边框线，组合平行四边形，如图 4-81 所示。

（2）为组合图形填充图像“石板滩 .jpg”，如图 4-82 所示。

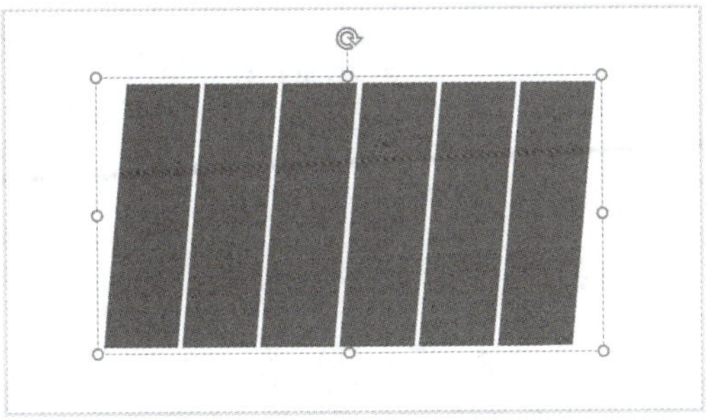

图 4-81　插入平行四边形

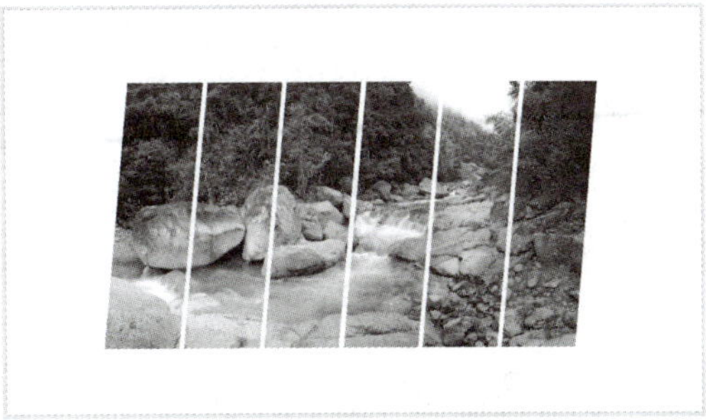

图 4-82　图像填充四边形

6. 图像排版

（1）在第四张幻灯片插入四张植物图片，选中所有图片，打开“图片工具 / 格式”→“图片版式”下拉列表，如图 4-83 所示。

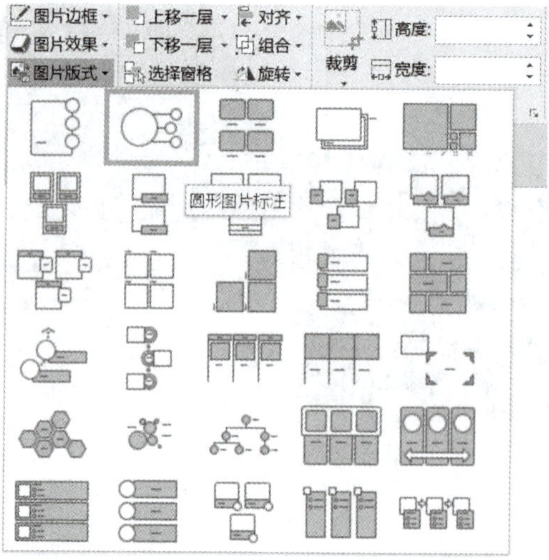

图 4-83　设置图片版式

（2）选择“圆形图片标注”，转为 SmartArt 图形。调整图形大小和位置，结果如图 4-84 所示。

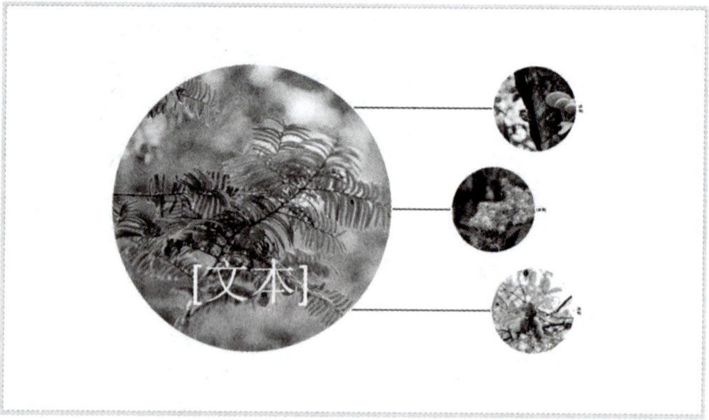

图 4-84　将图像转为 SmartArt 图形

提示：绘制好的形状，可以通过“绘图工具 / 格式”→“编辑形状”→“更改形状”更换为其他形状。SmartArt 图形中的形状，也可以通过“SmartArt 工具 / 格式”→“更改形状”进行更换。

任务 3　制作旅游产品推介 PPT

任务情境

旅游公司向客户推介产品时，为了增加幻灯片的吸引力，需要为幻灯片加上动画。

为满足观众的观看需求，使用超链接与动作按钮控制幻灯片的播放顺序。旅游产品推介 PPT 效果如图 4-85 所示。

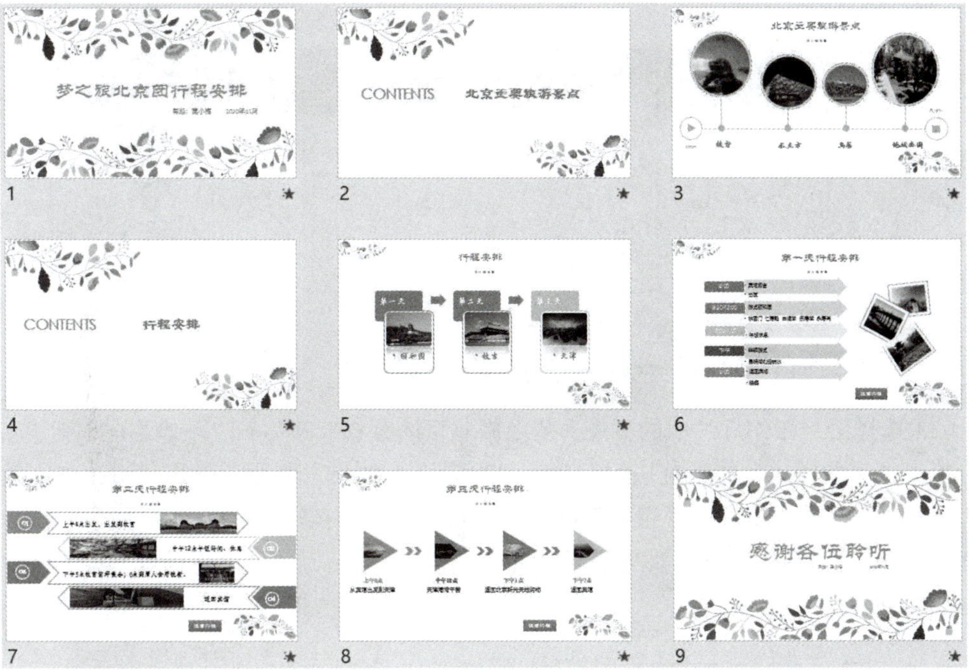

图 4-85　“旅游产品推介”效果图

任务目标

通过在线学习，能为幻灯片添加合适的切换效果和动画效果，掌握动作按钮的添加及超链接的创建与编辑修改，能根据需要设置幻灯片的放映方式。

制作旅游产品推介 PPT

扫描二维码，观看“制作旅游产品推介 PPT”教学视频，学习动画制作、动作按钮与超链接、演示文稿放映相关知识与技能。

任务实施

1. 打开 PowerPoint 文件“梦之旅旅游推介 PPT 素材 .pptx”

（1）启动 PowerPoint 2016。

（2）选择“文件”选项卡中的“打开”命令，弹出“打开”对话框，在对话框选中“梦之旅旅游推介 PPT 素材 .pptx”，打开素材文件。

（3）在“文件”选项卡中选择“另存为”命令，弹出“另存为”对话框，在对话框“文件名”列表框中输入“梦之旅旅游推介 .pptx”，单击“保存”按钮。

2. 为第一张幻灯片添加动画效果

（1）在“动画”选项卡“高级动画”组中单击“动画窗格”按钮，在窗口右侧显示“动画窗格”，如图 4-86 所示。窗格中的“组合 11”为已设置的副标题动画。

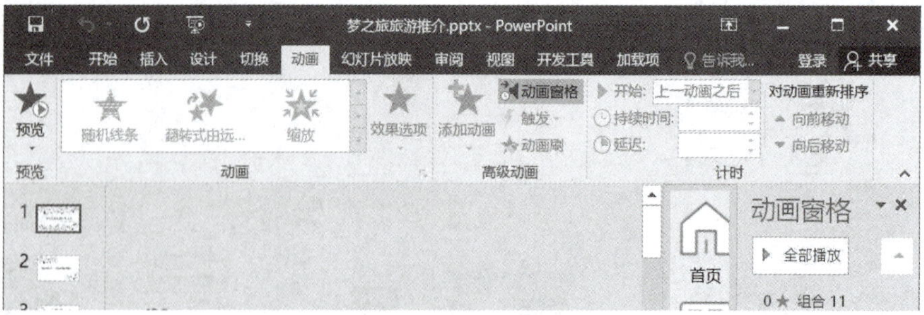

图 4-86 窗口右侧显示动画窗格

（2）选择第一张幻灯片中的标题“梦之旅北京团行程安排”，在“动画”选项卡“动画”组中单击“动画样式”的下拉按钮，单击“更多进入效果”命令，弹出“更改进入效果”对话框，选择“基本型”的“轮子”动画，单击“确定”按钮，如图 4-87 所示。

（3）单击“动画”→“效果选项”的下拉按钮，选择“8 轮辐图案”的效果，如图 4-88 所示。

图 4-87 “更改进入效果”对话框

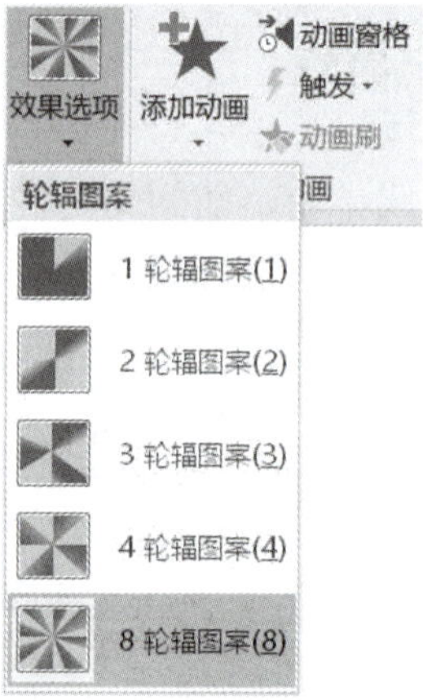

图 4-88 修改动画效果

（4）在“动画”选项卡“计时”组中单击“开始”的下拉按钮，选择“上一动画之后”的同步方式，如图 4-89 所示。

（5）单击动画窗格中“文本框 5：梦之旅北京团行程安排”的右侧下拉按钮，单击“效果选项”按钮，弹出“轮子”对话框，在“效果”选项卡的“增强”组中单击“动画文本”的下拉按钮，选择“按字母”的播放方式，单击“确定”按钮，如图 4-90 所示。

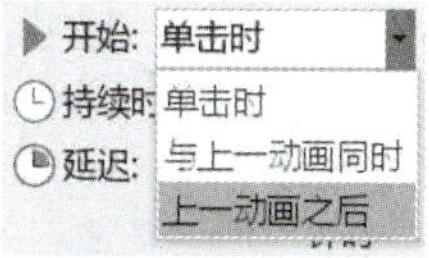

图 4-89　选择同步方式

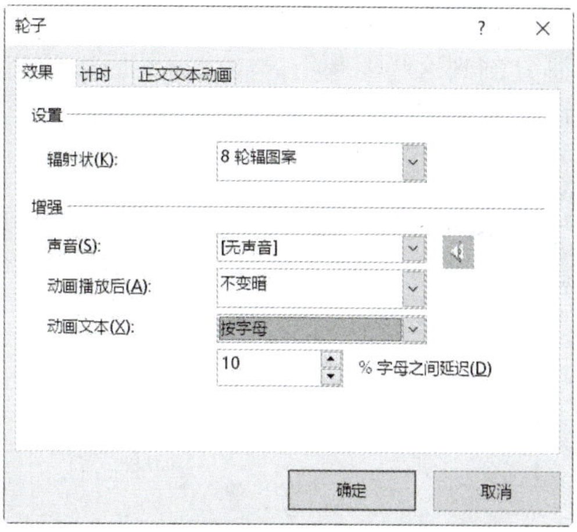

图 4-90　“轮子”对话框

（6）拖动动画窗格中“文本框 5：梦之旅北京团行程安排”到“组合 11”上方。单击状态栏“幻灯片放映”按钮，观看第一张幻灯片动画效果，第一张播放完后按 Esc 键结束播放。

3. 为第三张幻灯片添加动画效果

（1）选择第三张幻灯片，将开始与结束的图形及中间的圆形图案选中并组合，组合图形如图 4-91 所示。

图 4-91　组合图形

（2）在“动画”选项卡“动画”组单击“动画样式”的下拉按钮，单击“进入”的“擦除”命令。单击“效果选项”的下拉按钮，选择“自左侧”的方向。在“计时”组单击“开始”的下拉按钮，选择“上一动画之后”的同步方式。

（3）单击选中故宫图片下的直线，设置“动画样式”为“擦除”，设置“开始”方式为“上一动画之后”。

（4）单击选中故宫图片，设置“动画样式”为“浮入”，设置“开始”方式为“上一动画之后”。

（5）单击选中“故宫”文本框，设置“动画样式”为“劈裂”，设置“效果选项”为“中央向左右展开”，设置“开始”方式为“与上一动画同时”。

4. 使用动画刷提高添加动画效果效率

（1）单击选中故宫图片下的直线，双击“高级动画”组的“动画刷”按钮，如图 4-92 所示。依次单击水立方、鸟巢、地坛公园图片下的直线，将动画复制到这些直线上。按 Esc 键取消动画刷。

（2）单击选中故宫图片，双击“动画刷”按钮。依次单击水立方、鸟巢、地坛公园图片，将动画复制到这些图片上。完成后，取消动画刷。

（3）单击选中“故宫”文本框，双击“动画刷”按钮。依次单击水立方、鸟巢、地坛公园文本框，将动画复制到这些文本框上。完成后，取消动画刷。

（4）依据直线、图片、文本框的顺序，在动画窗格中调整水立方、鸟巢、地坛公园对应直线、图片、文本框的顺序，如图 4-93 所示。

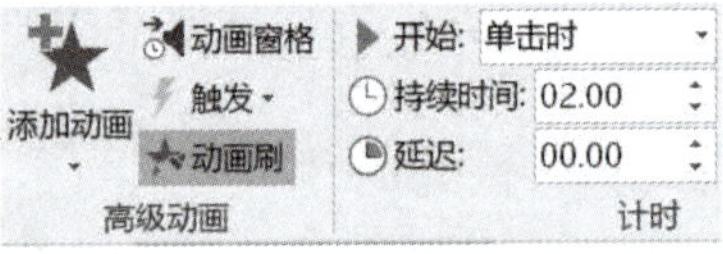

图 4-92　使用动画刷

图 4-93　调整动画播放顺序

（5）在动画窗格空白处单击，单击窗格上方“全部播放”按钮，观看动画播放效果。单击窗格右上角关闭按钮，关闭动画窗格。

5. 为所有的幻灯片设置切换过渡效果

（1）选择第一张幻灯片，在“切换”选项卡“切换到此幻灯片”组的“切换效果”下拉列表中选择“华丽型”中的“涟漪”切换效果，如图 4-94 所示。

图 4-94　选择切换效果

（2）选择第二张幻灯片，在“切换效果”下拉列表中选择“华丽型”中的“门”切换效果。

（3）选择其他幻灯片，分别为它们设置合适的切换过渡效果。

6. 为第五张幻灯片中的文字创建超链接

（1）定位第五张幻灯片，选择“第一天”的形状，单击“插入”→“链接”→“超链接”按钮，弹出“插入超链接”对话框，在对话框左侧选择“本文档中的位置”，对话框中间选择位置“6. 幻灯片 6”，如图 4-95 所示。

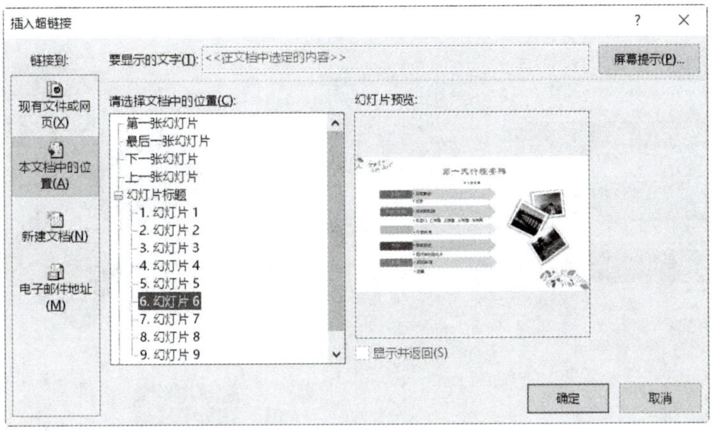

图 4-95　“插入超链接”对话框

（2）选择“第二天”的形状，链接到“7. 幻灯片 7”。

（3）选择“第三天”的形状，链接到“8. 幻灯片 8”。

7. 为幻灯片添加动作按钮

（1）定位第六张幻灯片，单击“插入”→“插图”→“形状”按钮，在下拉列表的“动作按钮”中单击最后一个“自定义”按钮，如图 4-96 所示。

（2）拖动鼠标在幻灯片上绘制形状，弹出对话框“操作设置”，在“单击鼠标”选项卡中选择选项“超链接到”，在下拉列表中选择“幻灯片”，选中“幻灯片 5”，单击“确定”按钮，如图 4-97 所示。

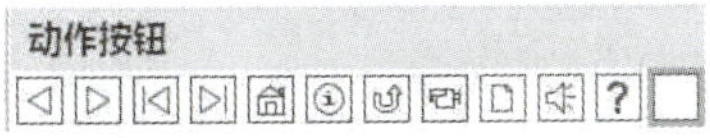

图 4-96　插入动作按钮

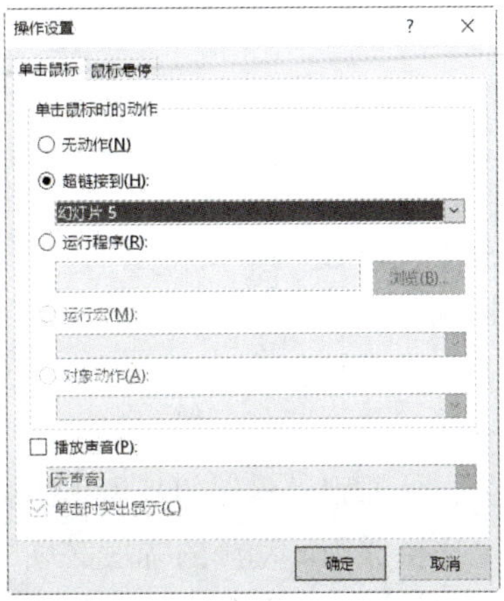

图 4-97　“操作设置”对话框

（3）右击动作按钮，单击“编辑文字”命令，输入文本“返回行程”。单击“绘图工具 / 格式”→“快速样式”的其他按钮，选择“主题样式”中的“强烈效果 - 茶色，强调颜色 2”。修改字体为华文隶书，字号 14 磅。调整好按钮的大小与位置，如图 4-98 所示。

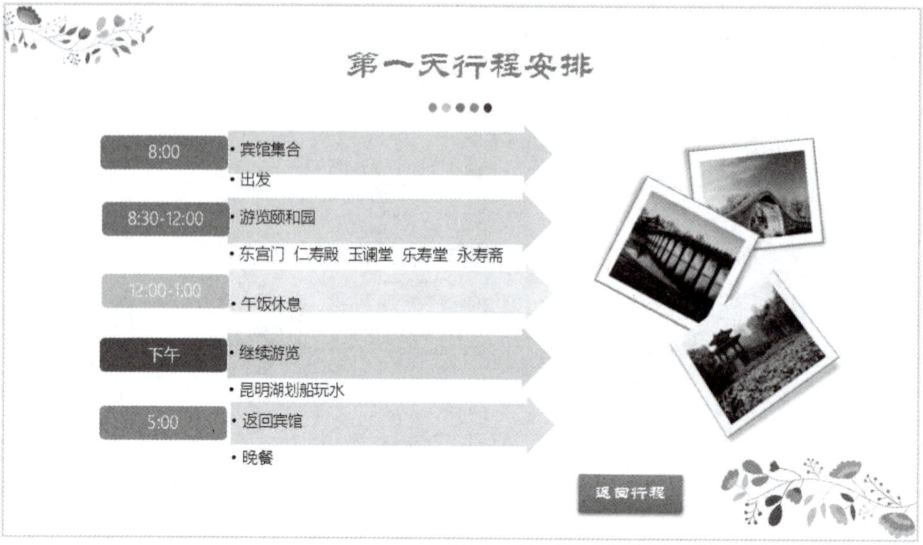

图 4-98　调整动作按钮位置

（4）复制该动作按钮，分别在第七张幻灯片、第八张幻灯片上粘贴。

8. 放映幻灯片

按 F5 键从头开始放映幻灯片，观看放映效果。

提示：复制幻灯片中的对象，粘贴到其他幻灯片上时，会粘贴在幻灯片的同一位置，并保留格式、超链接、动作等。选择文字设置超链接时，默认为该文字添加下划线，并更改颜色为配色方案中的超链接颜色。

知识链接

4.12　PowerPoint 2016 动画设计的原则

动画不仅能让 PPT 变得生动，更能让 PPT 表现力迅速提升。在动画设计时应遵守以下几个原则：

（1）醒目原则。PPT 动画的初衷在于强调一些重要内容，吸引观众的注意力，让观众记忆犹新。

（2）自然原则。自然的基本思想就是符合常识，动画过程自然连贯。

（3）适当原则。动画的幅度必须与 PPT 演示的环境相吻合。

动画数量适当。过多的动画会冲淡主题、消磨耐心；过少的动画则效果平平、显得单薄。

动画强弱适当。该强调的强调，该忽略的忽略，该缓慢的缓慢，该随意的则一带而过。根据演讲主题、要求、场合，选择适当动画。

（4）简洁原则。动画节奏调快一点，动画数量精简一点。在设计动画时避免动作拖拉、烦琐，不可为了动画而动画。

（5）创意原则。可运用多种动画组合的创意。进入动画、退出动画、强调动画、路径动画，这四种动画的不同组合就会产生千变万化的效果。

4.13　PowerPoint 2016 动画效果的添加

添加动画效果一般有四个步骤。

步骤 1：选中对象，指定动画类型。动画类型有四种：进入动画，控制对象进场出现的效果；退出动画，控制对象退出消失的效果；强调动画，让对象引起注意；路径动画，控制对象运动的轨迹。

一个对象可以单独使用任何一种动画，也可以将多种效果组合在一起。

在“动画”选项卡“动画”组中单击“动画样式”的下拉按钮，弹出如图 4-99 所示下拉列表。列表中有部分动画效果供选择，其他动画效果可在“更多进入效果”等命令里选择。

图 4-99　选择动画样式

步骤 2：设置动画同步方式。动画同步方式有三种："单击时"，只有在单击鼠标时动画才会播放；"与上一动画同时"，用于动画效果的叠加，可以实现两个或多个动画同步开始时效果；"上一动画之后"，在前一动画结束后，开始此动画。

在"动画"选项卡"计时"组的"开始"下拉列表中选择同步方式，如图 4-100 所示。

步骤 3：设置动画运动时间，即动画从开始播放到播放结束所使用的时间。在"动画"选项卡"计时"组的"持续时间"中调节运动时间，如图 4-101 所示。

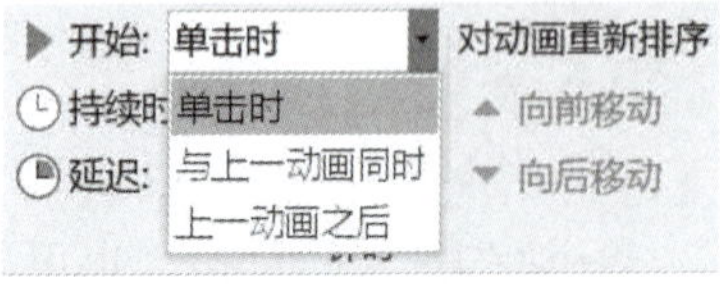

图 4-100　设置动画同步方式

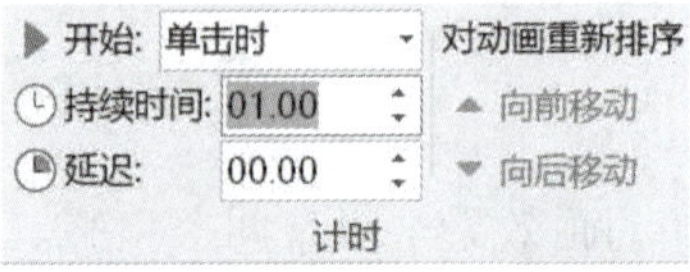

图 4-101　设置动画运动时间

步骤 4：设置动画的细节和效果。在"动画"选项卡"动画"组，单击右下角按钮"显示其他效果选项"，在弹出的对话框中设置动画的细节和效果，如图 4-102 所示。

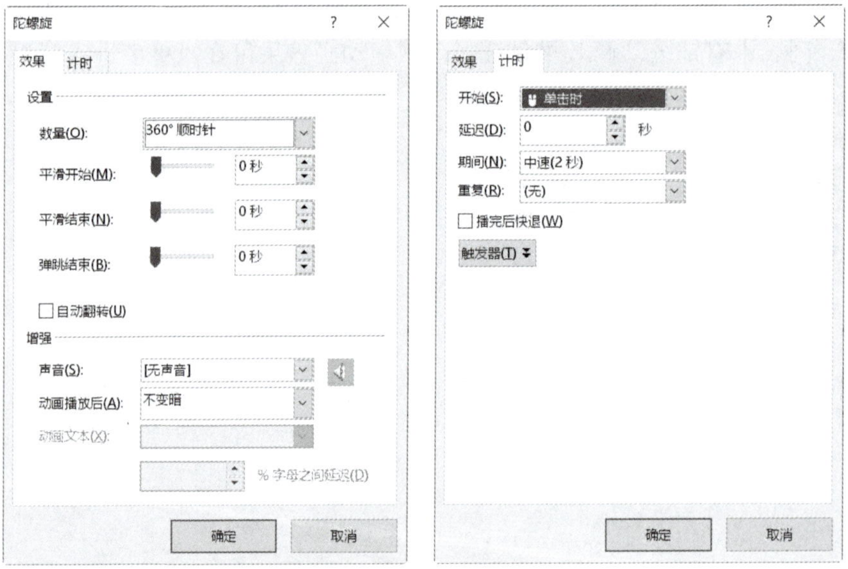

图 4-102　设置动画细节与效果

4.14　幻灯片切换过渡效果的设置

幻灯片切换效果是从一张幻灯片转换为下一张幻灯片时在"幻灯片放映"视图中出现的动画效果。用户可以控制切换效果的速度，添加声音，还可以对切换效果的属性进行自定义。

在"切换"选项卡的"切换到此幻灯片"组设置幻灯片的切换效果，在"计时"组设置换片方式、持续时间等。单击"全部应用"按钮可以将当前切换效果应用于演示文稿中的所有幻灯片。“切换”选项卡如图 4-103 所示。

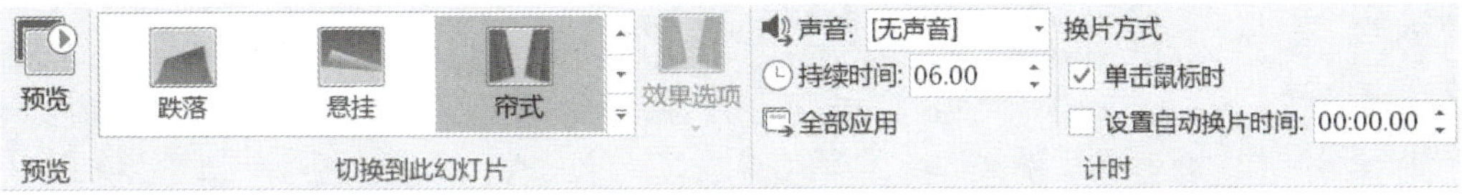

图 4-103 “切换”选项卡

4.15 超链接和动作按钮的添加

超链接可以是从一张幻灯片到同一演示文稿中另一张幻灯片的链接，也可以是从一张幻灯片到不同演示文稿中另一张幻灯片，到电子邮件地址、网页或文件的链接。

文本或对象（如图片、图形、形状或艺术字）都可以创建超链接。在“插入”选项卡“链接”组，单击“超链接”按钮打开“插入超链接”对话框，即可添加超链接，如图 4-104 所示。

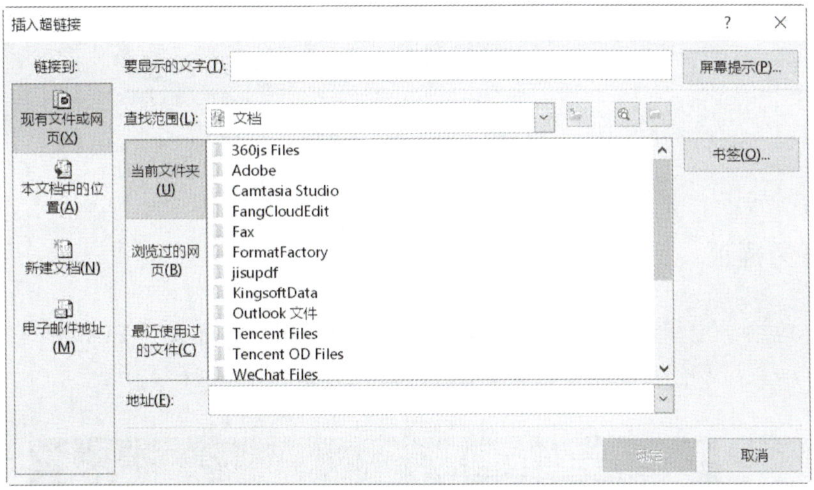

图 4-104 “插入超链接”对话框

在演示文稿中，动作按钮的作用是当单击或鼠标指向这个按钮时，链接到某一张幻灯片、某个网站、某个文件，或者播放某种音效、运行某个程序等。在“插入”选项卡“插图”组单击“形状”按钮，选择下拉列表中的“动作按钮”，即可在幻灯片上添加动作按钮。

4.16 幻灯片放映方式设置

单击“幻灯片放映”选项卡“设置”组中的“设置幻灯片放映”按钮，在弹出的对话框中，根据需要设置不同的放映方式，如图 4-105 所示。

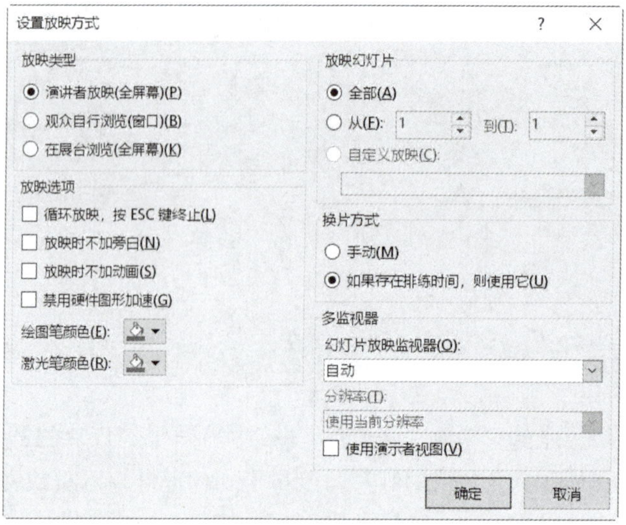

图 4-105 “设置放映方式”对话框

拓展训练

案例 5 制作“公交线路”动画效果

任务描述

为更好地给学生和家长展示从火车站到目的地的路线，需要在 PPT 中为公交车添加动画效果，动态显示公交线路，效果如图 4-106 所示。

图 4-106 “公交线路”动画效果

任务实施

1. 打开演示文稿文件“公交线路动画 - 素材 .pptx”

2. 为城市背景图片添加出现效果动画

（1）选中城市背景图片，单击“动画”→“动画样式”的下拉按钮，选择“进入”组的“翻转式由远及近”动画。

（2）单击“动画”选项卡“计时”组的“开始”下拉按钮，选择“上一动画之后”的同步方式，持续时间 1 秒，延迟 0 秒，如图 4-107 所示。

图 4-107　添加背景图片动画

3. 为公交车图片添加出现效果动画

（1）选中公交车图片，单击“动画”→“动画样式”的下拉按钮，选择“进入”组“浮入”动画。

（2）单击“动画”选项卡“动画”组的“效果选项”下拉按钮，选择“下浮”效果。

（3）单击“动画”选项卡“计时”组的“开始”下拉按钮，选择“上一动画之后”的同步方式，如图 4-108 所示。

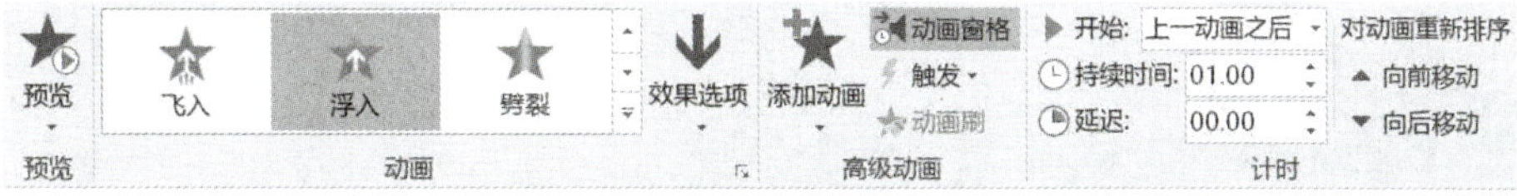

图 4-108　添加公交车进入动画

4. 为公交车图片增加强调效果动画

（1）选中公交车图片，单击“动画”选项卡“高级动画”组中的“添加动画”下拉按钮，选择“强调”组的“跷跷板”动画。

（2）单击“动画”选项卡“计时”组的“开始”下拉按钮，选择“上一动画之后”的同步方式，并设置延迟 0.25 秒，如图 4-109 所示。

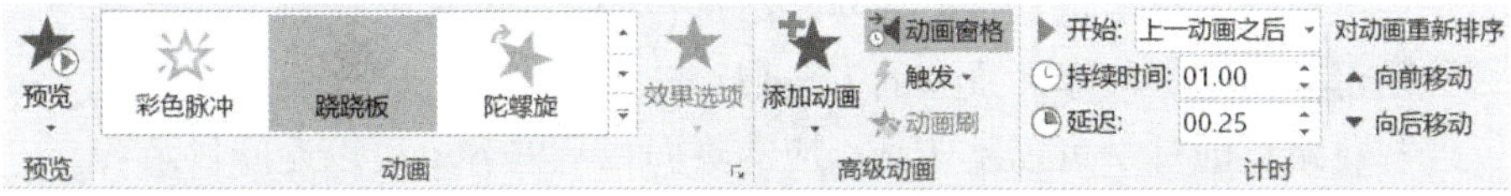

图 4-109　添加公交车强调动画

5. 为公交车图片增加强调效果动画

（1）选中公交车图片，单击“动画”→“添加动画”的下拉按钮，选择“动作路径”

组的“自定义路径”动画。

（2）按住鼠标从汽车位置开始沿着蓝色线条绘制，在终点位置双击，结束路径的绘制。

（3）单击“动画”选项卡“计时”组的“开始”下拉按钮，选择“上一动画之后”的同步方式。并设置持续时间 2.75 秒，如图 4-110 所示。

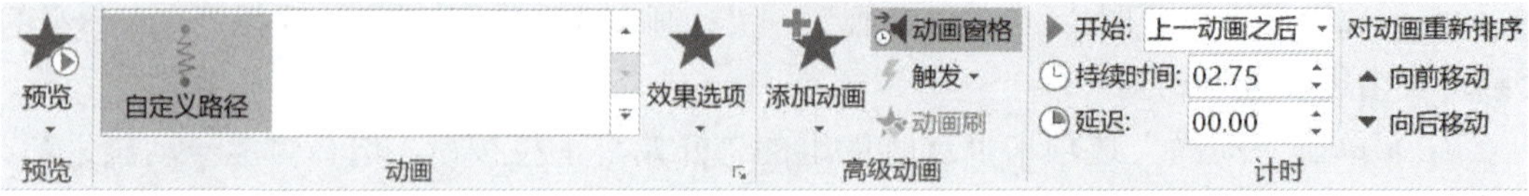

图 4-110　添加公交车路径动画

6. 放映幻灯片

（1）单击“动画窗格”中的“全部播放”按钮，在幻灯片上直接播放动画，观察动画窗格中动画时长与进度。动画窗格如图 4-111 所示。

（2）按 F5 键全屏放映幻灯片，观看放映效果。

提示：如果需要细微调整动作路径动画的路径，可以在路径上右击，选择“编辑顶点”调整路线。在路径外单击，即可退出编辑顶点。

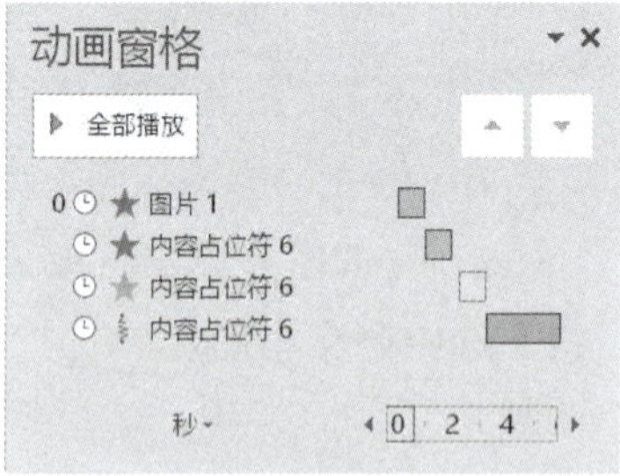

图 4-111　动画窗格

综合实践

任务描述

请为你家乡的旅游景点或名胜古迹制作电子宣传册，用于家乡的旅游宣传推广。

设计要求：

（1）使用模板，制作旅游宣传册。

（2）宣传册外观精美，风格统一，布局协调美观。

（3）为宣传册设计封面、封底和目录。

（4）内容页为景点简介、景点特色、景点风光、联系方式等。

（5）使用多媒体素材丰富宣传册内容，给宣传册配上背景音乐。

（6）使用母版为幻灯片添加景点的 Logo 标志。

（7）选择目录页的目录可以跳转到相应的页面，从内容页可以返回目录页。

（8）为幻灯片设置动画和过渡切换效果。

（9）保存文件，命名为“旅游宣传册 .pptx”。

参考效果

参考效果如图 4-112 所示。

图 4-112 “旅游宣传册”参考效果

在线测试

扫描二维码，完成本模块的在线测试。

模块 4　PowerPoint 演示文稿制作试题及答案

模块五

Photoshop 图像处理

Adobe Photoshop，简称 PS，是 Adobe Systems 公司旗下的一款专业图像编辑处理软件。Photoshop 具有强大的数字图像处理功能，集图像扫描、编辑修改、图像制作、图像特效、图像输入与输出于一体，主要应用于平面设计、广告摄影、影像创意、网页制作、后期修饰、视觉创意和界面设计等领域。Photoshop 功能完善，性能稳定，使用方便，深受广大用户的喜爱，已成为广大平面设计人员和美术爱好者首选的平面设计软件。

任务清单

序号	学习任务
1	任务 1　图像大瘦身
2	任务 2　图像裁剪
3	任务 3　去除图像背景
4	任务 4　人像修图
5	任务 5　调整花朵颜色

任务 1　图像大瘦身

任务情境

学校要求每个学生在教务网站上完善自己的个人信息，需要上传小二寸个人免冠证件照片，文件大小不能超过 50KB，否则不能上传。小梅用手机拍了一张免冠照片，再使用 Photoshop 完成了证件照的瘦身，效果如图 5-1 所示。

图 5-1　证件照效果

图像大瘦身

任务目标

通过在线学习，熟悉 Photoshop 的相关概念，掌握 Photoshop 图像文件的基本操作，学会修改数码照片的尺寸大小、颜色模式等图像处理的实用技能。

扫描二维码，观看“图像大瘦身”教学视频，学习修改图像大小、设置颜色模式等基本操作。

任务实施

扫描二维码，学习图像大瘦身的操作方法。

图像大瘦身的操作方法

知识链接

5.1　Adobe Photoshop 软件介绍

Adobe Photoshop 简称 PS，是由 Adobe Systems 开发和发行的图像处理软件，主要处理像素构成的数字图像。用户使用其众多的编辑与绘图工具，可以有效地进行图片编辑工作。Photoshop 功能可以满足图像、图形、文字、视频、出版等各方面需求。

最新版的 Adobe Photoshop CC 2020 利用强大的新摄影工具和突破性功能来进行出色的图像选择、图像润饰、逼真绘画，能够完美满足业余摄影师、摄影爱好者和商务用户等的设计需求。

Adobe Photoshop CC 2020 软件系统要求：Windows 7 SP1，Windows 10 1703 以及更高版本，不再支持 32 位系统。

5.2 Adobe Photoshop CC 2020 工作界面

启动 Adobe Photoshop CC 2020 应用程序后，打开任意图像文件，即可显示如图 5-2 所示的工作界面。其工作区由菜单栏、工具箱、面板、文档窗口和状态栏等部分组成。

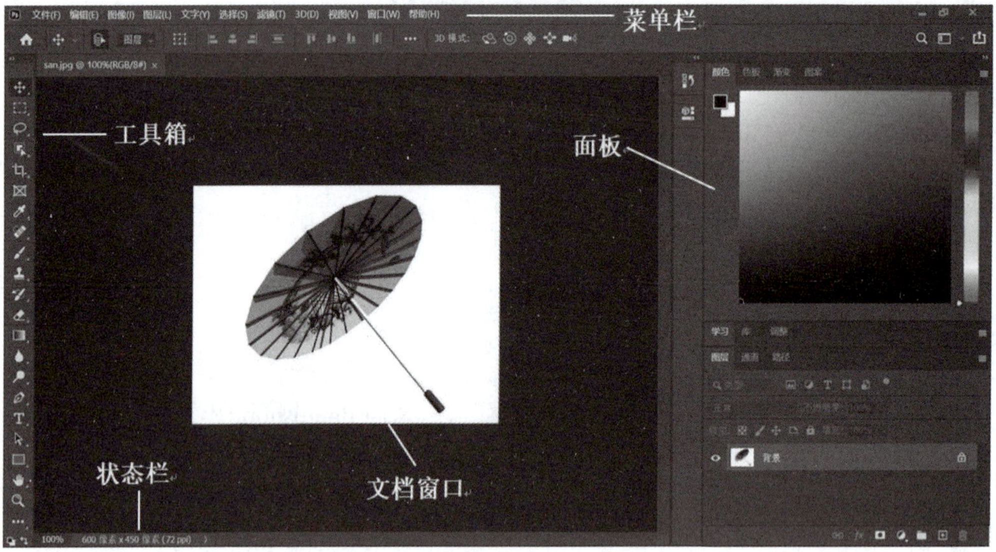

图 5-2 Adobe Photoshop CC 2020 工作界面

5.3 Adobe Photoshop CC 2020 的基本操作

5.3.1 图像文件的基本操作

1. 新建图像文件
2. 打开图像文件
3. 保存图像文件
4. 关闭图像文件

扫描二维码，学习图像文件的新建、打开、保存及关闭等基本操作。

图像文件的基本操作

5.3.2　查看图像

编辑图像时，需要经常放大和缩小窗口的显示比例、移动画面的显示区域，以便更好地观察和处理图像。Photoshop 提供了用于缩放窗口的工具和命令，如“导航器”面板、“缩放”工具、“抓手”工具、切换屏幕模式等。

1. 使用“导航器”面板查看
2. 使用“缩放”工具查看
3. 使用“抓手”工具查看

扫描二维码，学习查看图像的三种方式。

查看图像

5.3.3　设置图像大小和画布大小

在编辑处理通过不同途径获得的图像文件时，经常会遇到图像尺寸和分辨率不符合编辑要求的问题，这时就需要用户对图像的大小和分辨率进行适当的调整。

1. 查看和设置图像大小
2. 设置画布大小

扫描二维码，学习图像大小和画布大小的设置方法。

设置图像大小和画布大小

5.3.4　修改图像的颜色模式

要更改图像的颜色模式，可选择“图像”→“模式”命令来完成。Photoshop 中的图像颜色模式有 RGB 模式、CMYK 、Lab 模式、灰度模式、位图模式、双色调模式、索引颜色模式、多通道模式等。

扫描二维码，学习图像颜色模式的修改方法。

修改图像的颜色模式

5.3.5　图像复制与粘贴

复制、剪切和粘贴都是应用程序中最普通的命令，用来完成复制与粘贴任务。与其他程序中不同的是，Photoshop 还可以对选区内的图像进行特殊的复制与粘贴操作，比如可在选区内粘贴图像，或清除选中的图像等。

1. 剪切与粘贴
2. 复制与合并拷贝
3. 清除图像

扫描二维码，学习图像复制与粘贴的操作方法。

图像的复制与粘贴

5.3.6　撤销与恢复操作

在图像文件的编辑过程中，如果出现操作失误，用户可以通过菜单命令撤销或恢复图像处理的操作步骤。

1. 通过菜单命令操作
2. 使用“历史记录”面板

扫描二维码，学习撤销与恢复操作。

撤销与恢复操作

拓展训练

案例 1　制作火烈鸟明信片

任务描述

使用图像文件“火烈鸟 .jpg”，适当调整图像画布大小，更改用于打印的图像分辨率和颜色模式，保存文件为“火烈鸟效果 .jpg”，如图 5-3 所示。

图 5-3　火烈鸟效果

任务实施

制作火烈鸟明信片

扫描二维码，学习火烈鸟明信片的制作方法。

任务 2　图像裁剪

任务情境

小红在整理自己的手机照片，发现之前拍摄的一幅丙烯颜料画，由于拍摄的角度问题，照片中的绘画作品产生透视导致扭曲。她使用 Photoshop 进行裁剪校正，产生相当于进行二次构图后变废为宝的神奇效果。裁剪前后的效果对比如图 5-4 所示。

图 5-4　效果对比图

任务目标

通过在线学习，掌握 Photoshop 图像裁剪类工具和图像变换类命令的使用方法和操作技巧。

图像裁剪

扫描二维码，观看“图像裁剪”教学视频，学习图像裁剪和变换的操作方法和技巧。

任务实施

扫描二维码，学习图像裁剪的操作方法。

图像裁剪的操作方法

知识链接

5.4　图像的裁剪和变换

5.4.1　图像的裁剪

在对数码照片或扫描图像进行处理时，经常要裁剪图像以保留需要的部分，删除不需要的内容。在实际的编辑操作中，可以使用裁剪工具、透视裁剪工具、裁剪命令和裁切命令裁剪图像。

1. 裁剪工具
2. 透视裁剪工具
3. 裁剪和裁切命令

扫描二维码，学习图像裁剪的操作方法。

图像的裁剪

5.4.2　图像的变换

利用变换和自由变换命令可以对整个图层、图层中选中的部分区域、多个图层、图层蒙版，甚至路径、矢量图形、选择范围和 Alpha 通道进行缩放、旋转、斜切和透视等操作。

1. 变换
2. 变形
3. 自由变换

扫描二维码，学习图像变换的操作方法。

图像的变换

拓展训练

案例 2　制作“黑云压城”景色效果

任务描述

使用 Photoshop 将图像文件“黑云压城 .jpg”裁剪出满意的效果，如图 5-5 所示。

图 5-5　黑云压城效果

制作“黑云压城”景色效果

任务实施

扫描二维码，学习“黑云压城”景色效果的制作方法。

任务 3　去除图像背景

任务情境

小红发现几张有纪念意义的照片背景有些杂乱，她要将照片的背景去除。这几天，她学习了几种使用 Photoshop 去除图像背景的方法，快速完成了去除照片背景的操作，并添加了新背景。其中一张照片去除背景前后的效果对比如图 5-6 所示。

图 5-6　去除背景前后的效果对比图

任务目标

去除图像背景

通过在线学习，掌握 Photoshop 去除图像背景的工具和命令的使用方法和操作技巧。

扫描二维码，观看“去除图像背景”教学视频，学习去除图像背景的方法和技巧。

任务实施

扫描二维码，学习图像背景的去除方法。

去除图像背景的操作方法

知识链接

5.5　选区的应用

5.5.1　选区的定义

Photoshop 中的选区是指图像中选择的区域，是图像中进行编辑操作的区域。选区显示时，表现为浮动虚线组成的封闭区域，如图 5-7 所示。当图像文件窗口中存在选区时，用户进行的编辑或操作都将只影响选区内的图像，而对选区外的图像无任何影响。

图 5-7　选区

Photoshop 中的选区有两种类型：普通选区和羽化选区。普通选区的边缘较硬，当在图像上绘制或使用滤镜时，可以很容易地看到处理效果的起始点和终点。相反，羽化选区的边缘会逐渐淡化，这使得编辑效果能与图像无缝连接，而不会产生明显的边缘。选区在 Photoshop 的图像文件编辑处理过程中有着非常重要的作用。

5.5.2 选区的创建

Photoshop 提供了多种工具和命令创建选区，在处理图像时，用户可以根据不同需求进行选择。根据要设置的图像效果，再选择较为合适的工具或命令进行创建选区。

1. 选框工具选项栏
2. 使用选框工具
3. 使用套索工具
4. 使用魔棒工具
5. 使用快速选择工具
6. 使用“色彩范围”命令

选区的创建

扫描二维码，学习使用不同的工具创建选区。

5.5.3 选区的编辑

为了使创建的选区更适合不同的使用需要，在图像中绘制或创建选区后可以对选区进行多次修改或编辑，包括全选选区、取消选区、重新选择选区、移动选区等。

1. 选区的基本命令
2. 移动图像选区
3. 选区的运算
4. 选区编辑命令
5. 存储和载入图像选区

选区的编辑

扫描二维码，学习编辑选区的操作方法和技巧。

5.6 图层的应用

5.6.1 使用图层面板

要在 Photoshop 中对图像进行编辑，就必须对图层有所认识。它是 Photoshop 功能和设计的载体，通过图层和图层样式可轻松完成很多复杂的图像效果。

图层是 Photoshop 中非常重要的一个概念。Photoshop 中的图像可以由多个图层和多种图层组成，是在 Photoshop 中实现绘制和处理图像的基础。图层看起来似乎非常复杂，但其概念实际上相当简单。图层就好像一些带有图像的透明拷贝纸，互相堆叠在一起。每个图像都放置在独立的图层上，在绘图、使用滤镜或调整图像时，只有所处理的图层发生变化。如果对某一图层的编辑结果不满意，可以放弃这些修改重新做，文档的其他部分不会受到影响。

在 Photoshop 中，任意打开一幅图像文件，选择“窗口”→“图层”命令，或按下 F7 键，就可以打开图层面板。图层面板是用来管理和操作图层的，如图 5-8 所示。单击图层面板右上角的扩展菜单按钮，可以打开图层面板菜单。

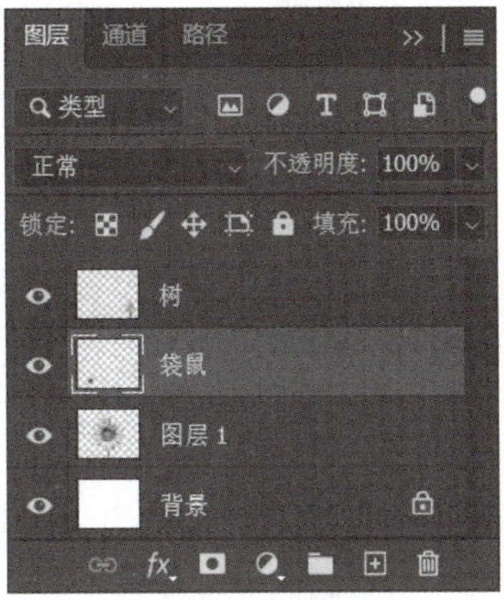

图 5-8　图层面板

图层面板用于创建、编辑和管理图层以及为图层添加样式等，面板中列出了所有的图层、图层组和图层效果。如要对某一图层进行编辑，首先需要在图层面板中单击选中该图层，所选中图层称为当前图层。

在图层面板中有一些功能设置按钮与选项，设置它们可以直接对图层进行编辑操作，等同于执行图层面板菜单中的相关命令。

图层面板可以显示各图层中内容的缩览图，以便查找图层。Photoshop 默认使用小缩览图，用户也可以使用中缩览图、大缩览图、无缩览图。在图层面板中选中任意一个图层缩览图然后右击，就可以在打开的快捷菜单中更改缩览图大小。也可以单击图层面板右上角的按钮，在打开的面板菜单中选择“面板选项”命令，打开“图层面板选项”对话框，在对话框中可以选择需要的缩览图状态。

5.6.2　创建图层

用户可以在一个图像中创建很多图层，也可以创建不同用途的图层，主要有普通图层、调整图层、填充图层和形状图层。在 Photoshop 中，图层的创建方法有很多种，包括在图层面板中创建、在编辑图像的过程中创建、使用命令创建等。

1. 创建普通图层
2. 创建填充图层
3. 创建调整图层
4. 创建图层组

创建图层

扫描二维码，学习图层类型及其创建方法。

5.6.3　编辑图层

1. 背景图层与普通图层的转换
2. 选择、取消选择图层
3. 隐藏与显示图层
4. 复制图层

编辑图层

5. 删除图层

6. 锁定图层

7. 链接图层

8. 移动图层

9. 合并图层

扫描二维码，学习图层的编辑。

5.6.4 图层的不透明度的设置

在图层面板中，“不透明度”和“填充”选项都可以控制图层不透明度。

5.6.5 图层混合模式的设置

混合模式是一项非常重要的功能。图层混合模式指当图像叠加时，上方图层和下方图层的像素进行混合，从而得到另外一种图像效果，且不会对图像造成任何的破坏。再结合图层不透明度的设置，可以控制图层混合后显示的深浅程度，常用于合成和特效制作中。

图层的不透明度和混合模式的设置

扫描二维码，学习图层的不透明度和混合模式的设置。

5.6.6 图层样式的应用

图层样式也称图层效果，它用于创建图像特效。图层样式可以随时修改、隐藏或删除，具有非常强的灵活性。

图层样式的应用

1. 添加图层样式

2. 清除图层样式

扫描二维码，学习图层样式的应用。

5.7 路径和形状工具的应用

路径是由多个锚点的矢量线条构成的图像。更确切地说，路径是由贝塞尔曲线构成的图形，而贝塞尔曲线是由锚点、线段、方向线与方向点组成的线段，如图 5-9 所示。与其他矢量图形软件相比，Photoshop 中的路径是不可打印的矢量形状，主要用于勾画图像区域的轮廓，用户可以对路径进行填充和描边，还可以将其转换为选区。

线段：两个锚点之间连接的部分就称为线段。如果线段两端的锚点都是角点，则该线段为直线；如果任意一端的锚点是平滑点，则该线段为曲线段。当改变锚点属性时，通过该锚点的线段也会受到影响，如图 5-10 所示。

方向线：当用“直接选择”工具或“转换点”工具选择带有曲线属性的锚点时，锚点两侧会出现方向线。用鼠标拖曳方向线末端的方向点，可以改变曲线段的弯曲程度。

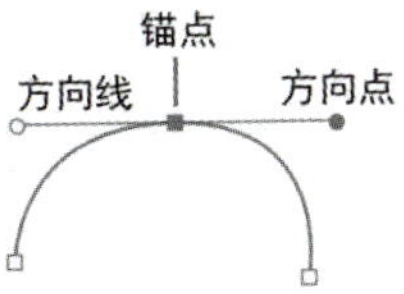

图 5-9　贝塞尔曲线

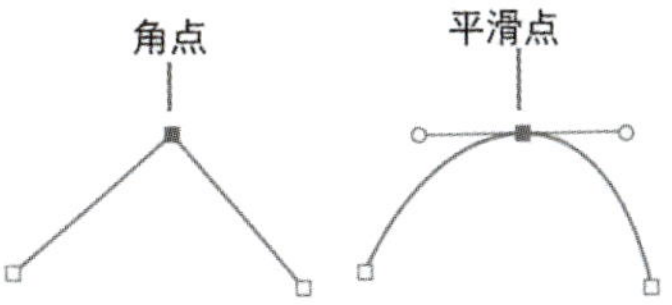

图 5-10　线段

Photoshop 中的钢笔工具和形状工具可以创建不同类型的对象，包括形状、工作路径和填充像素。选择一个绘制工具后，需要先在工具选项栏中选择绘图模式（包括形状、路径和像素三种），然后才能进行绘图。

5.7.1　创建自由路径

1. 使用“钢笔”工具
2. 使用“自由钢笔”工具

扫描二维码，学习创建自由路径的方法。

创建自由路径

5.7.2　路径的基本操作

1. 添加或删除锚点
2. 改变锚点类型
3. 路径选择工具

扫描二维码，学习路径的基本操作。

路径的基本操作

5.7.3　编辑路径

1. 路径的运算
2. 变换路径
3. 将路径转换选区
4. 填充路径
5. 描边路径

扫描二维码，学习编辑路径的操作方法。

编辑路径

5.7.4　使用路径面板

路径面板用于保存和管理路径，面板中显示了每条存储的路径、当前工作路径、当前矢量蒙版的名称和缩览图。

1. 认识路径面板
2. 存储工作路径
3. 新建路径
4. 复制、粘贴路径
5. 删除路径

扫描二维码，学习路径面板的功能和操作方法。

使用路径面板

拓展训练

案例 3　蓝天下的城堡

任务描述

使用 Photoshop 将城堡建筑的背景更换为天空，效果对比如图 5-11 所示。

图 5-11　更换城堡背景效果对比图

任务实施

扫描二维码，学习蓝天下的城堡的制作方法。

蓝天下的城堡

任务 4　人像修图

任务情境

小红想把她的自拍照上的痣、痘印等去除，并修饰一下皮肤、脸型，她使用 Photoshop 完成了这些操作。修图前后效果对比如图 5-12 所示。

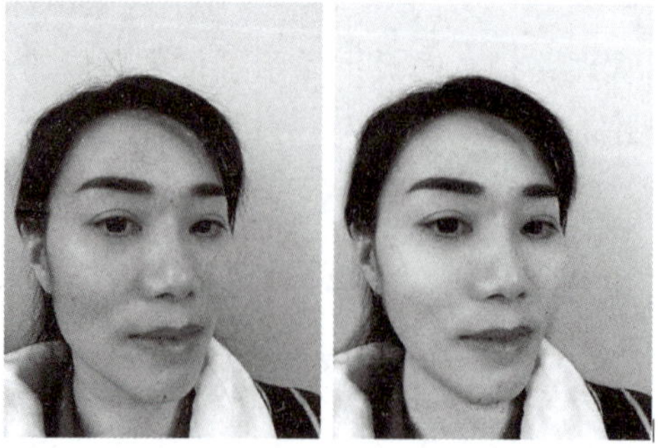

图 5-12　修图前后效果对比

任务目标

通过在线学习，掌握 Photoshop 图像修饰与美化的工具和命令的使用方法和操作技巧。

扫描二维码，观看“人像修图”教学视频，学习图像修图的操作方法和技巧。

人像修图

任务实施

扫描二维码，学习人像的修图方法。

人像修图的操作方法

知识链接

5.8　图像的修饰与美化

5.8.1　修复工具

1. 污点修复画笔工具
2. 修复画笔工具
3. 修补工具

5.8.2　图章工具

5.8.3　润饰工具

1. 模糊和锐化工具
2. 减淡和加深工具

扫描二维码，学习图像修饰与美化工具的功能与使用。

图像的修饰与美化

5.9　蒙版的应用

蒙版是合成图像的重要工具，使用蒙版可以在不破坏图像的基础上，完成图像的拼接。实际上，蒙版是一种遮罩，使用蒙版可保护图像中不需要编辑的图像区域，以达到制作画面融合的效果。

Photoshop 中提供了 3 种蒙版类型：图层蒙版、剪贴蒙版和矢量蒙版。每种类型的蒙版都有各自的特点，使用不同的蒙版可以得到不同的边缘过渡效果。图层蒙版通过蒙版中的灰度信息来控制图像的显示区域，可用于合成图像，也可以控制填充图层、调整图层、智能滤镜的有效范围；剪贴蒙版通过一个对象的形状来控制其他图层的显示区域；矢量蒙版则通过路径和矢量形状控制图像的显示区域。

5.9.1 图层蒙版

图层蒙版是图像处理中最为常用的蒙版，主要用来显示或隐藏图层的部分内容，保证原图像不因编辑而受到破坏。图层蒙版中的白色区域遮盖下面图层中的内容，显示当前图层中的图像；黑色区域遮盖当前图层中的图像，显示下面图层中的内容；蒙版中的灰色区域根据其灰度值不同，使当前图层中的图像呈现出不同层次的透明效果。

1. 创建图层蒙版
2. 停用、启用图层蒙版
3. 链接、取消链接图层蒙版
4. 复制、移动图层蒙版
5. 应用、删除图层蒙版

图层蒙版

扫描二维码，学习图层蒙版的概念与使用。

5.9.2 剪贴蒙版

剪贴蒙版是使用某个图层的内容来遮盖其上方图层的蒙版。遮盖效果由基底图层和其上方图层的内容决定。基底图层中的非透明区域形状决定了创建剪贴蒙版后内容图层的显示。

1. 创建剪贴蒙版
2. 将图层加入、移出剪贴蒙版
3. 编辑剪贴蒙版
4. 释放剪贴蒙版

剪贴蒙版

扫描二维码，学习剪贴蒙版的功能与使用。

5.9.3 矢量蒙版

矢量蒙版是通过钢笔工具或形状工具创建的与分辨率无关的蒙版。它通过路径和矢量形状控制图像的显示区域，可以任意缩放，还可以应用图层样式为蒙版内容添加图层效果，用于创建各种风格的按钮、面板或其他的 Web 设计元素。

1. 创建矢量蒙版
2. 链接、取消链接矢量蒙版
3. 转换矢量蒙版

矢量蒙版

扫描二维码，学习矢量蒙版的功能与使用。

5.9.4 使用属性面板

选择“窗口”→“属性”命令，打开属性面板。当所选图层包含图层蒙版或矢量蒙版时，属性面板将显示蒙版的参数设置，如图 5-13 所示。在这里可以对所选图层的图层蒙版或矢量蒙版的不透明度和羽化参数等进行调整。

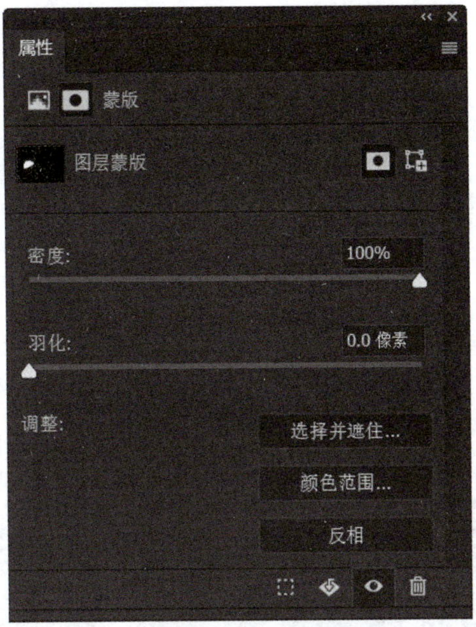

图 5-13　属性面板

拓展训练

案例 4　让沙漠变绿洲

任务描述

使用 Photoshop 添加蒙版，将沙漠、绿洲、蓝天合为一体，要求不留痕迹，合成前后效果对比如图 5-14 所示。

图 5-14　效果对比图

任务实施

扫描二维码，学习“案例 4 让沙漠变绿洲”的制作方法。

案例 4 让沙漠变绿洲

任务 5 调整花朵颜色

任务情境

小红拍摄了一张荷花的照片，她想调整花朵的颜色。这几天，她学习了使用 Photoshop 调整图像色彩的方法，她完成后的效果对比如图 5-15 所示。

原图　　效果图

图 5-15　效果对比图

任务目标

通过在线学习，掌握 Photoshop 进行图像色彩调整的方法和技巧。

扫描二维码，观看“调整花朵颜色”教学视频，学习图像色彩调整的方法和技巧。

调整花朵颜色

任务实施

扫描二维码，学习调整花朵颜色的操作方法和技巧。

调整花朵颜色的操作方法

知识链接

5.10　图像色彩调整

5.10.1　快速调整图像

1. 自动调整命令
2. 应用“色调均化”命令

快速调整图像

3. 应用“阈值”命令

4. 应用“色调分离”命令

扫描二维码，学习图像色彩快速调整工具的功能及使用方法。

5.10.2　调整图像的色调

1. “亮度 / 对比度”命令
2. “色阶”命令
3. “曲线”命令
4. “曝光度”命令
5. “阴影 / 高光”命令

调整图像的色调

扫描二维码，学习图像色调调整工具的功能及使用方法。

5.10.3　调整图像色彩

利用 Photoshop 可以调整图像色彩，如提高图像的色彩饱和度、更改色相、制作黑白图像或对部分颜色进行调整等，以完善图像颜色，丰富图像画面效果。

1. “色相 / 饱和度”命令
2. “色彩平衡”命令
3. “替换颜色”命令
4. “匹配颜色”命令
5. “可选颜色”命令
6. “通道混合器”命令
7. “照片滤镜”命令
8. “渐变映射”命令
9. “黑白”命令

调整图像色彩

扫描二维码，学习图像色彩调整工具的功能及使用方法。

拓展训练

案例 5　制作鲜艳明丽的风信子

任务描述

使用 Photoshop 调整图像的色调和色彩，使花朵看起来颜色更鲜艳，效果对比如图 5-16 所示。

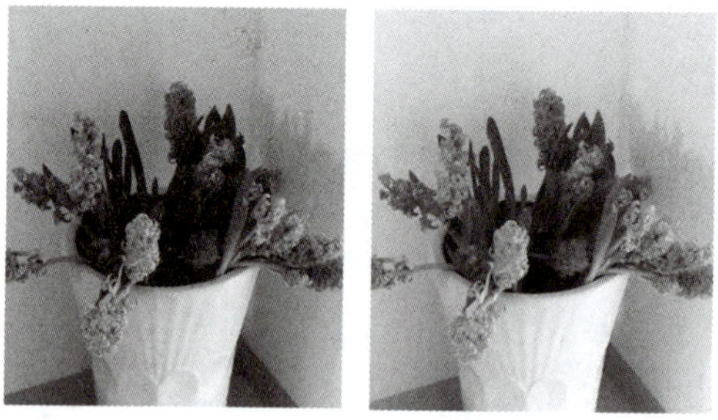

图 5-16 效果对比图

任务实施

扫描二维码，学习鲜艳明丽的风信子的制作方法。

制作鲜艳明丽的风信子

综合实践

任务描述

使用素材“太阳花.jpg”“女孩.jpg”完成任务，素材效果如图 5-17 和图 5-18 所示，制作出人像镶嵌在放射状模糊的花瓣中的效果，要求人像与太阳花融合过渡自然，图像最终合成效果如图 5-19 所示。

参考效果

图 5-17 太阳花.jpg

图 5-18 女孩.jpg

图 5-19 太阳花女孩效果图

在线测试

扫描二维码，完成本模块的在线测试。

模块 5 Photoshop 图像处理试题及答案

模块六

信息检索

信息社会，人们把信息、物质与能量一起称为人类社会赖以生存发展的三大要素。信息是促进社会经济、科学技术以及人类生活向前发展的重要因素。一个国家的科技进步和社会发展越来越取决于对信息的开发与利用，谁能充分开发和有效地利用信息资源，谁就能抢占科学技术发展的制高点。

当今，信息呈爆炸式增长，信息利用的难度大大增加了，这就极大地影响了人们获取信息的质量与效率。社会的信息化环境使社会对人才的要求更高，信息素质成为现代化人才必备的基本素质之一。大学生在校期间，如果掌握了信息检索的方法便可以无师自通，找到一条吸收和利用大量新知识的捷径，从而进入更广阔的知识领域中去，对未知世界进行探索。

德国柏林图书馆门前有这样一段话："这里是知识的宝库，你若掌握了它的钥匙，这里的全部知识都是属于你的。"这里所说的"钥匙"即是指信息检索的方法。本章主要介绍使用计算机检索数字信息的方法和技巧，帮助读者在浩瀚的网络信息海洋里精准、快捷地找到相关信息，解决生活、学习和工作中的实际问题，提升自身的信息素养。

任务清单

序号	学习任务
1	任务 1　百度搜索技术
2	任务 2　中文数据库信息检索

任务 1　百度搜索技术

任务情境

湖南铁道职业技术学院文创协会计划在周末组织一次参观活动，决定去岳阳楼。计划周六上午出发，周日下午回校。组织委员徐小明同学负责制订活动计划。在制订计划之前，需要收集好哪些信息，才能保证制定出来的旅行计划是可执行的？

任务目标

通过线上学习百度搜索技术，掌握常用的百度搜索技巧，提高解决实际问题的能力。

扫描二维码，观看“百度搜索技术”教学视频，学习百度搜索技术相关知识与技能。

百度搜索技术

任务实施

扫描二维码，学习使用百度搜索技术获取信息，解决实际问题。

百度搜索技术

知识链接

6.1　百度基本搜索

1. 简单搜索
2. 输入多个词语搜索
3. 相关搜索

扫描二维码，学习使用百度主要的三种基本搜索方式。

百度基本搜索

6.2　百度高级搜索

基本搜索得到的检索结果数量比较多，不够精确，需要耗费更多的时间去甄别；高级搜索选择更多搜索条件，检索结果相对更加精确。

百度高级搜索

1. 高级搜索语法
2. 高级搜索和个性设置

扫描二维码，学习使用百度高级搜索精确获取信息。

6.3　专业文档搜索

很多有价值的资料，在互联网上并非以普通网页，而是以 Word、PowerPoint、PDF 等格式存在。百度支持对 Office 文档（包括 Word、Excel、PowerPoint）、Adobe PDF 文档、RTF 文档进行全文搜索。

扫描二维码，学习使用百度专业文档搜索获取专业信息。

专业文档搜索

6.4　使用百度提示搜索信息

1. 搜索框提示
2. 拼音提示
3. 错别字提示

扫描二维码，学习使用百度提示搜索信息。

使用百度提示搜索信息

6.5　百度快照

百度搜索引擎已先预览各网站，拍下网页的快照，为用户存储大量的应急网页。使用百度快照，可快速查看该网页的快照内容。

扫描二维码，学习使用百度快照快速获取信息。

百度快照

6.6　类别搜索

许多搜索引擎都显示类别，百度也一样。单击首页顶端的“更多”按钮，进入百度的“产品大全”，选择其中一个类别，然后再使用搜索引擎，就可以按类别搜索网页、新闻、视频、音乐、图片、地图等资源。显然，在一个特定类别下进行搜索所耗费的时间较少，而且能够避免大量无关的 Web 站点。

6.7　百度辅助功能

1. 英汉互译词典
2. 计算器和度量衡转换
3. 股票、列车时刻表和飞机航班查询

百度辅助功能

4. 天气查询

5. 货币换算

扫描二维码，学习使用百度辅助功能，方便日常工作和生活。

拓展训练

案例 1　使用百度识别植物

任务描述

小美到户外游玩，看到许多绿油油的植物，但是她不知道这些植物的名称。她拍下了这些植物的照片，回家后向姐姐咨询，姐姐建议她上网使用百度图片识别查找这些植物的名称。

任务实施

扫描二维码，学习使用百度图片识别植物、使用百度百科进行验证的方法。

案例 1　使用百度识别植物

案例 2　使用百度指数检索“元宇宙”的搜索热度

任务描述

在当今科技发展的声浪中，元宇宙成为全球网络科技公司追逐的热点。学习人工智能技术的小陈同学，想了解“元宇宙”的搜索热度，他决定使用百度指数完成任务。

任务实施

扫描二维码，学习注册百度账号、使用百度指数查看搜索热度的方法。

案例 2　使用百度指数检索

任务 2　中文数据库信息检索

任务情境

小美是一名在读的大三学生，学习物联网专业。她即将面临毕业，在做毕业设计的选题，她想到家里每年种植大棚蔬菜，能不能将自己所学的专业运用于自家的大棚蔬菜种植方面？于是，她确定了自己的毕业设计选题，并且想了解一下关于物联网技术应用到大棚蔬菜种植方面的文章或成果有哪些。

任务目标

通过线上学习中文数据库信息技术，掌握常用的中国知网、万方数据、维普网等检索平台的使用技巧，并能在检索中运用相关的检索运算符，提高解决实际问题的能力。

中文数据库信息检索

扫描二维码，观看“中文数据库信息检索”教学视频，学习中文数据库信息检索相关知识与技能。

任务实施

扫描二维码，学习使用中文数据库平台检索信息的操作方法与技巧。

中文数据库信息检索

知识链接

6.8　常用的信息检索平台简介

1. 中国知网
2. 万方数据
3. 维普网

常用的信息检索平台

6.9　中国知网、万方数据、维普网的区别

扫描二维码，学习常用的中文数据库检索平台相关知识。

6.10 常用检索运算符

1. 逻辑算符
2. 位置算符
3. 截词符
4. 检索字段符

常用检索运算符

扫描二维码，学习常用检索运算符的功能与运用。

拓展训练

案例3 “乡村振兴”文献检索结果的导出与分析

任务描述

我国的脱贫成就令世人瞩目，为巩固拓展脱贫攻坚成果，党的十九大报告中提出全面推进乡村振兴战略。电子商务专业毕业生小秦想为家乡办实事，拟定“乡村振兴”作为毕业设计选题。他需要在中国知网的学术期刊库检索相关文献，并找出发文量第一的机构。

任务实施

案例3 乡村振兴文献检索结果的导出与分析

扫描二维码，学习使用知网检索相关文献并对检索结果进行分析的方法。

案例4 检索新型冠状病毒疫苗专利资料

任务描述

2020年，世界各国纷纷出现了新冠肺炎疫情，广大人民的生活与工作受到严重的影响。全国人民积极响应习近平总书记的号召，火速派出精锐医护人员驰援湖北参加抗疫，终于使疫情得到很好的控制。疫苗的研发也在紧锣密鼓地开展，医护人员小美想了解2019年至2020年新型冠状病毒疫苗方面的专利有哪些。她准备利用万方数据的专利数据库完成检索。

任务实施

扫描二维码，学习使用万方检索相关专利的方法。

案例 4　检索新型
冠状病毒疫苗专利资料

综合实践

任务描述

袁隆平院士是我国杂交水稻研究的开创者、首届国家最高科学技术奖得主、杂交水稻之父、“共和国勋章”获得者。请在中国知网（CNKI）中检索袁隆平在学术期刊上发表的文献数量，并列出被引次数前三的文献的篇名、期刊名和被引频次。

参考效果

检索结果如图 6-1 所示，被引次数排序结果如图 6-2 所示。

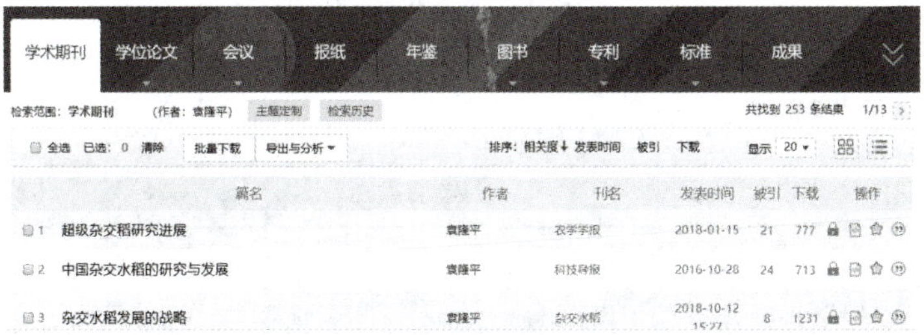

图 6-1　检索结果

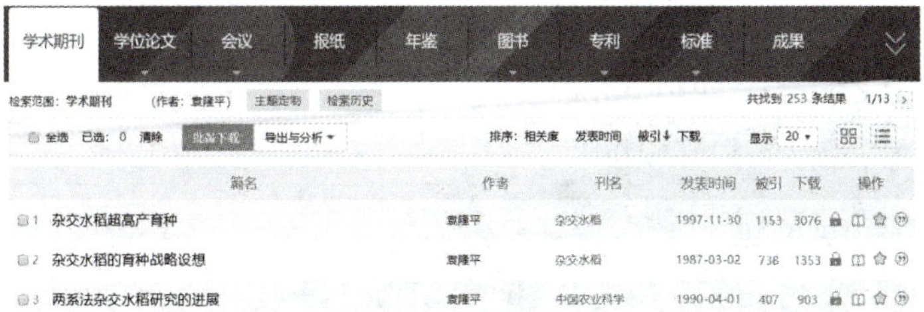

图 6-2　被引次数排序结果

在线测试

扫描二维码，完成本模块的在线测试。

模块 6　信息检索试题及答案

模块七

新媒体资源

在移动互联网和网络融合大势的促推下，中国新媒体用户持续增长、普及程度进一步提高，新媒体应用不断推陈出新、产业日趋活跃，更大程度地满足了用户对信息及时性、互动性、趣味性的要求。新媒体的发展将是未来媒体发展的新趋势，熟悉不同应用领域的新媒体APP，利用新媒体资源拓展学习时空，培养兴趣爱好，助力个人成长，开启智慧生活！

任务清单

序号	学习任务
1	任务 1　综合应用类 APP 的使用
2	任务 2　课程学习类 APP 的使用
3	任务 3　外语学习类 APP 的使用
4	任务 4　阅读笔记类 APP 的使用
5	任务 5　新闻资讯类 APP 的使用
6	任务 6　网络社交类 APP 的使用
7	任务 7　娱乐影音类 APP 的使用
8	任务 8　智慧生活类 APP 的使用

任务 1　综合应用类 APP 的使用

任务情境

2020 年，突如其来的新冠疫情打乱了很多人的工作和生活的节奏，正读大二的小美也不例外。每天跟家人待在一起，时间一长，小美发现退休后的爷爷和年幼的弟弟无所事事。作为预备党员的小美想起“学习强国”APP 在阻击新冠肺炎疫情的关键时刻推出的“防控新型冠状病毒”专区和 9 个“在家”系列专区，既有权威的疫情动态和防疫知识，又有丰富的中小学课程、电影、慕课、音乐等。于是，小美赶紧把“学习强国”APP 推荐给爷爷。在小美的帮助下，爷爷在手机的软件商店安装了“学习强国”APP，开启了退休后的学习之路；小美和弟弟也在“学习强国”APP“教育”专区下的“在家上学”栏目里学习。同时，小美还安装了“哔哩哔哩”APP，并在上面学习舞蹈。你想知道小美具体是怎么做的吗？

任务目标

（1）会使用手机软件商店下载常用的新媒体 APP。

（2）熟悉“学习强国”APP 和“哔哩哔哩”APP 的使用，知道如何在 APP 上获取想要的学习内容。

（3）养成互联网学习思维和终身学习的习惯，助力个人成长。

扫描二维码，观看“综合应用类 APP”教学视频，了解综合应用类 APP 的功能及应用。

综合应用类 APP

任务实施

扫描二维码，学习综合应用类 APP 的安装与使用。

综合应用类 APP 的安装与使用

知识链接

综合应用类 APP 包括很多，本书向大家介绍“学习强国”APP 和“哔哩哔哩（B 站）”APP。

7.1　综合应用类 APP

7.1.1　“学习强国”APP

扫描二维码，了解“学习强国”APP 的功能与使用。

“学习强国”APP

7.1.2 “哔哩哔哩（B 站）”APP

扫描二维码，了解“哔哩哔哩（B 站）”APP 的功能与使用。

“哔哩哔哩（B 站）”APP

任务 2 课程学习类 APP 的使用

任务情境

新学期开始了，通信 202 班的同学收到两个通知。一是，本学期要在中国大学 MOOC 平台上自学一门外校的课程，要求学生在手机上安装“中国大学 MOOC”APP，将个人信息中的昵称设置成“班级 - 姓名”，并添加好自学的课程。二是，大学语文课程将要用云课堂智慧职教平台完成教学，任课教师王老师发来了该课程的班级二维码和邀请码，要求学生在手机上安装“云课堂 - 智慧职教”APP，完成个人信息设置，并加入班级，为接下来的学习做好准备。收到任务后，肖攀同学将如何完成任务呢？

任务目标

课程学习类 APP

（1）熟悉课程学习类 APP 的安装与使用。

（2）能够在“中国大学 MOOC”APP 上设置个人信息，添加课程，完成课程的学习任务。

（3）能够在“云课堂 - 智慧职教”APP 上完善个人信息，加入班级，会使用云课堂智慧职教完成课程的学习。

（4）培养互联网学习思维，养成终身学习的习惯，助力个人成长。

扫描二维码，观看“课堂学习类 APP”教学视频，了解课程学习类 APP 的功能及应用。

任务实施

扫描二维码，学习课程学习类 APP 的安装与使用。

课程学习类 APP 的安装与使用

知识链接

课程学习类 APP 包括中国大学 MOOC、云课堂 - 智慧职教、网易云课堂、网易公开课、腾讯课堂和学习通等，如图 7-1 所示。本书向大家介绍“中国大学 MOOC”APP 和“云课堂 - 智慧职教”APP。

图 7-1　课程学习类 APP 图标

7.2　课程学习类 APP

7.2.1　“中国大学 MOOC”APP

扫描二维码，了解“中国大学 MOOC”APP 的功能与使用。

“中国大学 MOOC”APP

7.2.2　“云课堂 - 智慧职教”APP

扫描二维码，了解“云课堂 - 智慧职教”APP 的功能与使用。

“云课堂 - 智慧职教”APP

任务 3　外语学习类 APP 的使用

任务情境

大二的小美报考了大学英语四级考试。她准备积极备考，希望考试通过。她根据自己英语课程的学习情况，决定先从熟悉语法和记单词着手。你想知道她的英语备考神器吗？

任务目标

（1）熟悉外语学习类 APP 的安装与使用。

（2）会使用“多邻国”APP 熟悉外语语法。

（3）会使用“百词斩”APP 记单词。

（4）会使用“英语趣配音”APP 配音学英语。

（5）培养互联网学习思维，养成终身学习的习惯，助力个人成长。

外语学习类 APP

扫描二维码，观看“外语学习类 APP”教学视频，了解外语学习类 APP 的功能及应用。

任务实施

扫描二维码，学习外语学习类 APP 的安装与使用。

外语学习类 APP 的安装与使用

知识链接

外语学习类 APP 包括多邻国、百词斩、英语趣配音、网易有道词典、金山词霸和有道翻译官等，如图 7-2 所示。本书向大家介绍“多邻国”“百词斩”和“英语趣配音”APP。

图 7-2　外语学习类 APP 图标

7.3　外语学习类 APP

7.3.1　“多邻国”APP

扫描二维码，了解“多邻国”APP 的功能与使用。

“多邻国”APP

7.3.2　“百词斩”APP

扫描二维码，了解“百词斩”APP 的功能与使用。

“百词斩”APP

7.3.3　“英语趣配音”APP

扫描二维码，了解“英语趣配音”APP 的功能与使用。

“英语趣配音”APP

任务 4　阅读笔记类 APP 的使用

任务情境

过节期间，小美想在闲暇时间用手机看小说。她在网上搜索可以看热门小说的 APP，最终决定用“咪咕阅读”APP，因为在“咪咕阅读”，既可以看书又可以听书。遇到书中的优美文字，她可以用“印象笔记”APP做好笔记。一起来看看她怎么做的吧。

阅读笔记类 APP

任务目标

（1）熟悉阅读笔记类APP的安装与使用。

（2）会使用“咪咕阅读”APP搜索图书、加入书架、阅读图书、听书。

（3）会使用“印象笔记”APP记笔记，并养成看书、听课、听报告时记笔记的好习惯。

（4）培养互联网学习思维，养成终身学习的习惯，助力个人成长。

扫描二维码，观看“阅读笔记类APP”教学视频，了解阅读笔记类APP的功能及应用。

任务实施

阅读笔记类 APP 的安装与使用

扫描二维码，学习阅读笔记类APP的安装与使用。

知识链接

阅读笔记类APP包括咪咕阅读、微信读书、掌阅、印象笔记、时光手帐等，如图7-3所示。本书向大家介绍“咪咕阅读”APP和“印象笔记”APP。

图7-3　阅读笔记类APP图标

7.4　阅读笔记类APP

7.4.1　“咪咕阅读”APP

“咪咕阅读”APP

扫描二维码，了解“咪咕阅读”APP的功能与使用。

7.4.2　“印象笔记”APP

“印象笔记”APP

扫描二维码，了解“印象笔记”APP的功能与使用。

任务 5 新闻资讯类 APP 的使用

任务情境

小明收到同学转发给他的一篇文章《想要人生开挂，必须戒掉的 4 个坏习惯》，他读了这篇文章，觉得这篇文章很有意义。他看到这篇文章来自“人民日报”微信公众号，于是关注了该公众号，并进入该公众号，阅读了其他几篇文章。现在他养成了一个习惯，每天早上收听“人民日报”微信公众号的“来了，新闻早班车”栏目，知晓天下事；晚上收听“夜读”栏目，收获满满的正能量。

任务目标

新闻资讯类 APP

（1）熟悉新闻资讯类 APP 的安装与使用。

（2）会关注新闻资讯类的微信公众号。

（3）培养互联网学习思维，养成终身学习的习惯，助力个人成长。

扫描二维码，观看“新闻资讯类 APP”教学视频，了解新闻资讯类 APP 的功能及应用。

任务实施

扫描二维码，学习新闻资讯类 APP 的安装与使用。

新闻资讯类 APP 的安装与使用

知识链接

新闻资讯类 APP 包括腾讯新闻、新浪新闻、网易新闻、今日头条、人民日报、参考消息、澎湃新闻，如图 7-4 所示。本书向大家介绍“今日头条”“人民日报”和“参考消息”APP。

图 7-4 新闻资讯类 APP 图标

7.5　新闻资讯类 APP

7.5.1　“今日头条”APP

扫描二维码，了解“今日头条”APP 的功能与使用。

“今日头条”APP

7.5.2　“人民日报”APP

扫描二维码，了解“人民日报”APP 的功能与使用。

“人民日报”APP

7.5.3　“参考消息”APP

扫描二维码，了解“参考消息”APP 的功能与使用。

“参考消息”APP

任务 6　网络社交类 APP 的使用

任务情境

小美的家乡是中国脐橙之乡。疫情期间，脐橙原有的销售渠道被中断，果农们家家户户的脐橙堆得像座小山。小美决定学习拍摄短视频，为家乡的脐橙在互联网平台上带货，帮助果农打开销售渠道。她在“知乎”APP 上收集网民的建议，根据建议，最终决定使用当下流行的抖音平台带货。

任务目标

（1）熟悉网络社交类 APP 的安装与使用。

（2）会使用“知乎”APP 搜集想要完成的任务的建议。

（3）会使用“抖音”APP 完成短视频的拍摄和发布。

（4）培养互联网学习思维，养成终身学习的习惯，助力个人成长。

扫描二维码，观看“网络社交类 APP”教学视频，了解网络社交类 APP 的功能及应用。

网络社交类 APP

任务实施

扫描二维码，学习网络社交类 APP 的安装与使用。

网络社交类 APP 的安装与使用

知识链接

网络社交类 APP 包括微信、QQ、微博、抖音、知乎、快手、豆瓣等，如图 7-5 所示。本书向大家介绍抖音、知乎和快手。

图 7-5　网络社交类 APP 图标

7.6　网络社交类 APP

7.6.1　“抖音”APP

扫描二维码，了解“抖音”APP 的功能与使用。

“抖音”APP

7.6.2　“知乎”APP

扫描二维码，了解“知乎”APP 的功能与使用。

“知乎”APP

7.6.3　“快手”APP

扫描二维码，了解“快手”APP 的功能与使用。

“快手”APP

任务 7　娱乐影音类 APP 的使用

任务情境

除夕夜，小美在手机上安装了“爱奇艺”APP 观看春晚直播，同时，安装了“喜马拉雅”APP，利用寒假时间收听音频“在清华听演讲”。

任务目标

娱乐影音类 APP

（1）熟悉娱乐影音类 APP 的安装与使用。

（2）会使用“爱奇艺”APP 搜索指定视频、节目并观看。

（3）会使用“喜马拉雅”APP 搜索想要收听的音频并收听。

（4）培养互联网学习思维，养成终身学习的习惯，助力个人成长。

扫描二维码，观看“娱乐影音类 APP”教学视频，了解娱乐影音类 APP 的功能及应用。

任务实施

娱乐影音类 APP 的安装与使用

扫描二维码，学习娱乐影音类 APP 的安装与使用。

知识链接

娱乐影音类 APP 包括爱奇艺、腾讯视频、西瓜视频、网易云音乐、喜马拉雅、酷狗音乐等，如图 7-6 所示。本书向大家介绍“爱奇艺”和“喜马拉雅”APP。

图 7-6 娱乐影音类 APP 图标

7.7 娱乐影音类 APP

7.7.1 “爱奇艺”APP

“爱奇艺”APP

扫描二维码，了解“爱奇艺”APP 的功能与使用。

7.7.2 “喜马拉雅”APP

扫描二维码，了解“喜马拉雅”APP 的功能与使用。

“喜马拉雅”APP

任务 8　智慧生活类 APP 的使用

任务情境

小美要去北京参加短期培训，她准备坐高铁去北京，在北京学习一个星期，住在培训单位安排的酒店，学习结束后乘飞机回长沙。她使用“携程旅行”APP 购买了高铁票、门票和飞机票。

任务目标

（1）熟悉智慧生活类 APP 的安装与使用。

（2）会在“携程旅行”APP 上添加购票人信息。

（3）会使用“携程旅行”APP 购买高铁票、门票、飞机票。

（4）培养互联网学习思维，养成终身学习的习惯，助力个人成长。

扫描二维码，观看“智慧生活类 APP”教学视频，了解智慧生活类 APP 的功能及应用。

智慧生活类 APP

任务实施

扫描二维码，学习智慧生活类 APP 的安装与使用。

智慧生活类 APP 的安装与使用

知识链接

智慧生活类 APP 主要帮助大家实现日常的吃、穿、住、行等网络社区智能生活。智慧生活类 APP 分为求职招聘类、健康健美类、休闲旅行类、购物支付类和时尚穿搭类等。

7.8　智慧生活类 APP

7.8.1　求职招聘类 APP

求职招聘类 APP 有智联招聘、BOSS 直聘、前程无忧 51job 等，如图 7-7 所示。本书向大家介绍“智联招聘”APP。

“智联招聘”APP

图 7-7　求职招聘类 APP 图标

扫描二维码，了解“智联招聘”APP 的功能与使用。

7.8.2　健康健美类 APP

健康健美类 APP 包括 Keep、咕咚、每日瑜伽、丁香医生、潮汐、小睡眠等，如图 7-8 所示。本书向大家介绍“Keep”和“潮汐”APP。

图 7-8　健康健美类 APP 图标

1.“Keep”APP

扫描二维码，了解“Keep”APP 的功能与使用。

“Keep”APP

2.“潮汐”APP

扫描二维码，了解“潮汐”APP 的功能与使用。

“潮汐”APP

7.8.3　休闲旅行类 APP

休闲旅行类 APP 包括携程旅行、飞猪旅行、同程旅行、去哪儿旅行、铁路 12306、智行火车票、百度地图、高德地图、墨迹天气、天气通等，如图 7-9 所示。本书向大家介绍“携程旅行”“智行火车票”“百度地图”和“墨迹天气”APP。

图 7-9　休闲旅行类 APP 图标

1. “携程旅行”APP

扫描二维码，了解“携程旅行”APP 的功能与使用。

2. “智行火车票”APP

扫描二维码，了解“智行火车票”APP 的功能与使用。

“携程旅行”APP　“智行火车票”APP

3. “百度地图”APP

扫描二维码，了解“百度地图”APP 的功能与使用。

4. “墨迹天气”APP

扫描二维码，了解“墨迹天气”APP 的功能与使用。

“百度地图”APP　“墨迹天气”APP

7.8.4 购物支付类 APP

购物支付类 APP 包括手机淘宝、京东、闲鱼、唯品会、支付宝、美团、大众点评等，如图 7-10 所示。本书向大家介绍“闲鱼”APP。

图 7-10 购物支付类 APP 图标

扫描二维码，了解“闲鱼”APP 的功能与使用。

“闲鱼”APP

7.8.5 时尚穿搭类 APP

时尚穿搭类 APP 包括美丽说、蘑菇街等，如图 7-11 所示。这里将向大家介绍“蘑菇街”APP。

图 7-11 时尚穿搭类 APP 图标

扫描二维码，了解“蘑菇街”APP 的功能与使用。

“蘑菇街”APP

综合实践

任务描述

小明的体检结果出来了，中度肥胖导致亚健康，医生建议他通过合理的运动和健康的饮食，改善亚健康状态。如果你是他的朋友，可以给他推荐几个实用的 APP 吗？

在线测试

扫描二维码，完成本模块的在线测试。

模块 7　新媒体资源试题及答案

模块八

新一代信息技术

信息技术（Information Technology，IT），是主要用于管理和处理信息的各种技术的总称，涵盖信息的获取、表示、传输、存储、加工、应用等各种技术。它主要应用计算机科学和通信技术来设计、开发、安装和实施信息系统及应用软件。信息技术也常被称为信息和通信技术（Information and Communications Technology，ICT），主要包括传感技术、计算机与智能技术、通信技术和控制技术。

信息技术已成为经济社会转型发展的主要驱动力，是建设创新型国家、制造强国、网络强国、数字中国、智慧社会的基础支撑。提升国民信息素养，增强个体在信息社会的适应力与创造力，对个人的生活、学习和工作，对全面建设社会主义现代化国家具有重大意义。

任务清单

序号	学习任务
1	任务 1　了解大数据
2	任务 2　了解人工智能
3	任务 3　了解云计算
4	任务 4　了解物联网
5	任务 5　了解虚拟现实技术

任务 1　了解大数据

任务情境

新冠肺炎疫情全球流行的背景下，我国疫情得到了有效控制。精准防控，科学施策，抗击疫情，中国政府是如何做到呢？健康码成为最可靠的通行证，健康码里究竟藏着什么秘密？

任务目标

通过在线学习，了解大数据的基础知识，理解大数据的关键技术，熟悉大数据的应用场景及发展趋势，能够采用正确的方法保护个人隐私，防范大数据应用风险。

大数据

扫描二维码，观看“大数据”教学视频，学习大数据的基础知识、技术、应用和安全防范。

知识链接

8.1　大数据

当今社会是一个高速发展的社会，科技发达，信息流通，人们之间的交流越来越密切，生活也越来越方便，伴随而来的是数据量爆炸式的增长，“大数据”（Big data）就是信息化时代的产物，如图 8-1 所示。

图 8-1　大数据

大数据的战略意义不在于掌握庞大的数据信息，而在于对这些含有意义的数据进行专业化处理，在于提高对数据的“加工能力”，通过“加工”实现数据的“增值”。对于很多行业而言，如何利用这些大规模数据是赢得竞争的关键。

为把握这一新兴领域带来的新机遇，需要不断跟踪研究大数据，不断提升对大数据的认知和理解，坚持技术创新与应用创新协同共进，加快经济社会各领域的大数据开发与利用，推动国家、行业、企业对于数据的应用需求和应用水平进入新的阶段。

8.1.1 大数据的定义

1. 大数据的定义
2. 数据的单位

扫描二维码，学习大数据的定义和数据单位相关知识。

大数据的定义

8.1.2 大数据的特征

大数据最大的特征就是数据量巨大，大到传统的数据处理软件（如 Excel、MySQL 等）都无法很好地支持分析。具体来说，大数据具有数据体量巨大、数据类型多样、处理速度快、价值密度低四个基本特征。

扫描二维码，学习大数据的特征相关知识。

大数据的特征

8.1.3 大数据的作用

（1）大数据的处理分析正成为新一代信息技术融合应用的结点。

（2）大数据是信息产业持续高速增长的新引擎。

（3）大数据利用将成为提高核心竞争力的关键因素。

（4）大数据时代科学研究的方法手段将发生重大改变。

扫描二维码，学习大数据的作用相关知识。

大数据的作用

8.1.4 大数据的关键技术

大数据技术，是指从各种各样类型的数据中，快速获得有价值信息的能力。大数据关键技术涵盖数据存储、处理、应用等多方面的技术，根据大数据的处理过程，可将其分为大数据采集、大数据预处理、大数据存储及管理、大数据分析及挖掘、大数据展现与应用技术等。

扫描二维码，学习大数据的关键技术相关知识。

大数据的关键技术

8.1.5 大数据的应用与发展趋势

1. 大数据应用
2. 大数据的发展趋势

扫描二维码，学习大数据的应用与发展趋势相关知识。

大数据的应用与发展趋势

8.1.6　大数据应用安全风险与防护

在我国数字经济进入快车道的时代背景下，如何开展数据安全治理，提升全社会的“安全感”，已成为普遍关注的问题。

在实现大数据集中后，为确保网络数据的完整性、可用性和保密性，不受到信息泄漏和非法篡改的安全威胁影响，需要加强数据安全防护。

扫描二维码，学习大数据应用安全风险与防护相关知识。

大数据应用安全风险与防护

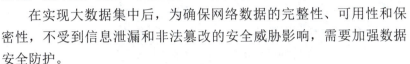

任务 2　了解人工智能

任务情境

科幻片里，机器人能为你清扫房间，为你烹饪食物，陪你聊天，替你驾驶……它像一个拥有超级能力的大管家，不知疲倦地帮你打理生活，让你收获美好人生。机器人为什么能像人一样行事和思考？它的智慧从何而来？

任务目标

通过在线学习，了解人工智能的基础知识，理解人工智能的三种形态和主要技术领域，熟悉人工智能成果应用场景及发展趋势，能辨析人工智能在社会应用中面临的安全伦理问题。

扫描二维码，观看“人工智能”教学视频，学习人工智能的基础知识、主要技术领域、应用场景和安全伦理。

人工智能

知识链接

8.2　人工智能

人工智能（Artificial Intelligence，AI）是当前全球最热门的话题之一，是 21 世纪引领世界未来科技领域发展和生活方式转变的风向标。2017 年 12 月，人工智能入选“2017 年度中国媒体十大流行语”。

人工智能从诞生以来，理论和技术日益成熟，应用领域也不断扩大，日常生活中方方面面的其实已经都运用到了人工智能技术，比如人脸识别门禁、人工智能医疗影像、人工智能导航系统、人工智能语音助手等。可以设想，未来人工智能带来的科技产品将会是人类智慧的“容器”。人工智能机器人如图 8-2 所示。

图 8-2　人工智能机器人

8.2.1　人工智能的定义

扫描二维码，学习人工智能的定义相关知识。

人工智能的定义

8.2.2　人工智能的发展

人工智能的探索充满了曲折与起伏，发展虽然比预想要慢，但一直在前进。人工智能的发展过程主要分为起步发展阶段、专家系统应用阶段和深度学习阶段三个阶段。

扫描二维码，学习人工智能的发展相关知识。

人工智能的发展

8.2.3　人工智能的三种形态

人工智能具有三种形态，包括弱人工智能、强人工智能和超人工智能。

扫描二维码，学习人工智能的三种形态相关知识。

人工智能的三种形态

8.2.4　人工智能的主要技术领域

从学科的角度来看，人工智能是一个典型的交叉学科，涉及哲学、数学、计算机、控制学、神经学、经济学和语言学等学科，所以人工智能不仅知识量大，而且难度高；从技术组成体系来看，人工智能技术涉及物联网、云计算、大数据、边缘计算等内容，人工智能的发展需要数据、算力和算法三大支撑因素；从研究方向上来看，人工智能的发展形成了庞杂的知识体系，技术发展较为成熟的主要有机器学习、计算机视觉、自然语言处理、机器人和数据挖掘等领域。

人工智能的主要技术领域

扫描二维码，学习人工智能的主要技术领域相关知识。

8.2.5　人工智能的成果应用

当今的社会处于信息爆炸的时代，人工智能的应用也越来越受到重视。人工智能正在给各行业带来变革与重构，一方面，将人工智能技术应用到现有的产品中，可以创新产品并发展新的应

人工智能的成果应用

用场景；另一方面，人工智能技术的发展正在颠覆传统行业，人工智能对人工的替代成为不可逆转的趋势。

随着人工智能技术的日益成熟，商业化场景逐渐落地，智能家居、工业制造、医药、教育、物流交通、安防、金融等领域成为目前主要的应用场景。

扫描二维码，学习人工智能的成果应用相关知识。

8.2.6　人工智能发展趋势及其安全伦理

1. 人工智能的发展趋势
2. 人工智能安全伦理

扫描二维码，学习人工智能发展趋势及其安全伦理相关知识。

人工智能发展趋势及其安全伦理

任务 3　了解云计算

任务情境

生活中你听过云音乐吗？学习工作中使用过云盘吗？疫情期间学生通过云课堂在线学习，使用百度云、阿里云、腾讯云等工具。如今，不管你走到哪里，人人都在说“云”，世界已经进入“云时代”，如果你还不知所“云”，赶快跟我们一起进入“云”的世界，探寻“云”的奥秘。

任务目标

通过在线学习，了解云计算的基本概念和体系结构，熟悉云计算部署模型和服务模式，理解云计算的关键技术，熟悉云计算的应用。

云计算

扫描二维码，观看“云计算”教学视频，学习云计算的基础知识、关键技术和应用。

知识链接

8.3　云计算

云计算（Cloud Computing），它是 Google 首席执行官埃里克•施密特（Eric Schmidt）在 2006 年 8 月 9 日的搜索引擎大会首次提出的概念。这是云计算发展史上第一次正式地提出这一概念，有着巨大的历史意义。

“云”实质上就是一个网络，狭义上讲，云计算就是一种提供资源的网络，使用者可以随时获取“云”上的资源，按需使用，并且可以看成是无限扩展的，只要按使用量付费就可以使用。

从广义上说，云计算是与信息技术、软件技术和互联网相关的一种服务，这种计算资源共享池叫作“云”。云计算把许多计算资源集合起来，通过软件实现自动化管理，只需要很少的人参与，就能快速为用户提供资源使用。也就是说，计算能力作为一种商品，可以在互联网上流通，就像水、电、煤气一样，可以方便地取用，且价格较为低廉，最大的不同在于，它是通过互联网进行传输的。

简单来说，云计算是一种 IT 资源和技术能力的共享。在传统模式中，个人开发者和企业需要购买自己的硬件和软件系统，还需要运营和维护。有了云计算，用户可以不用去关心机房建设、机器运行维护、数据库等 IT 资源建设，而可以结合自身需要，按需付费，灵活地获得对应的云计算整体解决方案。云计算如图 8-3 所示。

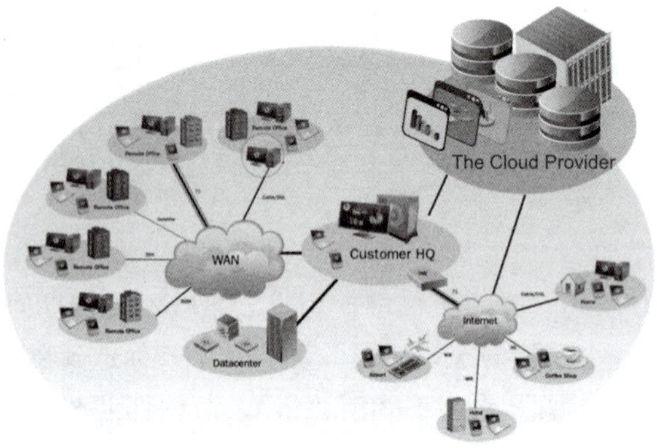

图 8-3　云计算

8.3.1　云计算的定义

8.3.2　云计算的特点

云计算的定义和特点

扫描二维码，学习云计算的定义和特点相关知识。

8.3.3　云计算部署模型

云计算有三种部署模型，即公有云、私有云和混合云。

扫描二维码，学习云计算部署模型相关知识。

云计算部署模型

8.3.4　云计算的服务模式

云计算产业的核心是云服务供应商，云服务供应商提供的服务模式主要有基础设施即服务（Infrastructure as a Service，IaaS）、平台即服务（Platform-as-a-Service，PAAS）和软件即服务（Software-as-a-Service，SaaS）三种。

云计算的服务模式

扫描二维码，学习云计算的服务模式相关知识。

8.3.5　云计算的体系结构及关键技术

1. 体系结构
2. 关键技术

扫描二维码，学习云计算的体系结构及关键技术相关知识。

云计算的体系结构及关键技术

8.3.6　云计算的应用

最简单的云计算技术在网络服务中已经随处可见，例如搜索引擎、网络邮箱等。目前，云计算已经融入我们的工作、学习和生活之中，广泛应用在互联网、金融、零售、政务、医疗、教育、文旅、交通、工业、能源等各个行业。

云计算的应用

随着数字化、智能化的转型深入推进，云计算正扮演着越来越重要的角色。

扫描二维码，学习云计算的应用相关知识。

任务 4　了解物联网

任务情境

当你醒来，怎样穿搭适合今天的天气和场景？当你出门在外，如何查看家中的一切？当你驾车驶入大型停车场，如何能快速找到停车位……“物联网”时代来临，美好的生活，将不再是梦！万物互联改变世界，人类收获智慧的人生。企业、政府、公民个人，在物联网掀起的信息化浪潮中，该如何着手准备未来？

任务目标

通过在线学习，了解物联网基础知识，理解物联网体系架构和关键技术，熟悉物联网应用场景及发展趋势。

物联网

扫描二维码，观看“物联网”教学视频，学习物联网的基础知识、关键技术和应用场景。

知识链接

8.4　物联网

物联网（the Internet of Things，IoT）被誉为新一轮的信息技术革命，是继计算机、互联网之后世界信息产业发展的第三次浪潮。物联网技术的发展掀起了全球各行业数字化、智能化转型的变革。如今，物联网随着软硬件技术的发展，逐渐进入了人们的生活之中，它一方面可以提高经济效益，大大节约成本；另一方面可以为经济发展提供技术推动力。市场对物联网的需求巨大，物联网正在改变我们的生活，如图 8-4 所示。

图 8-4　物联网

8.4.1　物联网的起源、定义和特点

1. 物联网的起源
2. 物联网的定义
3. 物联网的特点

扫描二维码，学习物联网的起源、定义和特点相关知识。

物联网的起源、定义和特点

8.4.2　物联网体系架构和核心技术

1. 物联网的体系架构
2. 物联网的核心技术

扫描二维码，学习物联网体系架构和核心技术相关知识。

物联网体系架构和核心技术

8.4.3　物联网的应用

1. 物联网的应用领域
2. 中国消费领域物联网发展状况

扫描二维码，学习物联网的应用相关知识。

物联网的应用

8.4.4　物联网的发展趋势

扫描二维码，学习物联网的发展趋势相关知识。

物联网的发展趋势

任务 5　了解虚拟现实技术

任务情境

“长安回望绣成堆，山顶千门次第开”“春风得意马蹄疾，一日看尽长安花”“忆昔先皇巡朔方，千乘万骑入咸阳”……梦回大唐，是多少现代人的梦想！虚拟现实技术助你穿越历史，感受大唐的诗情画意、金戈铁马、恢宏气象……

任务目标

通过在线学习，了解虚拟现实技术的基础知识，理解虚拟现实技术实现原理及关键技术，熟悉虚拟现实技术的应用场景。

扫描二维码，观看“虚拟现实技术”教学视频，学习虚拟现实技术的基础知识、关键技术和应用场景。

虚拟现实技术

知识链接

8.5　虚拟现实技术

“虚拟”与“现实”两词具有相互矛盾的含义，但是科学技术的发展却赋予了它新的含义。近年来，虚拟现实技术（Virtual Reality，VR）受到了越来越多人的认可，用户可以在虚拟现实世界体验到最真实的感受，其模拟环境的真实性与现实世界难辨真假，让人有身临其境的感觉。同时，虚拟现实具有一切人类所拥有的感知功能，比如听觉、视觉、触觉、味觉、嗅觉等感知系统，它具有超强的仿真系统，真正实现了人机交互，使人在操作过程中，可以随意操作并且得到环境最真实的反馈。

虚拟现实，又称假想现实，意味着“用电子计算机合成的人工世界”，这个领域与计算机有着不可分离的密切关系，信息科学是合成虚拟现实的基本前提。近年来，虚拟现实技术的应用已大步走进工业、建筑设计、教育培训、文化娱乐等方面，它正在改变着我们的生活。虚拟现实技术如图 8-5 所示。

图 8-5　虚拟现实技术

8.5.1　虚拟现实技术的概念

8.5.2　虚拟现实技术的特征

扫描二维码，学习虚拟现实技术的概念和特征相关知识。

虚拟现实技术
的概念和特征

8.5.3　虚拟现实技术发展

虚拟现实技术经历了四个主要发展阶段：蕴涵虚拟现实思想阶段、虚拟现实萌芽阶段、虚拟现实概念的产生和理论初步形成阶段和虚拟现实理论进一步的完善和应用阶段。

扫描二维码，学习虚拟现实技术发展相关知识。

虚拟现实技术发展

8.5.4　虚拟现实技术实现原理及关键技术

虚拟现实技术综合了计算机图形技术、计算机仿真技术、传感器技术、显示技术等多种科学技术，其核心是建模与仿真，主要包括 3D 建模技术、立体显示技术和自然交互技术。

扫描二维码，学习虚拟现实技术实现原理及关键技术相关知识。

虚拟现实技术
实现原理及关键技术

8.5.5　虚拟现实技术的应用

当今世界已经发生了巨大的变化，先进科学技术的应用显现出巨大的威力，特别是虚拟现实技术已被推广到不同领域中，得到广泛应用。

扫描二维码，学习虚拟现实技术的应用相关知识。

虚拟现实
技术的应用

在线测试

扫描二维码，完成本模块的在线测试。

模块 8　新一代信息技术试题及答案